AF891613

ROLAND WOLDT

Erfolgreiche Process-Mining-Projekte

Eine praktische Anleitung zur guten Prozessanalyse

First published by What's Your Baseline? 2026

Copyright © 2026 by Roland Woldt

All rights reserved. No part of this publication may be reproduced, stored, or transmitted in any form or by any means, electronic, mechanical, photocopying, recording, scanning, or otherwise without written permission from the publisher. It is illegal to copy this book, post it to a website, or distribute it by any other means without permission.

Roland Woldt asserts the moral right to be identified as the author of this work.

Roland Woldt has no responsibility for the persistence or accuracy of URLs for external or third-party Internet Websites referred to in this publication and does not guarantee that any content on such Websites is, or will remain, accurate or appropriate.

Designations used by companies to distinguish their products are often claimed as trademarks. All brand names and product names used in this book and on its cover are trade names, service marks, trademarks, and registered trademarks of their respective owners. The publishers and the book are not associated with any product or vendor mentioned in this book. None of the companies referenced within the book have endorsed the book.

All What's Your Baseline? content has an educational character. The publisher and the author do not make any guarantee or other promise as to any results that may be obtained from using the content of this book.

First edition

ISBN: 978-1-967221-11-0

Translation by Monika Leitner

This book was professionally typeset on Reedsy.
Find out more at reedsy.com

Für Tanja, Paul und Carl

Durch Feuer. Das ist wirklich der beste Weg.

— Ethan Hunt

Inhaltsverzeichnis

Vorwort

Wenn Sie sich bereits mit dem Thema Change Management beschäftigt haben, ist Ihnen vermutlich das Prinzip des einfachen Lernens (Single-Loop-Learning), des reflexiven Lernens (Double-Loop-Learning) und des Meta-Lernens (Triple-Loop-Learning) begegnet.

Beim einfachen Lernen werden Fehler korrigiert, ohne dass daraus nachhaltige Erkenntnisse gewonnen werden. Der gleiche Fehler tritt später erneut auf, da lediglich das Symptom behoben wird, nicht jedoch die zugrunde liegende Ursache. Henry Ford brachte diesen Zusammenhang treffend auf den Punkt:

„Wenn man immer das tut, was man immer getan hat, bekommt man auch immer das, was man immer bekommen hat."

Das reflexive Lernen geht einen Schritt weiter. Hier wird hinterfragt, warum etwas schiefgelaufen ist. Tritt ein Fehler wiederholt auf, ist es häufig sinnvoller, die eigentliche Ursache zu beseitigen, anstatt denselben Fehler immer wieder zu korrigieren.

Beim Meta-Lernen wird schließlich noch tiefer angesetzt. Es geht darum, die grundlegenden Annahmen, Denkweisen und Rahmenbedingungen zu reflektieren, die überhaupt erst zur identifizierten Ursache geführt haben.

Klingt das bislang etwas theoretisch? Machen wir es konkreter.

Stellen Sie sich vor, Sie sind für die Leistungsfähigkeit eines Geschäftsprozesses verantwortlich, etwa für den Beschaffungsprozess (Procure-to-Pay-Prozess). Nehmen wir an, es treten wiederholt Probleme bei der Zuordnung von Rechnungen zu Bestellungen auf. In größeren Organisationen kann es dabei um Hunderttausende von Rechnungen pro Jahr gehen.

Wenden Sie in diesem Fall **einfaches Lernen (Single-Loop-Learning)** an, korrigieren die beteiligten Mitarbeitenden die fehlerhaften Rechnungen immer wieder aufs Neue. Dieser manuelle Korrekturaufwand bindet erhebliche Zeit und verursacht entsprechend hohe Kosten, ohne das zugrunde liegende Problem zu lösen.

Im nächsten Schritt analysieren Sie, warum diese Korrekturen überhaupt erforderlich sind, und stellen fest, dass häufig gar keine Bestellung existiert, auf die sich die Rechnung beziehen kann. Damit befinden Sie sich bereits im **reflexiven Lernen (Double-Loop-Learning)**. Die daraus abgeleitete Maßnahme besteht darin, Rechnungen ohne zugehörige Bestellung zurückzusenden und den Lieferanten darauf hinzuweisen, dass eine Bezahlung nur bei Vorliegen einer Bestellung erfolgt.

Wenden Sie schließlich **Meta-Lernen (Triple-Loop-Learning)** an, gelangen Sie möglicherweise zu der Erkenntnis, dass das eigentliche Problem noch tiefer liegt. Es fehlen klare vertragliche Regelungen mit den Lieferanten, in denen verbindlich festgelegt ist, dass Bestellungen Voraussetzung für eine Rechnungsstellung sind. Durch entsprechende Anpassungen der Verträge beseitigen Sie damit nicht nur die unmittelbare Ursache, sondern auch die dahinterliegende strukturelle Grundlage des Problems.

Was hat all dies nun mit Process-Mining zu tun?

Nun, mehr als es auf den ersten Blick erscheint. Allein die systematische Analyse dessen, was in einer Organisation tatsächlich vorgefallen ist, liefert bereits wertvolle Erkenntnisse über die Symptome von Prozessineffizienzen. Sofern der zugrunde liegende Datensatz ausreichend aussagekräftig ist, also genügend zusammenhängende Datenpunkte enthält, kann Process-Mining darüber hinaus auch Hinweise auf die Ursachen dieser Symptome liefern.

Steht zusätzlich eine Process-Intelligence-Fähigkeit zur Verfügung, also die Kombination aus Process-Mining und Prozessmanagement, lässt sich dieser Analyseansatz um den fachlichen Kontext erweitern. Dadurch wird es möglich, auch die tieferliegenden strukturellen oder organisatorischen Ursachen einzelner Problembilder zu identifizieren.

Wo fügt sich dieses großartige Buch nun ein?

Der Aufbau einer Process-Mining-Fähigkeit ist keine triviale Aufgabe. Zwar handelt es sich nicht um Raketenwissenschaft, doch insbesondere die Datensammlung, -integration, -transformation, -analyse und -interpretation können angesichts der verfügbaren Datenmengen schnell komplex werden. Dabei sind die organisatorischen Aspekte der Einführung und des Betriebs von Process-Mining noch nicht einmal berücksichtigt.

Rolands Buch bietet hierfür einen klar strukturierten und gut nachvollziehbaren Ansatz, um die Grundlagen zu verstehen und den Einstieg in Process-Mining systematisch vorzubereiten und umzusetzen. Es unterstützt dabei, eine Process-Mining-Initiative erfolgreich zu starten und nachhaltig zu etablieren.

Wenn Sie am Anfang dieser spannenden Reise stehen, ist dieses Buch ein verlässlicher Wegbegleiter.

Viel Freude bei der Lektüre und vielen Dank, Roland, für die Möglichkeit, das Vorwort zu Deinem zweiten Bestseller beisteuern zu dürfen. Schreib weiter!

Caspar Jans

Principal BPM Expert und Global Head of Celonis Process Management GTM
Co-Host des BPM360 Podcasts
Ehemaliger Kollege von Roland

Vorwort zur deutschen Ausgabe

Wissen entfaltet seinen größten Wert, wenn es geteilt wird. Sei es über Teams, Organisationen und nicht zuletzt über Sprachgrenzen hinweg. Gerade in einem Themenfeld wie Process-Mining, das sich rasant entwickelt und stark von praktischer Erfahrung lebt, ist der Zugang zu fundiertem, verständlich aufbereitetem Wissen ein entscheidender Erfolgsfaktor. Umso mehr freut es mich, mit dieser deutschen Übersetzung dazu beitragen zu dürfen, die Inhalte dieses Buches einem noch breiteren Publikum zugänglich zu machen.

Roland und ich haben über viele Jahre hinweg in zahlreichen Projekten, die man heute unter dem Begriff Process-Intelligence zusammenfassen würde, eng zusammengearbeitet. Während Roland häufig die fachliche, methodische und strategische Perspektive einbrachte, lag mein Schwerpunkt auf der technischen Umsetzung, der Integration in bestehende Systemlandschaften und darauf, den Fachbereichen ein fundiertes Verständnis der relevanten Kennzahlen zu vermitteln. Diese enge Verzahnung von Methode, Strategie und technischer Realisierbarkeit prägt nicht nur unsere gemeinsame Arbeit, sondern spiegelt sich auch deutlich im Aufbau und Anspruch dieses Buches wider.

Als Roland mich fragte, ob ich sein zweites Buch übersetzen möchte, fragte ich ihn augenzwinkernd, ob er seine Muttersprache inzwischen so sehr vergessen habe, dass er nun eine Wienerin braucht, um sein Werk ins Deutsche zu übertragen. Dabei ging es nicht um eine wortgetreue Übertragung, sondern darum, Inhalte, Konzepte und Beispiele so zu transportieren, dass sie ein solides Verständnis der Fachmaterie vermitteln und in der Praxis verständlich anwendbar sind. Eine zusätzliche Herausforderung bestand darin, dies in deutscher Sprache umzusetzen, einer Sprache, die Präzision schätzt, dabei jedoch gelegentlich zu sprachlichen Umwegen neigt, ganz ähnlich wie ein noch nicht optimierter Prozess vor der Lektüre dieses Buches.

Ich wünsche Ihnen eine erkenntnisreiche Lektüre und danke Roland herzlich für die Möglichkeit, zur deutschen Ausgabe seiner zweiten Veröffentlichung beitragen zu dürfen. Ich freue mich bereits auf weitere Bücher, ganz gleich, in welcher Sprache sie zuerst erscheinen :-)

Monika Leitner

Ex-Senior-Director SoftwareAG GmbH Österreich | BU ARIS

Vorwort des Autors

Lassen Sie mich eine kurze Geschichte erzählen: Als ich das erste Mal als erfahrener deutscher Autobahnfahrer in die Vereinigten Staaten kam, mieteten wir am Flughafen von San Francisco ein Auto und fuhren auf der Interstate nach Süden zu unserem Hotel. Während der Fahrt wunderte ich mich, warum alle anderen so langsam unterwegs waren, denn mein Tacho zeigte auf dieser fünfspurigen Straße lediglich 80 km/h an. Zum Vergleich: Für Lkw liegt das Tempolimit in Deutschland bei 80 km/h, und auf der Autobahn gelten 130 km/h als empfohlene Richtgeschwindigkeit.

Nach kurzer Zeit wurde mir klar, dass es sich bei diesen 80 nicht um Kilometer, sondern um Meilen pro Stunde handelte und ich mich damit bereits in einem Bereich bewegte, der durchaus problematisch hätte werden können. Zum Glück schaltete sich kein Blaulicht hinter mir ein, und ich erreichte mein Hotel, indem ich mich dem Verkehrsfluss anpasste und sicher ans Ziel kam.

Warum erzähle ich diese Geschichte? Sie ist ein anschauliches Beispiel dafür, wie ein scheinbar kleines technisches Hilfsmittel in einem Fahrzeug, das Daten misst und darstellt, unsere Wahrnehmung und unser Verhalten beeinflusst und damit einen erheblichen Einfluss auf das Ergebnis und die Qualität eines Prozesses hat. In meinem Fall bedeutete das: Ich fuhr sicher, erreichte mein Ziel innerhalb der erwarteten Zeit und erfüllte damit das Ziel dieses Prozesses.

Doch wo stehen wir in dieser Hinsicht in unseren Organisationen?

- Messen wir die Leistungsfähigkeit unserer Prozesse? In vielen Fällen werden zwar Kennzahlen erhoben, etwa die „Anzahl produzierter Einheiten" in der Fertigung, doch es handelt sich dabei meist um rückblickende

Kennzahlen.

- Prognosekennzahlen hingegen werden kaum abgeleitet oder definiert. Prozesse werden daher selten aktiv an veränderte Rahmenbedingungen angepasst, etwa bei Verzögerungen in der Lieferkette oder verspäteten Lieferungen von Zulieferern.
- Darüber hinaus gibt es nur wenige Organisationen, die ihre Prozesse überhaupt formal gestaltet haben, etwa in Form von Prozessmodellen. Und selbst dort, wo dies der Fall ist, werden diese Modelle häufig lediglich als Pflichtübung betrachtet – gewissermaßen, um die „Götter zu besänftigen", seien es das Management oder die Aufsichtsbehörden.
- Das führt zu interessanten Situationen bei Audits: Einzelne arme Seelen versuchen verzweifelt herauszufinden, was in den zu prüfenden Prozessen tatsächlich passiert. Nicht selten mündet dies in aufsichtsrechtlichen Hinweisen, dass die Organisation nicht ausreichend vorangekommen ist, oder sogar in empfindlichen Strafzahlungen. (Ich schaue dabei insbesondere in Richtung Finanzindustrie.)

Insgesamt vermisse ich ein grundlegendes Bewusstsein dafür, wie wichtig es ist, das eigene Handeln systematisch zu messen. Ein kluger Mensch sagte einmal: *„Man kann nur messen, was man sehen kann."* Wie langweilig wäre ein Fußballspiel, wenn wir nicht definiert hätten, was „Gewinnen" bedeutet und wie Punkte entstehen, die am Ende auf der Anzeigetafel stehen? Warum also wenden so viele Organisationen dieses Prinzip nicht auf ihre eigenen Abläufe an?

Process-Mining als Rettungsanker

In den vergangenen Jahren habe ich ein wachsendes Interesse daran beobachtet, genau diese Fragen zu beantworten, und das aus gutem Grund:

- Process-Mining als zentrale Technologie der Process-Intelligence ist gewissermaßen der *Tacho für Ihr Unternehmen.*
- Es schafft Transparenz darüber, wie Prozesse tatsächlich ausgeführt wer-

den, nicht nur entlang eines idealisierten Standardprozesses („Happy Paths"), der möglicherweise dokumentiert ist oder auch nicht, sondern mit all ihren Varianten, Schleifen und Abweichungen, wie sie in den operativen Systemen tatsächlich stattfinden.

- Process-Mining liefert automatisch berechnete Leistungskennzahlen, etwa zu Häufigkeiten und Durchlaufzeiten, und macht sichtbar, wo Nacharbeit, Schleifen oder andere unerwünschte Verhaltensweisen in den Prozessdaten auftreten.
- Darüber hinaus lassen sich eigene Dashboards auf Basis dieser Kennzahlen erstellen, um gezielt Hypothesen zur Prozessleistung zu untersuchen. Die Ergebnisse aus der Process-Mining-Analyse können zudem in klassische Business-Intelligence-Werkzeuge überführt und in bestehende Dashboards integriert werden.

  Überdies können Sie auf Basis definierter Schwellenwerte Aktionen auslösen und mit laufenden Prozessinstanzen interagieren, wie etwa durch Benachrichtigungen, Warnmeldungen oder sogar durch das Anstoßen konkreter Transaktionen.

  Gerade dadurch erhalten auch Personen ohne tiefes Prozess- oder Methodenwissen Einblicke in ihr tägliches Handeln innerhalb der Prozesse und deren Auswirkungen.
- Nicht zuletzt ist Process-Mining in eine umfassendere Business-Process-Management-Praxis und entsprechende Toollandschaften eingebettet. So können unter anderem automatisch entdeckte Prozesse heruntergeladen werden, etwa wenn bislang keine Dokumentation existierte, und anschließend für die Gestaltung von Zielprozessen oder für Simulationen genutzt werden. Umgekehrt lassen sich vorhandene Referenzprozesse aus einem Repository in das Process-Mining-Werkzeug laden, um zu prüfen, in welchem Umfang die reale Ausführung dem definierten Soll-Prozess entspricht.

Process-Mining-Technologien schließen damit eine bislang bestehende Lücke im Prozess- und Lösungslebenszyklus und liefern den datengetriebenen Analyseansatz für ein ganzheitliches Prozess-Performance-Management.

Für wen ist dieses Buch gedacht?

Dieses Buch richtet sich an Personen, die es ernst meinen mit der Verbesserung der Leistungsfähigkeit ihrer Organisationen und die ihre nächsten größeren Transformationsvorhaben nicht nur erfolgreich umsetzen, sondern deren Nutzen auch messbar machen wollen.

Es richtet sich an Fachpersonen aus den Bereichen Prozess- und Architekt urmanagement, die ihre Programme über viele Jahre hinweg verantworten, dabei jedoch häufig nicht die Transparenz erhalten, die ihrer Arbeit eigentlich zusteht.

Es richtet sich an Personen aus der Analysepraxis, die ihre Arbeitsweise stärker datenorientierter ausrichten möchten, ohne dabei die menschlichen Aspekte jeder Analyse aus dem Blick zu verlieren – und für die Begriffe wie „Digital Gemba" nicht nach Buzzword, sondern nach echter Chance klingen[1].

Und natürlich richtet sich das Buch an neugierige Personen, die von Process-Intelligence gehört haben und verstehen möchten, was sich dahinter verbirgt und wie sich dieser Ansatz sowie die zugrunde liegenden Technologien sinnvoll in die eigene Organisation integrieren lassen, ohne einen weiteren Hype zu erzeugen und die damit verbundene Ernüchterung zu riskieren, wenn das erste Projekt die überhöhten Erwartungen nicht erfüllt

Denn machen wir uns nichts vor: Beim ersten Versuch ist man selten gut. Das gilt auch hier.

Unabhängig davon, wo Sie sich auf diesem Weg gerade befinden, bietet dieses Buch für jede Ausgangssituation einen Mehrwert. Es unterstützt Sie dabei, zu entscheiden, **wann** (nicht ob) und **wie** Sie Mining-Technologien in Ihrer Organisation einführen.

Das Buch behandelt dabei unter anderem folgende Themen:

- Es erläutert, was sich hinter Begriffen wie *Process-Intelligence*, *Process-Mining* und verwandten Konzepten verbirgt. Vor allem hilft es dabei, realistisch einzuschätzen, was für einen Einstieg tatsächlich erforderlich ist – und was nicht.
- Es stellt einen sechsstufigen Ansatz für Process-Mining als Kerntechno-

logie der Process-Intelligence vor, der darauf ausgelegt ist, bereits im ersten Projekt messbaren Nutzen zu erzielen.

- Darüber hinaus führt es in Methodik und Werkzeuge einer datengetriebenen Prozessanalyse ein, die deutlich über das unstrukturierte „Daten ins Tool laden und schauen, was passiert“ hinausgeht – ein Vorgehen, das erfahrungsgemäß eher zum Scheitern führt.
- Ein weiterer Schwerpunkt liegt auf der Auswahl, Einführung und organisatorischen Verankerung von Process-Mining: Wer ist beteiligt, was ist realistisch zu erwarten, wie lange dauert es, und welcher Aufwand ist erforderlich?
- Ergänzt wird dies durch einen praxisnahen Projektleitfaden, der Schritt für Schritt durch ein konkretes Beispiel führt. Zusätzlich stehen Beispieldateien sowie überwiegend kostenfreie Werkzeuge zur Verfügung, mit denen Sie die im Buch beschriebenen Szenarien in Ihrem eigenen Tempo nachvollziehen können.

Abgerundet wird das Angebot durch zusätzliches Begleitmaterial, das über die Website zum Buch heruntergeladen werden kann.

Warum sollten Sie mir vertrauen?

Das ist eine berechtigte Frage. In einer Zeit, in der sich zahlreiche selbst ernannte Fachpersonen auf Plattformen wie LinkedIn in kurzer Folge neuen Themen widmen, ist eine gesunde Skepsis nicht nur nachvollziehbar, sondern angebracht. Erinnern Sie sich noch daran, wie allgegenwärtig das Thema Blockchain war? Heute liest man kaum noch etwas darüber. Stattdessen wird nun Künstliche Intelligenz als die nächste weltrettende Technologie gefeiert, obwohl sich diese derzeit so rasant weiterentwickelt, dass oft noch gar nicht klar ist, was sie konkret leisten kann und wo ihre Grenzen liegen.

Auch Process-Mining gehört oder gehörte zu diesen Hype-Themen. Und inzwischen kombinieren nahezu alle Anbieterunternehmen ihre Lösungen zusätzlich mit KI. Jetzt … lassen wir das einmal so stehen.

Ich arbeite seit nahezu 30 Jahren im Bereich Architektur- und Prozessmanagement, in und mit zahlreichen großen Organisationen, deren Namen sich gut in einem Lebenslauf machen. Etwa die Hälfte dieser Zeit war ich bei Unternehmen in diesem Umfeld tätig, darunter IDS Scheer, Software AG mit ARIS sowie iGrafx. Die andere Hälfte verbrachte ich bei großen Beratungshäusern wie Accenture und KPMG.

In dieser Zeit war ich an rund 60 Projekten mit namhaften Organisationen[2] beteiligt und habe sie dabei unterstützt, erfolgreicher zu werden und die jeweils modernsten Werkzeuge in ihren Umfeldern sinnvoll einzusetzen.

Eines dieser Werkzeuge war Process-Mining. Meine erste Berührung damit hatte ich bereits im Jahr 2004, im Rahmen eines Performance-Management-Projekts mit der Bundeswehr. Ziel war es, die Organisation in ihrer Transformation zu unterstützen und Service-Level-Agreements zu etablieren, um auf Basis der gestalteten und in SAP implementierten Prozesse die angemessene Größe von zivilen Mitarbeitenden und Soldatinnen sowie Soldaten zu bestimmen.

Zum Einsatz kam dabei die erste kommerzielle Process-Mining-Software: ARIS Process Performance Manager. Leider war dieses Produkt seiner Zeit voraus und konnte sich am Markt nicht nachhaltig durchsetzen[3].

Viele Jahre später – nach zahlreichen BPM-Projekten, intensiver Vertriebsunterstützung und der direkten Erfahrung damit, wie Organisationen denken und auf Anbieterbotschaften reagieren, übernahm ich die Rolle des Head of Global Process-Mining Center of Excellence bei Software AG. Anschließend wechselte ich zu iGrafx, kurz nachdem das Unternehmen LogPickr übernommen hatte, und begleitete die Integration dieser Technologie in die Process360-Live-Plattform.

Kurz gesagt: Ich arbeite seit vielen Jahren mit Process- und Task-Mining-Werkzeugen und habe gelernt, dass die ersten Schritte in diese Technologie für eine Organisation entscheidend sein können. Gelingt der Einstieg, entsteht Begeisterung und viele wollen Teil der nächsten Initiative sein. Misslingt er, werden Mining-Technologien schnell als kurzfristiger Hype abgetan und das bekannte Muster „So haben wir das schon immer gemacht“ setzt sich erneut durch.

Genau diese Erfahrungen waren der Auslöser für dieses Buch. Denn leider sehe ich noch immer viele Organisationen, die zögern, unsicher sind, wie sie starten sollen, und davon ausgehen, dass es Millioneninvestitionen braucht, um überhaupt loszulegen. Nichts könnte weiter von der Realität entfernt sein – wie Sie in diesem Buch erfahren werden. Lehnen Sie sich also zurück, schnallen Sie sich an und genießen Sie die Reise.

Danksagungen

Übung macht den Meister, heißt es. Das stimmt bis zu einem gewissen Grad, und tatsächlich fiel mir das Schreiben dieses Buches leichter, nachdem ich den gesamten Prozess aus Schreiben, Lektorat und Veröffentlichung bereits einmal durchlaufen hatte. Gleichzeitig ist das Schreiben und Publizieren eines Buches immer auch Teamarbeit. Umso dankbarer bin ich, die besten Mitspielenden an meiner Seite zu wissen.

Diese großartigen Menschen machen mich nicht nur zu einem besseren Autor (und einem besseren Menschen). Sie helfen dabei, relevante Themen zu identifizieren und die eigene Denkweise weiterzuentwickeln. Sie hinterfragen Annahmen und Motive, warum man ein solches Projekt überhaupt angeht. Und sie teilen ihre Erfahrungen zu geschäftlichen Aspekten ebenso großzügig wie ihre moralische Unterstützung, wenn Dinge nicht so schnell oder nicht so reibungslos vorangehen wie erhofft.

Ich bin sehr froh, diese Menschen an meiner Seite zu haben:

- **J-M Erlendson** ist, wenig überraschend, meine wichtigste Unterstützung in allen Belangen rund um *What's Your Baseline?*. Wir betreiben den Podcast inzwischen seit über vier Jahren und mehr als 100 Episoden, und jede einzelne Zusammenarbeit mit ihm ist ebenso unterhaltsam wie erkenntnisreich.
  Überdies hat er freundlicherweise die Hörbuchversion meines ersten Buches *Successful Architecture Implementation* eingesprochen. Dadurch ist eine noch bessere Version entstanden (und sie kommt ganz ohne den deutschen Akzent aus, den man sonst stundenlang hätte ertragen müssen. ;-))
- **Caspar Jans**, Autor des Vorworts. Wir haben vor einigen Jahren gemein-

sam bei der Software AG gearbeitet. Auch wenn wir inzwischen beruflich unterschiedliche Wege eingeschlagen haben, sind wir in engem Austausch geblieben. Ein kleines Stück des Verdienstes nehme ich für mich in Anspruch, dass Caspar seinen eigenen Podcast *BPM360* gestartet hat. Hören Sie gerne einmal hinein, egal in welcher Podcast-App Sie unterwegs sind. Die Gespräche, die er gemeinsam mit seinem Co-Host Russell führt, sind ausgesprochen hörenswert[4].

- **Martin Holling, Katrin Wetzel, Randolph Schütte und Marcus Zschuckelt** waren die Reviewer der deutschen Version meines ersten und dieses Buches. Gemeinsam haben wir viel über KI-gestützte Übersetzungen, Fachterminologie und darüber gelernt, dass sich Inhalte nicht einfach eins zu eins übertragen lassen.
- Ein besonderer Dank gilt den **Beta-Leserinnen und -Lesern** dieses Buches: Anthony Phillips, Chris Kim, Hanneke Loefs-Mos, Katrin Wetzel, Khemindra Nadarajah, Marc Mendelson, Marcus Zschuckelt, Martin Holling, Matúš Mala, Michael DeCamp, Nick Blackbourn, Per Bandsholm, Randolph Schütte, Ulf Henningsen und Zbigniew Misiak. Vielen Dank für das Lesen des Manuskripts und das wertvolle Feedback. Dieses Buch ist durch Ihre Beiträge deutlich besser geworden.
- Ebenso danke ich allen **Gästen des Podcasts *What's Your Baseline?*.**[5] Ihre Ideen und die großzügige Bereitschaft, Zeit zu investieren, haben mir geholfen, Neues zu lernen, eigene Annahmen zu hinterfragen und Themen aus anderen Perspektiven zu betrachten. Und nicht zuletzt macht es einfach großen Spaß, diese Gespräche gemeinsam aufzuzeichnen.
- Und einen ganz besonderen Dank geht an **Monika Leitner**, die Übersetzerin des Buches ins Deutsche (Österreichische? ;-). Sie macht nicht nur den Inhalt dieses Buches für einen neuen Leserkreis verfügbar, sondern verbesserte es auch, indem sie die Dinge hierin hinterfragte.

Und zuletzt: **Sie** – die Leserinnen und Leser der Bücher, die Hörerinnen und Hörer des Podcasts, die Follower auf LinkedIn und anderen Plattformen. Ich hätte nie erwartet, dass aus der anfänglichen Idee, Artikel zu schreiben und mit neuen Formen der Veröffentlichung zu experimentieren, einmal über 50 000 Downloads, zwei Bücher, zahlreiche Vorträge und schließlich die Gründung eines eigenen Unternehmens, der *What's Your Baseline LLC*, entstehen würden.

Ich freue mich über jede Verbindung und schätze es aufrichtig, wenn Menschen ganz spontan Kontakt aufnehmen – sei es, um über Themen aus Enterprise Architecture, BPM oder Process-Mining zu sprechen, oder einfach, um sich auszutauschen und über das zu reden, was gerade beschäftigt. Machen Sie davon gerne weiterhin Gebrauch.

Doch dabei sollte es nicht bleiben. Vernetzen Sie sich auch untereinander, treffen Sie sich persönlich oder virtuell, tauschen Sie Ideen aus und tragen Sie dazu bei, unsere Disziplin weiterzuentwickeln. Dieses Ziel verbindet uns alle, unabhängig davon, wo wir leben oder arbeiten. Am Ende sind wir Menschen – und es sind die menschlichen Verbindungen, die wirklich zählen.

I

Process-Intelligence

1

Process-Intelligence – Einleitung

Wir leben in interessanten Zeiten. Einerseits setzen immer mehr Unternehmen auf den Einsatz von Künstlicher Intelligenz (KI), in der Hoffnung, damit den Weg in eine vollständig automatisierte Zukunft zu ebnen.

Andererseits halten viele Unternehmen an alten Gewohnheiten fest, ohne wirklich zu verstehen, was in ihren Abläufen passiert, und verlassen sich bei Entscheidungen auf historische Berichte statt auf aktuelle Erkenntnisse. Eine Vorgehensweise, die in unserer datengetriebenen Zeit zugegebenermaßen überholt und antiquiert wirkt.

Während in der High-Tech-Welt ununterbrochen über Daten gesprochen wird und wir sie tagtäglich konsumieren, bleibt die entscheidende Frage: Warum nutzen Unternehmen dieses Potenzial selbst nicht konsequent?

„Process-Intelligence" ist ein Begriff, der derzeit von Anbieterunternehmen im Prozessumfeld und von Analysten stark geprägt wird. Er klingt vielversprechend und lässt zunächst Raum für unterschiedlichste Interpretationen. Doch bei genauerem Hinsehen wird deutlich, dass sich dahinter vor allem zwei technologische Schwerpunkte verbergen: Process-Mining und Task-Mining.

Was erwartet Sie in diesem Abschnitt?

In diesem Abschnitt wird der Rahmen für das Buch abgesteckt. Er sorgt für Klarheit über die verschiedenen Definitionen und zeigt gleichzeitig, wie sich Process-Mining in das größere Ganze von Prozessmanagement und Prozessverbesserung einfügt. Themen, die in gut geführten Organisationen nie aus der Mode geraten dürften.

Im Fokus stehen dabei folgende Punkte:

- Was steckt hinter Process-Intelligence (Warum lohnt es sich, jetzt genauer hinzuschauen)?
- Process-Mining im erweiterten Kontext des Lösungs- und Prozesslebenszyklus
- Der Sechs-Schritte-Ansatz für die Einführung Process-Mining

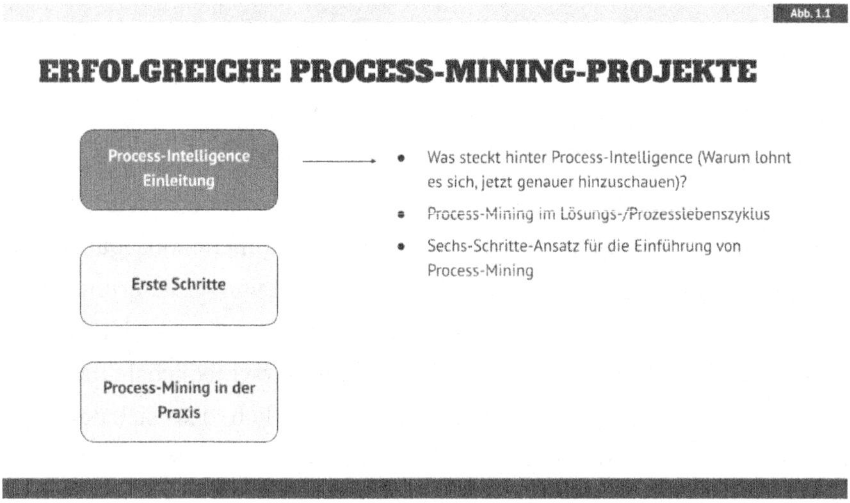

Abb. 1.1: Struktur – Process-Intelligence

2

Was ist Process-Intelligence (Warum lohnt es sich, jetzt genauer hinzuschauen)?

Der Begriff Process-Intelligence ist Ihnen in letzter Zeit vielleicht häufiger begegnet. Kein Wunder, schließlich erleben Process-Mining und Task-Mining derzeit einen regelrechten Boom. Doch es gibt auch Stimmen, die meinen, Process-Intelligence gehe über reines „Mining" hinaus. Andere wiederum sehen darin nur einen Ableger klassischer Business-Intelligence (BI) und fragen sich, worum eigentlich all der Hype gemacht wird.

Dieses Kapitel möchte etwas Licht ins Dunkel bringen, beginnend mit einer Analystendefinition und einer eigenen Einordnung dazu. Anschließend geht es um das zugrunde liegende Problem, den (relativ) neuen Ansatz, es zu lösen, sowie um Methoden, die teils schon seit Jahrzehnten existieren und bereits ihre „Glanzzeit" hatten. All das bildet den notwendigen Kontext für das zentrale Thema dieses Buches.

Was ist Process-Intelligence?

Beginnen wir mit der Definition von **Bernhard Schaffrik (Forrester)**, die **Process-Intelligence** folgendermaßen beschreibt:

> *„Produkte, die Analysen über die Prozesse eines Unternehmens bereit-*

stellen die sowohl von Menschen, als auch in IT-Systemen implementiert sind. Die Prozessanalytik basiert dabei hauptsächlich auf Task- und Process-Mining-Funktionen, ist jedoch nicht auf diese beschränkt. Process-Intelligence-Software unterstützt Entscheidungsprozesse zur gezielten Verbesserung der Prozessleistung.“[6]

Interessant ist dabei, dass Forrester den Fokus stärker auf die Software legt und weniger auf die Disziplin selbst. Das mag dem Kontext des Analystenberichts geschuldet sein, doch in der Praxis begegnet man häufig der Annahme, Process-Intelligence sei lediglich eine weitere Softwarekategorie.

Tatsächlich könnte das nicht weiter von der Wahrheit entfernt sein.

Im weiteren Verlauf werden wir die unterschiedlichen Facetten von Process-Intelligence genauer beleuchten. In den folgenden Kapiteln geht es dann um den sechsstufigen Ansatz für die Umsetzung erfolgreicher Process-Mining-Projekte.

Abb. 2.1

PROCESS-INTELLIGENCE – DEFINITION

Forrester definiert Process-Intelligence-Software wie folgt:

- Produkte, die Analysen über die Prozesse eines Unternehmens, die sowohl von Menschen ausgeführt als auch in IT-Systemen umgesetzt werden, anbieten
- Die Prozessanalyse stützt sich vorwiegend auf Task- und Process-Mining-Funktionen, ist jedoch nicht auf diese beschränkt.
- Process-Intelligence-Software ermöglicht fundierte Entscheidungen, um Prozesse zu verbessern.

Abb. 2.1: Definition Process-Intelligence (Forrester)

Was ist also laut Forrester das Besondere an Process-Intelligence?

Es geht dabei zum einen um die Mining-Technologie selbst, zum anderen um den ganzheitlichen Blick auf den Prozess. Dieser umfasst nicht nur Systemaktivitäten, die sich mit reiner Process-Mining-Software ohnehin nur eingeschränkt abbilden lassen, sofern kein Task-Mining eingesetzt wird. Schließlich rückt auch die Entscheidungsfindung in den Fokus, die für das Verständnis und die Steuerung von Prozessen von zentraler Bedeutung ist. Auffällig ist dabei ein kleines, aber wichtiges Detail: Im dritten Punkt spricht Forrester davon, dass Process-Intelligence „Entscheidungen ermöglicht" und nicht, dass sie diese „liefert".

Das ist mehr als nur eine sprachliche Nuance: Es spiegelt wider, dass noch eine Menge menschliche Arbeit nötig ist, bevor überhaupt entschieden werden kann, welche Prozess- oder sonstigen Verbesserungen sinnvoll sind und wie sie anschließend in Projekten umgesetzt werden.

Was ist das Problem?

Treten wir einen Schritt zurück und werfen wir einen Blick auf die Schwierigkeiten, mit denen Unternehmen bei der Steuerung ihrer Prozesse konfrontiert sind.

Es **fehlt häufig an Transparenz**, insbesondere bei Prozessen, die keine physischen Güter erzeugen, die man beobachten kann, wie etwa in der Produktion oder im Einzelhandel, wo man mit bloßem Auge erkennt, was „herauskommt".

Bei vielen anderen Abläufen ist der Output unsichtbar: etwa die Anzahl bewilligter Kredite oder die Zahl neuer Mitarbeiter, die gerade eingestellt und für das Onboarding vorbereitet werden.

Ebenso wenig lässt sich auf den ersten Blick erkennen, wie lange ein Prozess oder eine einzelne Instanz tatsächlich dauert und ob Service-Level-Agreements (SLAs) eingehalten werden.

All das sind keine neuen Probleme. Schon früher gab es Versuche, durch **Prozessanalysetechniken** und Business-Intelligence (BI) mehr Sichtbarkeit zu schaffen, und es wurde dabei nicht wenig Geld verdient.

Doch das eigentliche Ziel all dieser Bemühungen war (und ist) stets dasselbe:

Die **Ausführung von Prozessen zu verändern**, um nachhaltige Ergebnisse und Verbesserungen zu erzielen, sei es im Prozess selbst, in der Organisation oder in den unterstützenden Systemen.

Und damit diese Veränderungen Wirkung zeigen, muss man auch in der Lage sein, ihre Performance messbar zu machen.

Die folgende Abbildung fasst das Grundproblem noch einmal übersichtlich zusammen.

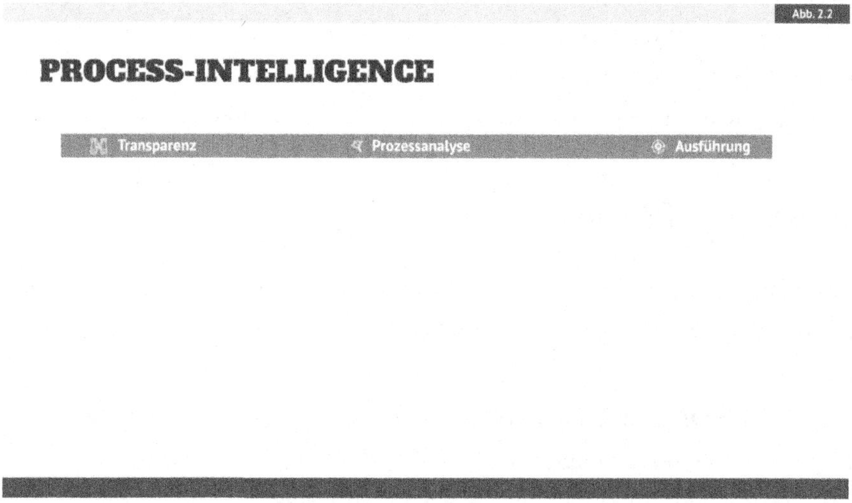

Abb. 2.2: Process-Intelligence – Problem

Neue Charakteristik der Prozessanalyse

Das Kernproblem bei der Prozesstransparenz liegt heute nicht mehr darin, dass man die Prozessleistung grundsätzlich nicht messen kann. Das konnte man schon früher. Damals stand man mit der Stoppuhr neben dem Prozess und notierte die Ergebnisse auf Papier.

Neu ist der technologische Fokus: Moderne Verfahren ermöglichen eine automatisierte Erfassung von Prozessdaten, deren Qualität und Objektivität weit über das hinausgehen, was man jemals manuell erfassen konnte.

Mining-Technologien machen es möglich, **sämtliche Aktivitäten** zu erfassen, genauso wie es Forrester definiert hat:

- unabhängig davon, ob sie digitale Spuren in Systemen hinterlassen (Process-Mining),
- oder durch die Analyse unstrukturierter Tätigkeiten auf Rechnern erfasst werden (Task-Mining).

Ferner werden automatisch Kennzahlen berechnet, die sofort Kontext und Einblicke liefern, wie etwa Durchlaufzeiten (Minimum, Maximum, Durchschnitt, Median) und vieles mehr. Werte, deren Berechnung früher erhebliche manuelle Anstrengung erforderte.

Der Effekt: Analysten gelangen nicht nur schneller zu Ergebnissen, sondern diese basieren auch auf Fakten, die direkt im Datensatz verankert sind. Diskussionen werden dadurch zwar nicht überflüssig, aber deutlich gezielter als etwa dann, wenn es um das Verständnis einer bestimmten Situation oder Prozessvariante geht, die in einer Visualisierung auffällt.

Das Ergebnis ist eine spürbar höhere Entscheidungsqualität, weil die Subjektivität weitgehend eliminiert wird, wie die Frage, ob die „Fachexperten" tatsächlich die Realität beschreiben oder nur das, was man gerne hören möchte.

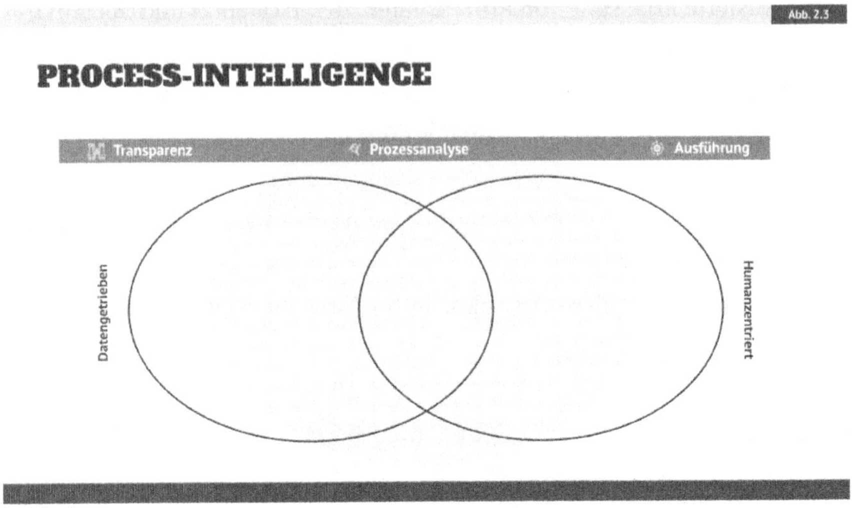

Abb. 2.3: Zwei Pole der Prozessanalyse

Die größte Herausforderung bei Mining (und anderen Analyse-)Tools besteht darin, dass sie Entscheidungen unterstützen, aber nicht selbst treffen.

Natürlich könnten Sie das künftig generativen KI-Systemen überlassen, und tatsächlich werden wir bald in nahezu jedem Tool integrierte KI-Funktionen sehen. Doch am Ende basiert ihre „Intelligenz" auf nichts anderem als Wahrscheinlichkeitsrechnungen, die einfach das nächste Wort einer Antwort vorhersagen.

Würden Sie wirklich die Zukunft Ihres Unternehmens einer solchen Wahrscheinlichkeitsberechnung anvertrauen, mit dem Risiko, dass die KI zwischendurch „halluziniert"?

Ich stehe diesem Ansatz skeptisch gegenüber und sehe den sinnvolleren Einsatz von KI darin, klassische Prozessanalysemethoden zu unterstützen, als „intelligente Assistenten", die Routineaufgaben automatisieren und Zeit sparen, während Menschen weiterhin die Empfehlungen ableiten und fundierte Entscheidungen über Veränderungen treffen.

Wie fügen sich unterschiedliche Analysetechniken in dieses Gesamtbild ein?

Prozessanalyse ist keineswegs ein neues Thema. Viele der zugrunde liegenden Methoden existieren bereits seit Jahrzehnten und hatten ihre Blütezeit teilweise schon lange hinter sich. Dennoch sind sie nach wie vor relevant.

In Zukunft werden wir erleben, dass künstliche Intelligenz zunehmend in diese Werkzeuge integriert wird, was sie leistungsfähiger und zugleich zugänglicher für die Anwendung machen dürfte.

Die folgende Abbildung zeigt den Gesamtzusammenhang verschiedener Prozessanalysemethoden in einem Venn-Diagramm.

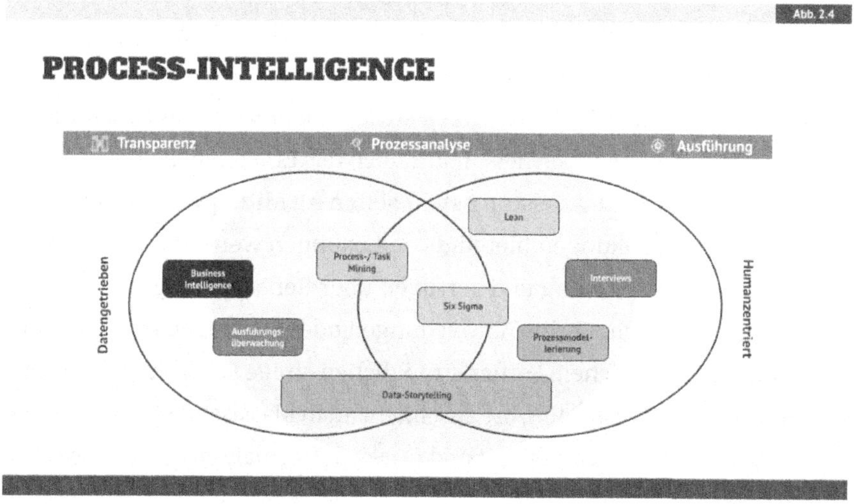

Abb. 2.4: Prozessanalysemethoden im Gesamtbild

- **Business Intelligence (BI)** ist die Praxis, durch die Anbindung an Quellsysteme und die Visualisierung relevanter Kennzahlen in Dashboards, Transparenz über die Unternehmensleistung zu schaffen. Man könnte Business Intelligence als den Vorläufer moderner Mining-Tools bezeichnen. Ihr Erfolg hängt jedoch maßgeblich von der Fachkompetenz und dem analytischen Geschick derjenigen ab, die Dashboardanalysen entwickeln. Insbesondere davon, ob es gelingt, die relevanten Informationen präzise und zielgerichtet an die jeweiligen Stakeholder zu vermitteln. Ein weiterer Nachteil klassischer BI-Ansätze liegt darin, dass sie meist auf historisierten Kennzahlen basieren. Prognosefunktionen sind in vielen BI-Tools noch fast gar nicht verbreitet. Zudem sind BI-Lösungen nicht zwingend prozessorientiert, auch wenn einige Anbieterunternehmen mittlerweile Process-Mining-Plugins für Plattformen wie Power BI oder Qlik anbieten.

- **Ausführungsüberwachung** ist in der Regel fester Bestandteil von Automatisierungs-/Workflowtools und lässt sich so konfigurieren, dass prozessrelevante Kennzahlen angezeigt werden. Der Fokus liegt dabei jedoch meist auf den aktuell laufenden Prozessen innerhalb des jeweiligen Workflowsystems. Die Einbindung von Daten aus anderen Laufzeitsystemen gestaltet sich oft schwierig, sodass ein holistischer Gesamtüberblick über alle Prozesse meist fehlt. Auch das Erkennen übergeordneter Muster in der Prozessleistung steht selten im Mittelpunkt. Ungeachtet ihrer Einschränkungen bieten diese Lösungen wertvolle Einblicke in die Prozessausführung und verfügen über Benachrichtigungs- sowie Alarmfunktionen, die bei Abweichungen oder Störungen eine zeitnahe Reaktion ermöglichen. Ferner ermöglichen einige Laufzeitsysteme den Export von Prozessdaten, die anschließend in klassischen BI-Tools oder Dashboards weiterverarbeitet und für vertiefte Analysen genutzt werden können.
- **Process- und Task-Mining-Tools** schließen genau diese Lücke. Sie sind von Grund auf prozessorientiert konzipiert und werden mit Daten aus verschiedenen Systemen entlang des Prozesses gespeist. Allerdings verfügen sie möglicherweise über unterschiedlich ausgeprägte Analysemöglichkeiten und können nicht immer zusätzliche, nicht prozessbezogene Kennzahlen für Visualisierungen einbeziehen. Einige dieser Tools ermöglichen es, Daten in BI-Systeme zu exportieren, und verfügen über Machine-Learning- bzw. KI-Funktionen, die Prognosen

über den zukünftigen Verlauf von Fällen ermöglichen. Zudem können sie Benachrichtigungen oder Alarme auslösen und sogar Aktionen in Laufzeitsystemen anstoßen. Trotzdem sind sie nicht zwangsläufig vollständig in ihren Analysemöglichkeiten. Simulationen oder detaillierte statistische Auswertungen befinden sich häufig in separaten Modulen innerhalb der Plattform des jeweiligen Anbieterunternehmens.

- **Six Sigma** ist eine statistisch fundierte Methodik zur Messung und Reduzierung von Prozessabweichungen, mit dem Ziel, die Prozessqualität („Wie gut wird der Prozess ausgeführt?") zu optimieren und Fehlerquoten zu minimieren. Mitunter kann dieser Ansatz für Personen in der Analysepraxis etwas technisch oder detailverliebt wirken. Insbesondere bei den statistischen Feinheiten kann dieser Ansatz den Eindruck erwecken, dass es etwas über das Notwendige hinausgeht. Unabhängig davon verbessert der datenbasierte und statistische Ansatz von Six Sigma die Qualität der Analyse erheblich, und ein fundiertes Verständnis der statistischen Methoden ist auch für Mining-Projekte äußerst wertvoll.
- **Lean** ist die bewährte Methode, um verschwendete Ressourcen und ineffiziente Abläufe in Prozessen, sei es Überproduktion, Fehler oder unnötige Lagerbestände, aufzuspüren. Ziel ist es, diese „Bremsklötze" zu beseitigen und die Prozesse effizienter und schlanker zu gestalten, ohne dass der Prozess darunter leidet. Für Mining-Projekte ist Lean besonders nützlich, wenn es darum geht, erste Hypothesen zu suboptimalen Prozessleistungen zu entwickeln. Lean bringt zudem praktische Visualisierungs- und Analysetools mit, wie beispielsweise Ishikawa- (Fishbone-)Diagramme, die sich nicht nur hier, sondern in vielen anderen Analysekontexten als hilfreich erweisen. Häufig wird Lean mit Six Sigma kombiniert, um Effizienz und Qualität gleichzeitig zu steigern. Ein solides Verständnis der Lean-Methodik ist für jede Person, die Prozesse analysiert, wertvoll, unabhängig von einer formalen „Belt"-Zertifizierung (Green Belt, Black Belt etc.).
- Lange Zeit war **Prozessmodellierung** die bevorzugte Analysetechnik: Inhalte werden in Diagrammen visualisiert, um einen Konsens darüber zu finden, wie Arbeit tatsächlich erledigt wird oder idealerweise erledigt

werden sollte. Darauf aufbauend werden Ziele und Kennzahlen für den aktuellen und den zukünftigen Zustand definiert und Berichte auf Basis der Diagramme erstellt, um Verbesserungspotenziale zu identifizieren. In einer weiterentwickelten Herangehensweise kamen Tools wie Prozesssimulation zum Einsatz, um Leistungsbaselines zu erstellen und Szenarien zu entwickeln, die Engpässe oder unerwünschtes Prozessverhalten aufdecken und beheben.

- **Interviews** sind die unkomplizierteste Analysemethode: Man spricht mit möglichst vielen Beteiligten, die den Prozess ausführen, verantworten oder die Systeme betreuen, und lässt sich überraschen, welche Erkenntnisse unvermittelt auftauchen, während gleichzeitig überprüft wird, ob die eigenen Annahmen der Realität entsprechen.

  Auch wenn Interviews auf den ersten Blick als weniger formelle Technik erscheinen mögen, sind sie ein wichtiger Bestandteil vieler Analyseansätze. Die Befragten, die den Prozess über viele Jahre durchgeführt haben, liefern den kontextuellen Hintergrund und die notwendigen Details, um Analysen zu fundieren und letztlich Verbesserungsmöglichkeiten abzuleiten.

  Das Risiko dieser Methode liegt jedoch in der Subjektivität der Menschen: Antworten können stark beeinflusst sein von persönlichen Eindrücken oder davon, was die Befragten vermitteln möchten. Zudem laufen viele Prozessinstanzen innerhalb der definierten Service-Level reibungslos, sodass die subjektiven Erfahrungen nicht immer ein vollständiges Bild der Prozessleistung liefern.

- Die letzte Technik auf der Liste ist relativ neu und kann auf alle anderen Methoden angewendet werden: **Data-Storytelling und Dashboarding**. Während Dashboards in BI und anderen Ansätzen eingesetzt werden, gelten sie häufig als rein technische Mittel zur Visualisierung von Informationen. Das Risiko besteht darin, dass der Kontext der dargestellten Daten fehlt.

  Der durch Interviews gewonnene Kontext ermöglicht es, die zugrunde liegenden Daten in eine nachvollziehbare Geschichte zu überführen und so in Informationen und Wissen zu transformieren, manchmal sogar in Weisheit, wenn sich zeigt, welche Maßnahmen besser vermieden werden sollten. Data-Storytelling ist eine Fähigkeit, die in der Praxis noch selten umfassend entwickelt wird. Viele Fachkräfte in den Bereichen Prozessanalyse oder Dashboard-Erstellung fokussieren sich dabei vor allem auf die technische Umsetzung, etwa darauf, welches Widget für welche Daten eingesetzt werden sollte und wie es optimal auf der Oberfläche angeordnet wird.

Wie sich inzwischen abzeichnet, erfordert eine fundierte Prozessanalyse die Kombination von Elementen verschiedener Methoden, angepasst an die jeweilige Situation. Bei einem Prozess-Mining-Projekt müssen unter anderem Interviews mit relevanten Beteiligten geführt und gleichzeitig Prozessdaten extrahiert sowie aufbereitet werden, um sie in Dashboards darzustellen. Diese Visualisierungen orientieren sich an den Hypothesen zur Prozessleistung, die die Analyse leiten.

Was bedeutet das nun für die Einführung von Process-Intelligence?

Angesichts der bisherigen Ausführungen wird deutlich, dass die Forrester-Definition etwas zu kurz greift. Sie versieht Process- und Task-Mining-Tools schlicht mit dem Etikett „Process-Intelligence“. Wer Process-Intelligence tatsächlich implementieren möchte, sollte sich daher auf drei zentrale Schritte konzentrieren, die bereits zu Beginn umrissen wurden:

- **Transparenz schaffen**: Das kann, wie im klassischen BI, die Erstellung von Dashboards sein, oder die Modellierung und Visualisierung von Prozessen, wie es Business-Analysten seit jeher tun. Ergänzen Sie diese Darstellungen anschließend um Prozessleistungsdaten. Das Ziel ist klar: eine belastbare Prozessleistungsbasis schaffen und sichtbar machen, denn nur was sichtbar ist, kann verbessert werden.
- **Prozesse analysieren**: Die Kombination aus datengetriebenen und humanzentrierten Ansätzen ist der richtige Weg für die Zukunft. Ent-

scheidend ist jedoch, dass die Analyseergebnisse an objektiven Zielen ausgerichtet sind und nicht durch die Perspektive einzelner „wichtiger" Stakeholder beeinflusst werden. Handlungsempfehlungen sollten stets auf überprüfbaren Fakten beruhen, nachvollziehbar begründet und für Dritte reproduzierbar sein.

- **Umsetzung**: Die besten Ideen bleiben wirkungslos, wenn sie nicht umgesetzt und weiterentwickelt werden. Daher sollten Handlungsempfehlungen stets realistisch und umsetzbar sein, unter Berücksichtigung von Faktoren wie Machbarkeit, Kosten sowie organisatorischer und technischer Bereitschaft für die Umsetzung. Bei der Implementierung von Veränderungen ist es entscheidend, die zuvor definierten Key Performance Indicators (KPIs) und Kennzahlen im Blick zu behalten. Deren Erfassung und der Vergleich mit den Ausgangswerten aus der vorhergehenden Prozessanalyse sollten ein fester Bestandteil des Lösungsdesigns sein, um den Erfolg der Maßnahmen mess- und nachvollziehbar zu machen.

Was sind die wichtigsten Anwendungsfälle?

Doch was genau bedeutet all das in der Praxis? In Process-Mining-Projekten zeigen sich die typischen Anwendungsfälle, wie sie in Abbildung 2.5 dargestellt sind, und diese Liste erhebt keinen Anspruch auf Vollständigkeit. Es gibt mit Sicherheit noch zahlreiche weitere Anwendungsfälle, die in unterschiedlichen Unternehmenskontexten relevant sind.

Abb. 2.5: Wichtigste Anwendungsfälle von Process-Mining

- Der **kontinuierliche Verbesserungsprozess** ist vermutlich der bekannteste und häufigste Anwendungsfall, der viele erst zum Process-Mining geführt hat. Die datenbasierte Analyse erhöht die Qualität und Objektivität der Ergebnisse und erweitert zugleich das methodische Instrumentarium, das zuvor beschrieben wurde.
- Ein weiterer zentraler Anwendungsfall ist die **operative Compliance,** die Sicherstellung einer konsistenten Prozessausführung sowie gleichbleibende Qualität von Produkten und Dienstleistungen. Die Kundschaft erwartet Verlässlichkeit, und wir alle haben in den vergangenen Jahren erlebt, wie Störungen in Lieferketten oder Improvisationen während der Corona-Pandemie diese Erwartung untergraben haben. Die Folgen, etwa Rückrufaktionen oder aufwendige Nachbesserungen, waren teuer und zeigten deutlich, wie wertvoll stabile, regelkonforme Prozesse sind.
- Eng verbunden mit der operativen Compliance, deren Hauptverantwortung meist bei den Prozesseigentümern liegt, ist das **Prozessrisiko- und Kontrollmonitoring**, das in der Regel im Zuständigkeitsbe- reich der **Compliance-Funktion** eines Unternehmens liegt. Ziel ist es, si-

cherzustellen, dass Prozesse wie vorgesehen ausgeführt und dabei alle regulatorischen Anforderungen sowie internen Richtlinien eingehalten werden.

- Dies ist insbesondere in stark regulierten Branchen wie der Finanz- oder Pharmaindustrie von zentraler Bedeutung. Kaum ein Tag vergeht, ohne dass über milliardenschwere Strafen für Verstöße großer Unternehmen berichtet wird. Neben dem Schaden für Kundschaft und Reputation ist es bedauerlich, dass derart hohe Summen vergeudet werden, obwohl sich solche Risiken durch den Einsatz vergleichsweise kostengünstiger Technologien (wie Process-Mining) deutlich reduzieren ließen.
- Darüber hinaus können Process- und Task-Mining genutzt werden, um **Automatisierungspotenziale zu identifizieren** und **Implementierungsprojekte zu beschleunigen**. In der aktuellen Euphorie rund um KI und robotergestützte Automatisierung wird dieser Schritt jedoch häufig übersprungen. Dabei sollte stets zunächst die Frage stehen, was automatisiert werden soll, nicht bloß, dass automatisiert wird. Nur weil eine Aufgabe technisch durch KI lösbar ist, bedeutet das nicht, dass sie auch sinnvoll automatisiert werden sollte. Ein Vergleich unterschiedlicher Automatisierungsoptionen und deren potenzieller Auswirkungen ist daher essenziell. Simulationen, auf die später im Buch noch näher eingegangen wird, sind hierbei ein wertvolles Instrument, um auf Basis der durch Process-Mining gewonnenen Daten fundierte Prognosen zu treffen.
- Das fügt sich hervorragend in das übergeordnete Prinzip des **„erst messen, dann handeln" (Measure-First)** ein und unterstützt die Erstellung belastbarer **Blaupausen (Blueprints)** für Implementierungsprojekte. In den vergangenen zehn bis fünfzehn Jahren ist die Praxis, vor Beginn eines Projekts zunächst einen fachlichen und technischen Entwurf, oder, professioneller formuliert, eine **Lösungsarchitektur** zu erstellen, in vielen Organisationen zunehmend in den Hintergrund gerückt. Es ist an der Zeit, diesen Ansatz wieder aufzugreifen und mit der **Messung der Prozessleistung** als Ausgangspunkt zu beginnen. Auf welche Faktoren Sie gezielt Einfluss nehmen können, um Prozesse messbar zu verbessern,

werden wir im Rahmen des sechsstufigen Ansatzes für erfolgreiche Process-Mining-Projekte noch genauer beleuchten.

- Ein weiterer wichtiger Anwendungsfall ist die **Bereitstellungsvali- dierung**. In vielen Projekten wird das Projektteam wenige Wochen nach der Einführung und der unmittelbaren Unterstützung in der Rollout-Phase aufgelöst. Doch wie lässt sich sicherstellen, dass die im Business Case versprochenen Vorteile tatsächlich realisiert werden? Und wie kann sichergestellt werden, dass alle User die neuen Prozesse, unterstützt durch die angepassten Systeme, auch wirklich einhalten? Glücklicherweise steht Process-Mining bereit, um genau das herauszufinden :-)

3

Process-Mining im Lösungs-/Prozesslebenszyklus

Process-Mining wirkt manchmal, als wäre es ein eigenständiges Werkzeug. Tatsächlich ist es Teil eines viel größeren Prozesslebenszyklus. Manche Organisationen steuern diesen sehr bewusst, andere eher „zwischen den Zeilen", was in der Praxis häufig bedeutet: gar nicht.

Das führt dazu, dass Process-Mining gelegentlich als rein technische Übung verstanden wird und nicht als Baustein eines übergeordneten Gesamtzusammenhangs. Dieses Kapitel bietet daher einen kompakten Überblick über den Lösungs- bzw. Prozesslebenszyklus, der aus fünf klar voneinander abgegrenzten Phasen besteht.

Zwei Bereiche – Design und Ausführung

Zunächst ist es wichtig zu erkennen, dass im Prozesslebenszyklus unterschiedliche Werkzeuge für unterschiedliche Zwecke eingesetzt werden. Grob lassen sie sich in zwei Kategorien einteilen:

- **Design-Time-Tools:** Diese Werkzeuge dienen dazu, Blaupausen zu erstellen oder bestehende Inhalte zu analysieren. Die dabei entstehenden Artefakte bilden später den Referenzpunkt, um die tatsächliche Ausführung langfristig mit den ursprünglichen Zielen zu vergleichen. Klassische Architekturtools wie ARIS oder HOPEX sowie Process- und Task-Mining-Werkzeuge gehören in diese Kategorie.

- **Runtime-Tools:** Hierbei handelt es sich um die eigentlichen transaktionalen Systeme sowie unterstützende Systeme zur Überwachung dieser Prozesse. Beispiele sind SAP, Salesforce, Microsoft Dynamics, Workday und viele weitere. Abhängig von den jeweiligen Fähigkeiten der eingesetzten Laufzeitsysteme kann es erforderlich sein, ergänzende BI-Werkzeuge für das Monitoring einzusetzen.

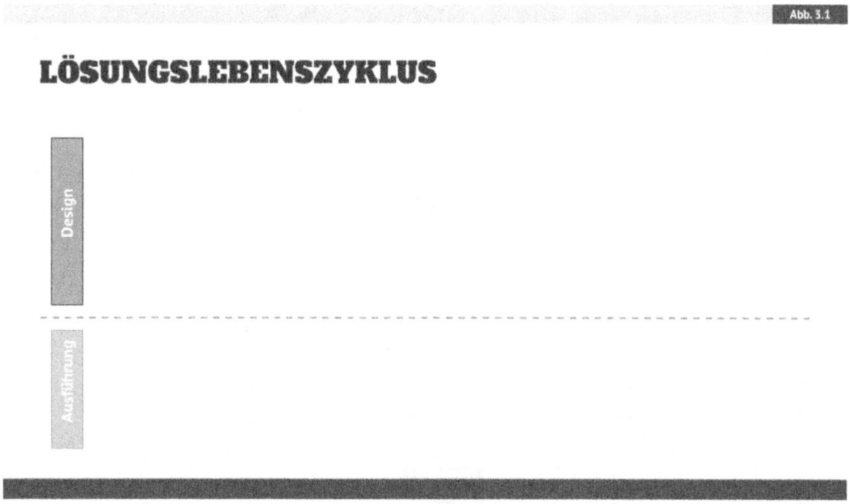

Abb. 3.1: Zwei Bereiche von Prozessen: konzeptionelles Design und tatsächliche Ausführung

Ein Fehler, den ich in der Praxis häufig beobachte, besteht darin, eine der beiden Seiten zu stark zu gewichten. Natürlich lässt sich eine Transaktion nicht aus einem Modellierungswerkzeug heraus ausführen. Doch ohne ein solides Design, das von anderen so detailliert überprüft und hinterfragt werden kann, dass keine Missverständnisse hinsichtlich Konfiguration, Implementierung oder Test entstehen, hinkt die Umsetzung bereits hinterher, bevor sie überhaupt begonnen hat.

Gleichzeitig neigen stark architekturorientierte Teams dazu, übermäßig detaillierte und strikte Vorgaben für Freigaben zu formulieren. Das führt zu unnötigen Verzögerungen in der Umsetzung, und die Architektur wird schnell als Hindernis wahrgenommen statt als wertvoller Beitrag zum Projekterfolg.

Phase 1: Strategie und Enterprise-Baseline

Idealerweise beginnt man mit einer klaren Ausgangslage und erstellt ein vollständiges Repository aller aktuell produktiven Inhalte, abgebildet in den Architekturansichten, die das gewählte Rahmenwerk (z. B. TOGAF) vorgibt.

In dieser Phase wird die grundlegende Struktur aufgebaut, Daten- und Metamodelle werden als Teil der technischen Governance definiert und vorhandene Inhalte werden importiert sowie vereinheitlicht.

Das zentrale Ziel besteht darin, eine Enterprise-Baseline zu schaffen als stets aktuelle Referenz des tatsächlichen Betriebszustands („What runs?").

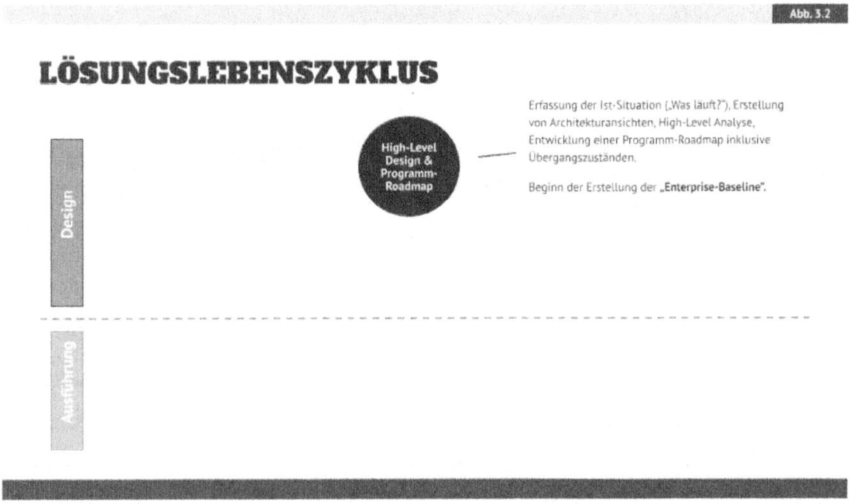

Abb. 3.2: Phase 1 – Strategie und Enterprise-Baseline

Die gute Nachricht ist: Es ist nicht notwendig, sämtliche Inhalte auf einmal zu erstellen. Ein solcher Ansatz wäre kaum zu bewältigen und würde leicht den Eindruck eines abgeschotteten „Elfenbeinturm-Architekturteams"[7] hervorrufen.

Um dieses Szenario zu vermeiden, empfiehlt sich als Leitprinzip eine Architektur mit Augenmaß, ergänzt durch klare Prinzipien und ein definiertes Mindestmaß an Referenzarchitektur, etwa in Form bevorzugter Technologien. Gleichzeitig sollte gemeinsam mit den laufenden Projekten eine minimale (formale und inhaltliche) Architekturstruktur erarbeitet werden.

Die erarbeiteten Designs werden anschließend im Repository abgelegt – zunächst im Bereich „Projekte/Lösungen" und, sofern das Design bereits genehmigt oder sich ein Projekt kurz vor dem Go-Live befindet oder gerade produktiv gegangen ist, zusätzlich im Bereich der „Enterprise-Baseline".

Ferner können moderne Technologien wie Process-Mining und Task-Mining (Robotic Process Discovery) genutzt werden, um den aktuellen Ist-Zustand zu erheben und erste Modellentwürfe („Straw-Man-Modelle") zu erstellen, die ein initiales Architekturbild vervollständigen. Ebenso empfiehlt es sich, bestehende Strategieartefakte zu importieren, um eine grundlegende Sammlung von Zielen, Anforderungen, Bedarfen und KPIs zu erhalten, anhand derer sich zukünftige Projekte einordnen und bewerten lassen.

Der zentrale Zweck der Enterprise-Baseline besteht darin, eine belastbare Grundlage zu schaffen, um Veränderungs- und Verbesserungsbedarfe zu identifizieren – etwa zur Reduktion technischer Altlasten, zur Optimierung von Prozessen oder zur Ableitung organisatorischer Anpassungen. Ergänzend können Analyseverfahren wie die Prozesssimulation eingesetzt werden, um potenzielle Projekte zu identifizieren und deren Nutzen im Rahmen eines Business Cases nachvollziehbar zu begründen.

Die so identifizierten Projekte werden zunächst als Platzhalter im Bereich „Projekte/Lösungen" angelegt, bis eine formale Freigabe erfolgt und die inhaltliche Ausarbeitung weiter voranschreitet.

Phase 2: Lösungsarchitektur und Design

In dieser Phase des Lösungs- bzw. Prozesslebenszyklus wird die Lösung ausgearbeitet, die in der vorherigen Phase als potenzieller Problemlöser identifiziert und als Projekt definiert wurde. Das Ergebnis beschreibt, **„was sich verändert“** („What changes?”).

Eine „Lösung“ umfasst in diesem Kontext weit mehr als die ausgewählte Software. Sie stellt vielmehr die Gesamtsicht über alle relevanten Ebenen dar (Prozesse, Anwendungen, Daten, Organisation und mehr), die benötigt werden, um eine oder mehrere Fähigkeiten zu implementieren, zu aktualisieren oder außer Betrieb zu nehmen. Daher ist es entscheidend, dass in einem Projekt zunächst die strategischen Artefakte berücksichtigt werden und nicht unmittelbar in fachliche oder technische Blaupausen gesprungen wird. Eine klare Vorstellung über Ziele, KPIs, Geschäftsmodelle und ähnliche Grundlagen erleichtert die Abstimmung und die Auflösung potenzieller Konflikte mit anderen Programmen und Projekten, deren Umfang oder Vorgehen möglicherweise weniger klar definiert sind.

Das Projektergebnis beschreibt das Design für einen Übergangs- bzw. Zielzustand. Es empfiehlt sich, Projekte innerhalb eines Programms entsprechend den Übergangszuständen und den dazugehörigen Fähigkeitskonfigurationen auszurichten. Auf diese Weise lassen sich Veränderungen kontrolliert steuern, und der Zeitplan des eigenen Programms kann mit anderen relevanten Programmen koordiniert werden, sodass der kontinuierliche Betrieb der betroffenen Prozesse und Systeme für die User jederzeit sichergestellt bleibt.

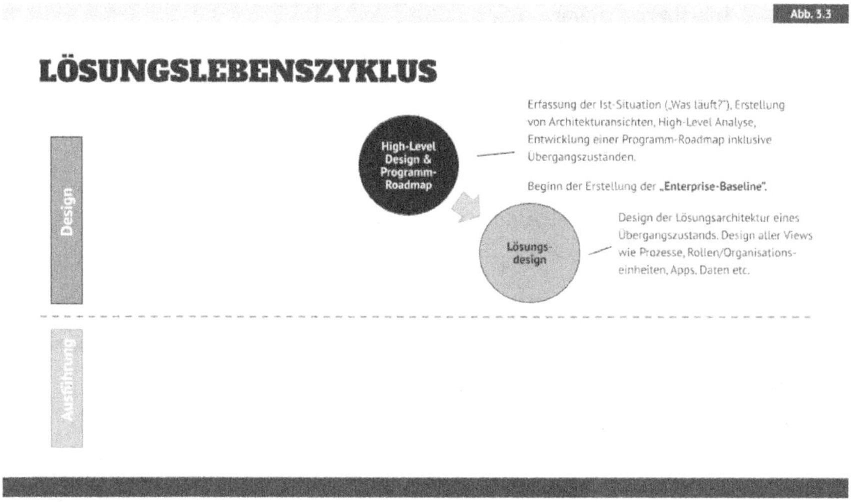

Abb. 3.3: Phase 2 – Lösungsdesign

Eine Konsequenz daraus ist, dass für die Entwicklung einer Lösung verschiedene Rollen erforderlich sind, etwa Verantwortliche für die jeweiligen Domänenarchitekturen (für Prozesse, Organisation/Rollen, Anwendungen, Daten usw.) sowie Verantwortliche einer übergeordneten Lösungsarchitektur, die sicherstellt, dass die einzelnen Entwürfe zu einem konsistenten Gesamtdesign zusammengeführt werden. In größeren Programmen, in denen mehrere Projekte unterschiedliche Aspekte eines gemeinsamen Fähigkeitenspektrums umsetzen, kann sogar eine übergeordnete Rolle erforderlich sein – etwa die des Solution-Portfolio-Managements.

Sobald alle internen und externen Abhängigkeiten geklärt sind und das Design freigegeben wurde, kann es in die nächste Phase übergehen. Überdies liefert die Phase der Lösungsarchitektur häufig auch Impulse für die Weiterentwicklung von Referenzarchitekturen, beispielsweise dann, wenn neue Fähigkeiten oder Systeme eingeführt werden sollen.

Phase 3: Implementierung

Diese Phase umfasst die eigentlichen Veränderungen an Organisation, Systemen, zugrunde liegender Technologie und Prozessen. Sie wird überwiegend durch die technische Konfiguration der operativen Systeme geprägt, schließt jedoch ebenso die menschliche Komponente der Lösung ein. Also das organisatorische Veränderungsmanagement, das strukturelle Anpassungen umsetzt, die Abstimmung mit Mitbestimmungsgremien koordiniert und sicherstellt, dass User (von der reinen Benutzung bis zur Administration) im Umgang mit der neuen Technologie befähigt werden.

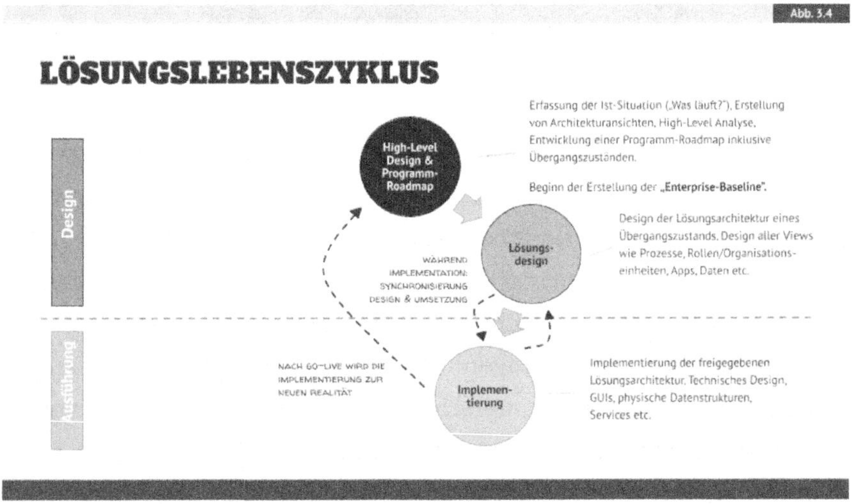

Abb. 3.3: Phase 3 – Implementierung

Die architektonischen Beiträge in dieser Phase sind vielfältig:

- **Bereitstellung von Leitlinien** zur konkreten Implementierung sowie Aktualisierung des Lösungsdesigns, falls Anpassungen erforderlich werden.
- **Unterstützung der Testaktivitäten** durch die Erstellung von Testfällen

für übergeordnete Teststufen, denn jeder Zweig in einem Prozess stellt einen Testfall dar und muss erfolgreich durchlaufen werden.

- **Synchronisation bzw. Upload der Lösungsdesigns in Lernplattformen** wie beispielsweise SAP Enable Now, sodass die dortige Dokumentation den neuen Stand der Prozesse, Systemlandschaften usw. widerspiegelt.
- **Aktualisierung der Enterprise-Baseline** mit dem final implementierten Design, um eine valide, aktuelle Grundlage für spätere Analysen und die Definition neuer Projekte sicherzustellen.

Phase 4: Prozessausführung

Der Schwerpunkt dieser Phase liegt darauf, eine kontinuierliche Überwachung (Monitoring) der tatsächlichen Prozessausführung im Tagesbetrieb zu etablieren. Die Einrichtung zielgruppenspezifischer Dashboards, beispielsweise für operative Teams, Prozessverantwortliche sowie das Management, stellt sicher, dass aktuelle Informationen zu den definierten Prozessen und Lösungen jederzeit verfügbar sind und die Einhaltung der Service-Level-Agreements (SLAs) transparent machen.

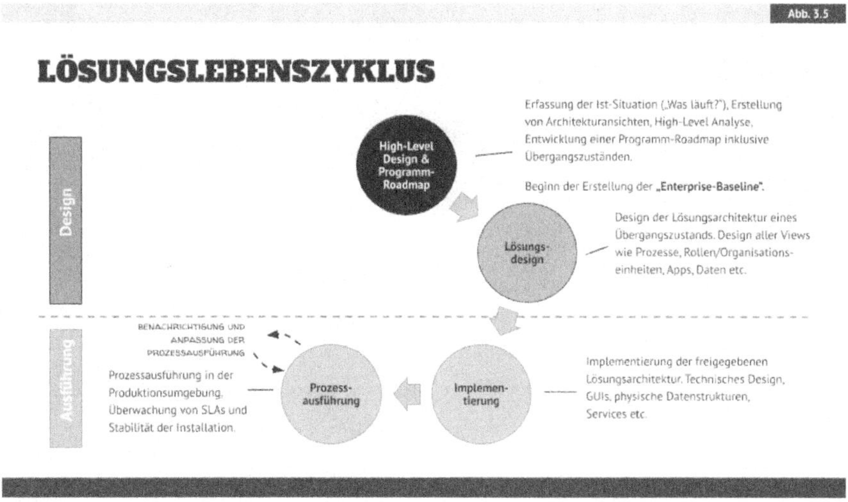

Abb. 3.5: Phase – Prozessausführung

Die mit den Dashboards visualisierten KPIs sollten mit Referenzmodellen wie ITIL[8], APQC[9] oder SCOR[10] abgeglichen werden. Dies erleichtert nicht nur den Vergleich mit etablierten Benchmarks, sondern fördert auch ein gemeinsames Verständnis für prozessuale Zusammenhänge.

Ferner umfasst diese Phase die aktive Reaktion auf Abweichungen. Werden SLAs nicht erreicht, etwa wenn eine Lieferung zu lange dauert, können Benachrichtigungen und Warnmeldungen eingerichtet werden, die automatisch notwendige Maßnahmen anstoßen.

Phase 5: Messung und Analyse

Diese Phase ähnelt der vorherigen und nutzt teilweise dieselben Datenquellen. Der Fokus liegt jedoch darauf, einen Schritt zurückzutreten und die langfristigen Entwicklungen zu betrachten. Dazu gehören Trends, Nutzungsmuster und Verhaltensweisen, die sich erst über einen längeren Zeitraum hinweg zeigen. Zudem kann analysiert werden, wie Prozesse tatsächlich ausgeführt werden, also wie das Nutzungsverhalten im Vergleich zu den in der Lösungsdesignphase vorgesehenen Abläufen aussieht[11].

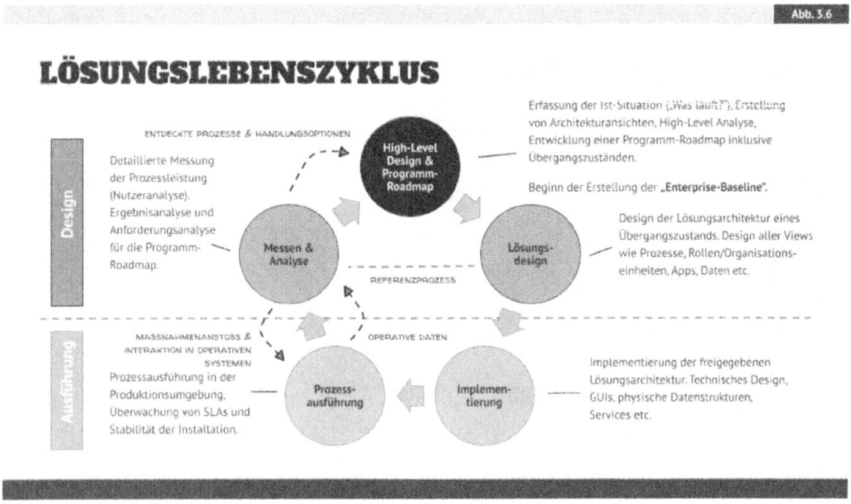

Abb. 3.6: Phase 5 – Messen & Analyse

Die zentralen Werkzeuge in dieser Phase sind Process-Mining und Task-Mining (auch Robotics Process Discovery genannt). Beide Ansätze untersuchen Nutzungs- und Performancekennzahlen. Process-Mining greift dabei typischerweise auf Protokolldaten operativer Systeme zu, die Fall-IDs, Aktivitätsbezeichnungen/Ereignisse sowie Start- und Endzeitstempel bereitstellen.

Task-Mining hingegen setzt auf lokal ausgeführte Softwareagenten, die tatsächliche Interaktionen auf Endgeräten erfassen, **was User in welchen Anwendungen (auf welchen Datenfeldern) tun,** und erzeugen daraus Prozessmodelle für die tatsächlich ausgeführten Arbeitsschritte. Diese Modelle befinden sich eine Ebene unterhalb der Prozessschritte, die üblicherweise in einem klassischen Prozessmodell dargestellt werden (also unterhalb der „geschäftsrelevanten, in sich geschlossenen Aktivitäten").

Die zentralen Ziele der Phase *Messen und Analysieren* sind:

- **Analyse der Prozessleistung**, um Verbesserungspotenziale für den nächsten Durchlauf des Lebenszyklus zu identifizieren.
- **Abgleich des Solution-Designs („wie die Arbeit vorgesehen ist") mit der realen Ausführung** („wie die Arbeit tatsächlich stattfindet"). Dies ist nicht nur für Fachkräfte in der Prozessverbesserung (z. B. Business-Analyse, Prozessverantwortung) hochrelevant, sondern ebenso für Revision und Audit, die genau diese Fragen sehr früh stellen.
- **Prozessvisualisierung (Process Discovery)**, wenn für einen bestimmten Prozess noch keine Enterprise-Baseline besteht. Mining-Technologien liefern hierfür einen soliden ersten Entwurf, und leistungsfähige Tools ermöglichen es, diesen „80%-Prozess" direkt ins Repository zu übertragen und dort weiter auszuarbeiten, also festzulegen, wie die Arbeit idealerweise erfolgen soll.
- **Interaktion mit der laufenden Prozessausführung**, etwa durch Funktionen wie Alerts, Benachrichtigungen oder sogar das automatische Auslösen von Transaktionen, sobald bestimmte Kriterien erfüllt sind. Dadurch kann die operative Prozesssteuerung verbessert werden, beispielsweise durch frühzeitiges Eskalieren, um Entscheidungen zu beschleunigen und

SLA-Verstöße zu vermeiden, oder durch Anpassungen der Planung (etwa wenn ein Container im Auslandshafen feststeckt und die Produktionsplanung kurzfristig auf andere Produkte umstellt, statt auf die Lieferung zu warten).

Bitte beachten Sie jedoch, dass Eingriffe in den laufenden Prozess keine dauerhafte Lösung für Performanzprobleme darstellen. Niemand möchte einen Prozess dauerhaft im Ausnahmezustand steuern. Sinnvoller ist es, die gewonnenen Erkenntnisse aus den aktuellen Abweichungen aufzunehmen und sie als Input für die nächsten Analyse- oder Verbesserungsschritte in der kommenden Iteration des Lebenszyklus zu nutzen.

Wie unterstützen Architekturwerkzeuge den Lösungs- und Prozesslebenszyklus?

Eine professionelle Architekturproduktsuite bietet Funktionen, die alle Phasen des Lösungs- bzw. Prozesslebenszyklus gezielt unterstützen:

- **Enterprise-Baseline:** Ein zentrales Repository ermöglicht die Strukturierung aller Inhalte gemäß Metamodell. Objektorientierung in der zugrunde liegenden Datenbank erlaubt direkte Impact-Analysen. Hinzu kommen Analyseberichte für wiederholbare Auswertungen, Ad-hoc-Abfragen für schnelle Analysen, Simulationen, Automatisierung von Governance-Prozessen sowie Dashboards für Governance-Transparenz (z. B. „Sind wir bei 5% oder 85% Fortschritt?").
- **Solution-Design**: Modellierungsfunktionen ermöglichen die Erstellung von Blueprints über alle notwendigen Architektursichten hinweg. Vergleichsfunktionen zeigen Abweichungen zur aktuellen Baseline. Falls verfügbar, unterstützen Referenzinhalte konsistente Designs. Analysefunktionen verdeutlichen Verbesserungen bzw. Veränderungen im Vergleich zum Ist-Zustand. Weitere Funktionen umfassen Versionierung, toolspezifische Attribute und Workflows für den Datenaustausch.
- **Implementation**: Synchronisation von Blueprints mit Implementier-

ungstools (idealerweise bidirektional, um den Scope sauber zu steuern). Erstellung und Nachverfolgung von Testfällen. Analysen und Berichte für das organisatorische Veränderungsmanagement (z. B. Rollenberichte als Grundlage für Trainingscurricula oder Kommunikationsmaßnahmen). Automatisch generierte Sichten wie Prozessbeschreibungen oder Schritt-für-Schritt-Darstellungen sowie Exportfunktionen für Präsentationen und weiteres Change-Management-Material.

- **Prozessausführung:** Dashboards, „Live“-Verbindungen zu Quellsystemen sowie Aktionen und Benachrichtigungen zur Prozesssteuerung.
- **Messen und Analyse:** Unterschiedliche Analysetypen für Process-Mining und Task-Mining, What-If-Szenarien, Aktionen und Benachrichtigungen sowie eine bidirektionale Kopplung zum Design-Tool.

Die nachfolgende Abbildung (Abb. 3.7) zeigt, wie diese technischen Fähigkeiten den einzelnen Phasen des Lösungslebenszyklus zugeordnet sind.

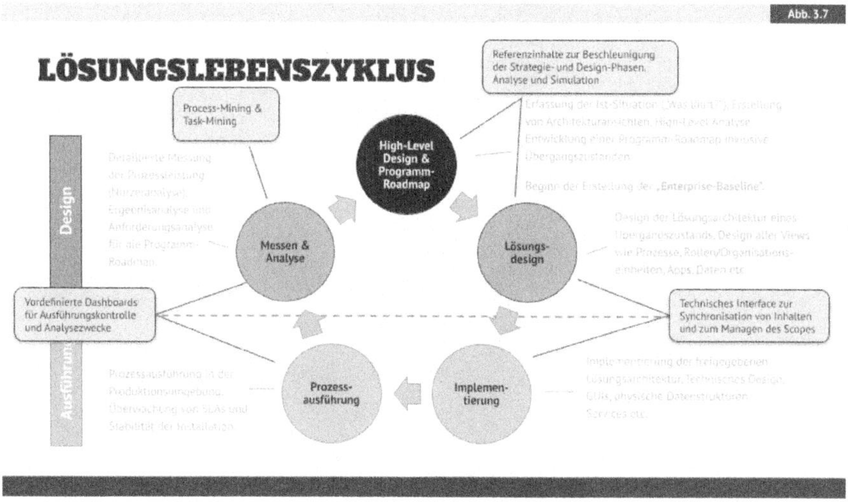

Abb. 3.7: Beispielhafte Zuordnung von Tools zu Phasen des Lösungs- und Prozesslebenszyklus

Ich denke, dieses Kapitel hat verdeutlicht, dass Architekturarbeit und Process-Mining-Analysen weder ein „zeichnen und vergessen“ bedeuten, noch ausschließlich in die Designphase eines Projekts gehören. Richtig eingesetzt werden sie zu einem echten Wettbewerbsvorteil, weil sie eine langfristige Perspektive schaffen und genau die Informationen liefern, die für Solution-Design, Implementierung und Betrieb erforderlich sind.

Wenn der Lifecycle in den beschriebenen Phasen etabliert ist, entsteht ein selbstverstärkender Effekt, der die Reife von Architektur- und Delivery-Praktiken deutlich beschleunigt.

4

Sechs Schritte zum Process-Mining Erfolg

Process-Mining ist weit mehr als eine Technologie oder eine einzelne Methode zur Prozessanalyse.

Es umfasst ein Set an Analyseverfahren, die es schon lange gibt – jedoch erstmals vollständig datenbasiert, gespeist aus Eventlogs operativer Systeme und unterstützt durch Werkzeuge, die die prozessorientierten Berechnungen automatisiert durchführen.

Allerdings ist Process-Mining keineswegs so einfach, wie eine große Datenexportdatei ins Tool zu laden und darauf zu hoffen, dass die Software die Prozessprobleme „automagisch“ enthüllt.

Ebenso wenig handelt es sich um ein Ein-Schritt-Projekt, wie es manche Unternehmen gerne darstellen.

Aus zahlreichen erfolgreichen Process-Mining-Einführungen hat sich ein sechsstufiger Ansatz herauskristallisiert, der im Folgenden vorgestellt wird. Diese Vorgehensweise stellt sicher, dass der passende Prozess gewählt wird, die notwendigen Daten bereitstehen und die Analyse tatsächlich die Verbesserungsmöglichkeiten sichtbar macht, die in der eigenen Organisation Wirkung entfalten können.

Die sechs Schritte im Überblick

Es heißt: „Jede Reise beginnt mit dem ersten Schritt.“ Das gilt auch für den Aufbau einer Process-Mining-Fähigkeit in einer Organisation. (Hier betrachten wir bewusst Process-Mining – nicht Task-Mining oder andere datengetriebene Analyseverfahren, die einem ähnlichen Muster folgen können, aber je nach Technologie leicht abweichen.)

Abbildung 4.1 zeigt die sechs Schritte im Überblick. Die jeweils beteiligten Rollen sind durch kleine Markierungen an den einzelnen Schritten erkennbar.

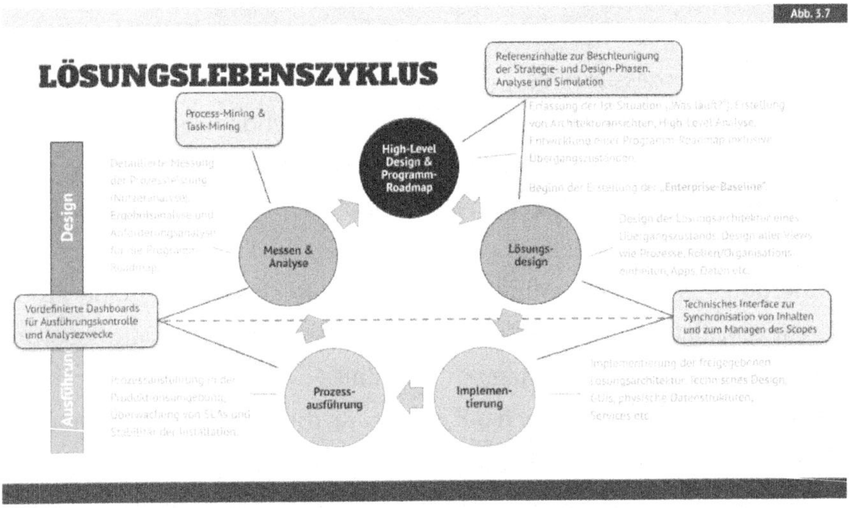

Abb. 4.1: 6 Schritte zum Process-Mining-Erfolg

Die sechs Schritte sind:

1. **Definition der Process-Mining-Strategie:** Klärung der Ziele, die mit der Einführung von Process-Mining in der Organisation verfolgt werden, der geplanten Vorgehensweise sowie der ersten Anwendungsfälle und angestrebten Ergebnisse.

2. **Extraktion der Systemlogs:** Identifikation der relevanten Quellsysteme für die einzelnen Prozessschritte, Einrichtung technischer Schnittstellen für eine automatisierte Datenversorgung (optional) sowie Extraktion der Eventlogs aus den entsprechenden Tabellen der Ursprungssysteme.
3. **Erstellung eines Ereignisprotokolls (Eventlogs):** Bereinigung und Transformation der Daten, sodass ein konsistentes Eventlog entsteht, das alle notwendigen Informationen aus den verschiedenen Quelltabellen enthält und in das Process-Mining Werkzeug geladen werden kann.
4. **Erstellung eines Referenzprozesses:** Eine zentrale Funktion vieler Process-Mining-Werkzeuge besteht darin, ein Referenzmodell im BPMN-Format[12] („geplante Arbeitsweise“) mit den Eventlog-Daten („gelebte Arbeitsweise“) zu vergleichen. In diesem Schritt wird das Sollprozessmodell definiert oder weiter verfeinert.
5. **Prozessanalyse:** Anwendung der unterschiedlichen Analysemethoden im Process-Mining-Werkzeug. Dabei geht es nicht nur darum, das „Was ist passiert“ sichtbar zu machen, also den entdeckten Ist-Prozess mitsamt seiner Kennzahlen, sondern ebenso das „Warum ist es passiert“ zu verstehen: wann, wo, durch wen und auf welche Weise bestimmte Leistungsprobleme entstehen.
6. **Identifikation von Verbesserungsmöglichkeiten:** Auf Grundlage der Analyse werden potenzielle Optimierungsansätze abgeleitet. Dazu gehört auch die Erstellung eines ersten, groben Business Cases je Option, um eine fundierte Entscheidungsgrundlage für die beteiligten Stakeholder zu schaffen.

Wer ist an diesem Ansatz beteiligt?

Process-Mining ist nichts, was eine einzelne Daten- oder Prozessfachkraft heimlich im Keller erledigt, um dann plötzlich mit der einen genialen Idee aufzutauchen. Es ist, wie so vieles im Unternehmen, ein Teamsport. Für den Erfolg braucht es ein interdisziplinäres Team:

- **Fachbereichsvertretungen:** Personen, die den Prozess ausführen oder verantworten (oft als Subject-Matter-Experts/SME bezeichnet). Sie kennen den aktuellen Prozess, die beteiligten Anwendungen, Daten, „ungeschriebenen Regeln" und natürlich die bestehenden Performanzprobleme.
- **(Process-Mining) Engineers:** Technisch Verantwortende für die Quellsysteme sowie diejenigen, die die Integrationen entwickeln, um automatisierte bzw. geplante Datenfeeds in das Process-Mining Tool bereitzustellen.
- **Data Scientists:** Da Process-Mining maßgeblich auf Systemdaten basiert, braucht es Personen, die Rohdaten aufnehmen, bereinigen und in das tabellarische Format transformieren, das das Process-Mining Tool benötigt.
- **Prozessanalysten:** Klassische Prozessanalysten, die mittels der Funktionen und Analysetechniken im Process-Mining-Tool arbeiten. Häufig bringen sie Lean- oder Six-Sigma-Know-how mit, um Verschwendung, Abweichungen und andere Formen von Ineffizienzen systematisch zu identifizieren.
- **Risikofachkräfte:** Ein zentrales Thema im Process-Mining ist Compliance (also die Frage: „Führen die Anwendenden die Prozesse wie vorgesehen aus?"). Diese Fachkräfte bringen Expertise zu Risiken im Prozess und zu den zugrunde liegenden Rahmenwerken ein und ergänzen damit die Perspektive bei der Entwicklung von Hypothesen.

Schritt 1: Strategie definieren

Einer der ersten Schritte bei der Einführung von Process-Mining besteht darin, zunächst zu klären, **welche Ziele** mit dieser Technologie und Methodik verfolgt werden sollen. Gleichzeitig geht es darum, **den passenden Prozess** für den Einstieg auszuwählen, also einen Ablauf, mit dem sich spürbare Wirkung, positive Dynamik und Akzeptanz in der Organisation erzeugen lassen.

Es empfiehlt sich, die folgenden Schritte durchzugehen und die dabei getroffenen Entscheidungen für spätere Anpassungen und Referenzen festzuhalten.

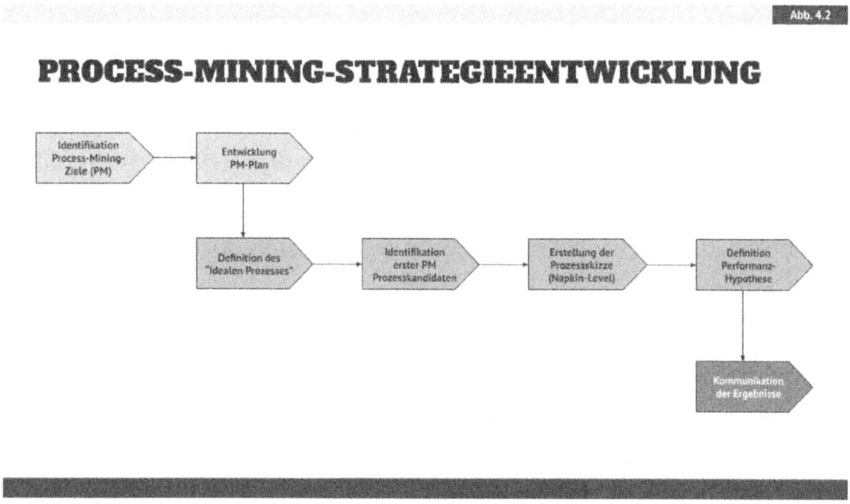

Abb. 4.2: Schritte zur Entwicklung einer Process-Mining-Strategie

- **Bestimmen Sie die Process-Mining-Ziele für Ihre Organisation.** Das klingt selbstverständlich, doch in der Praxis habe ich häufig erlebt, dass Unternehmen die Tools lediglich „ausprobieren“ und dann frustriert feststellen, dass sich keine klaren Antworten ergeben, solange keine fundierte Analysearbeit geleistet wird.
  Entscheidend ist daher, die Ziele strukturiert zu definieren, zu priorisieren und anschließend mit der Geschäftsstrategie, laufenden Initiativen sowie der Veränderungsbereitschaft der Organisation abzugleichen. Auch wenn die Begeisterung für die neue Technologie groß sein mag, können andere Bereiche bereits eine gewisse „Transformationsmüdigkeit“ verspüren und kaum Kapazitäten für weitere Neuerungen haben. In solchen Fällen empfiehlt es sich, gezielt Bereiche auszuwählen, die offener sind, und die eigenen Erwartungen zunächst zu reduzieren, denn

es ist wesentlich wirkungsvoller, mit kleineren, umsetzbaren Schritten erste Nutzende zu überzeugen, als zwingend die vermeintlich „wertvollsten", aber wenig kooperationsbereiten Zielgruppen anzusteuern.

- Was uns zum nächsten Schritt führt: Es gilt, **einen kurz- und einen langfristigen Plan für diese Fähigkeit zu entwickeln**. Abgesehen davon, dass Process-Mining eine kostenintensive Initiative sein kann (nicht nur aufgrund der Lizenzkosten, sondern vor allem wegen des erforderlichen Aufwands und der Anzahl der beteiligten Personen), sollte sorgfältig überlegt werden, in welchen der wichtigsten Prozesse, also dort, wo echte strategische Vorteile gehoben werden können, diese Technologie zuerst eingesetzt wird.

  Interessanterweise handelt es sich bei den meisten Anwendungsbei spielen, die ich gesehen habe, um Standardprozesse wie Procure-to-Pay oder Order-to-Cash. Meine Empfehlung ist hier eine differenzierte Herangehensweise: Ist ein Prozess ein Standardprozess, bietet es sich an, ihn so weit wie möglich zu standardisieren und zu automatisieren. Process-Mining dient dann eher als Monitoring-Instrument, und wenn die Kennzahlen „gut genug" sind, kann die Aufmerksamkeit auf andere Bereiche gelenkt werden. Handelt es sich jedoch um einen unternehmen sspezifischen Prozess, der einen Wettbewerbsvorteil schafft, sollte die Analyse nach der ersten Implementierung deutlich vertieft werden.

  Unabhängig davon braucht es einen Plan, der den Nutzen für die Organisation gegenüber den Kosten abwägt und zugleich die Chance bietet, positive Dynamik aufzubauen. Dabei ist zu entscheiden, ob ein einzelnes großes Projekt umgesetzt wird oder eine Reihe kleinerer Initiativen, die Schritt für Schritt die Usergruppe erweitern und die Akzeptanz steigern.
- **Bestimmen Sie den „idealen Prozess" für Ihre Organisation.** Dies ist ein zentraler Schritt, auf den wir im weiteren Verlauf mehrfach zurückkommen werden. Grundsätzlich gibt es nur eine begrenzte Anzahl von Stellreglern, über die ein Prozess verfügt und die sich beeinflussen lassen. Ein Beispiel ist die **Leistungskapazität** eines Prozesses: Wie viele Produkte oder Vorgänge können in einem bestimmten Zeitraum bearbeitet werden (z. B. wie viele Kreditanträge können unterzeichnet werden)?

Ein weiterer Regler ist die **Durchlaufzeit**: Wie lange benötigt der gesamte Prozess oder ein einzelner Prozessschritt? Wo entstehen Engpässe? Ergänzend können weitere Faktoren relevant sein, etwa **Kundenerlebnis**, **Kosten**, **Compliance** oder auch die **Qualität** der Ergebnisse.

Für Ihre Organisation gilt es, eine sinnvolle Kombination dieser Stellregler zu definieren. Wenn Ihr Schwerpunkt beispielsweise auf „Time-to-Market" liegt, werden Sie eher zusätzliche Ressourcen, Maschinen oder Software einsetzen als in einem Szenario, in dem Kostenoptimierung im Vordergrund steht oder regulatorische Anforderungen besonders strikt sind.

Es empfiehlt sich, diese Stellregler zu dokumentieren und in der Organisation zu kommunizieren, sowohl zur Abstimmung mit den Entscheidungstragenden als auch zur Akzeptanzsicherung in den Fachbereichen, die den analysierten Prozess später ausführen.

- **Identifikation des geeigneten Prozesses für Ihr erstes Projekt:** Dies steht in engem Zusammenhang mit den zuvor genannten Aspekten. Sie sollten einen Prozess auswählen, der spürbare geschäftliche Wirkung entfaltet, sobald Verbesserungspotenziale identifiziert werden. Es geht also nicht um eine reine „Technologie-Demonstration", sondern um tatsächlichen Mehrwert. Gleichzeitig empfiehlt es sich, **nicht gleich das „große, komplexe Ungetüm"** als erstes Projekt anzugehen, da Sie zunächst Erfahrungen mit der Durchführung eines Process-Mining-Vorhabens sammeln werden. Die sechs Schritte in diesem Kapitel geben dafür eine gute Orientierung. Zudem ist es hilfreich, innerhalb weniger Wochen erste Ergebnisse vorlegen zu können. Stakeholder verlieren schnell an Interesse, wenn die Analyse mehrere Monate dauert und die Resultate am Ende wenig beeindrucken, kein idealer Start, um Dynamik/Momentum aufzubauen.
- Erstellen Sie ein **skizzenhaftes (‚Napkin-Level') Prozessdiagramm** des identifizierten Prozesses. Ideal wäre ein ausgereiftes BPMN-Diagramm des Prozesses, doch zu diesem Zeitpunkt reicht eine Grobstruktur. Entscheidend ist ein Detailgrad, der es erlaubt, die Prozessschritte, die Logik und erste Ausnahmen zu erkennen. Das hilft beim Identifizieren

der jeweils zuständigen Quellsysteme.
Dieses Diagramm hilft auch dabei, festzulegen, welche **Fachpersonen** (Subject-Matter-Experts) aus dem Business eingebunden werden müssen, und dient dazu, die Machbarkeit eines möglichen Zeitplans zu prüfen. Kann für den Prozess keine Fachperson gewonnen werden, sollte ein anderer Prozess gewählt werden.

- In Schritt 4 wird dieser grobe Prozess dann in eine detailliertere BPMN-Darstellung überführt, die exakt abbildet, wie die Arbeit vorgesehen ist.

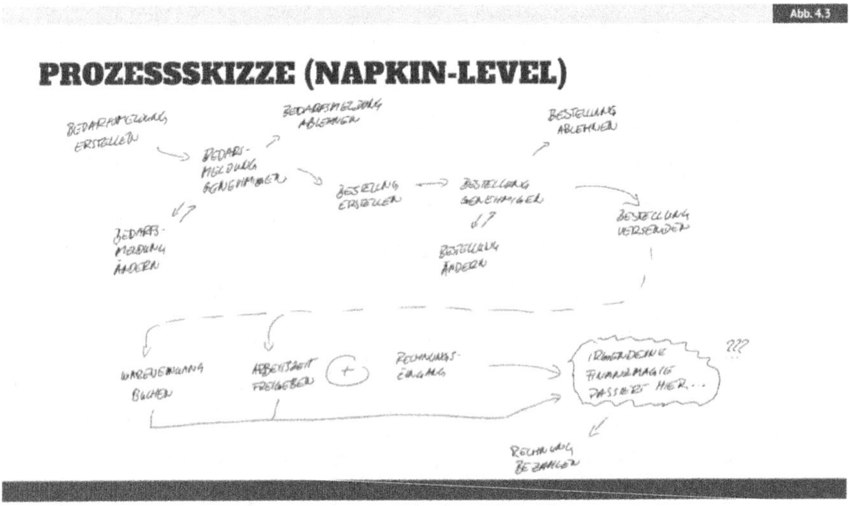

Abb. 4.3: Initiale Prozessskizze (Napkin-Level)

- **Hypothesen zu Leistungsproblemen definieren:** Ein verbreitetes Missverständnis im Kontext von Process-Mining, gelegentlich auch durch Tool-Herstellende verstärkt, besteht darin, dass man lediglich die Datenquelle mit dem Tool verbinden müsse und die Analyse damit erledigt sei.
Es stimmt, dass sich aus den obligatorischen Datenfeldern und einem

hochgeladenen Referenzprozess bereits erste brauchbare Analysen ableiten lassen. Die wirklich tiefgehenden Erkenntnisse entstehen jedoch erst durch eine **zielgerichtete Analyse, die auf klar formulierten Hypothesen basiert**. Was läuft in der Prozessausführung regelmäßig schief? Warum passiert es? Welche Lösungsansätze könnten Abhilfe schaffen?

Ziel ist es, eine strukturierte Liste an Hypothesen und Annahmen zu erstellen, die sowohl die Datenerhebung (Schritt 2) als auch die eigentliche Analyse (Schritt 5) steuert. So definieren Sie gewissermaßen die „Nadel im Heuhaufen", anstatt lediglich auf mehrere potenzielle „Heuhaufen" zu verweisen, ohne konkrete Suchkriterien vorzugeben.

Denken Sie daran: Die Analyse lässt sich jederzeit erweitern. Führen die ersten Hypothesen nicht zu den erhofften Durchbrüchen, kann die Analyse durch zusätzliche Hypothesen vertieft und fortgesetzt werden.

- **Kommunizieren Sie die Ergebnisse mit Ihren Stakeholdern:** Wie bereits erwähnt, ist es entscheidend, die erarbeiteten Definitionen und Resultate mit den jeweiligen Stakeholdern zu teilen. Dabei sollten Sie berücksichtigen, dass unterschiedliche Themen verschiedene Stakeholdergruppen betreffen. Entscheidungstragende genehmigen Budgets, während alle Stakeholdergruppen an Aspekten wie einer gemeinsamen Definition des „idealen Prozesses" interessiert sein werden. Gleichzeitig existieren häufig deutlich kleinere Stakeholdergruppen auf Arbeitsebene, wenn es um die konkreten Prozesse geht, die analysiert wurden. Hier ist es jedoch essenziell, die jeweilige Führungsebene in die zentralen Aspekte des Prozesses einzubinden (z. B. gemäß einer „informed" oder „accountable"-Rolle innerhalb eines RACI-Modells[13]).

  Zudem sollten Sie eine Stakeholder-Karte erstellen, ein Thema, das für ein eigenes Buch reichen würde, und die Fachkräfte des organisatorischen Change-Managements einbeziehen, die solche Methoden routiniert anwenden. Diese verfügen in der Regel auch über Erfahrung mit den beteiligten Personen in der Organisation und kennen deren bevorzugte Kommunikationsstile.

  Überdies sollten Kommunikationsmaßnahmen geplant und spezifisch auf die jeweiligen Stakeholdergruppen ausgerichtet werden, beispielsweise nach dem Muster: „Diese Information ist relevant für alle Stakeholder, während dieser Inhalt ausschließlich für eine bestimmte Teilgruppe relevant ist."

- **Die wichtigste Botschaft lautet:** Halten Sie Ihre Stakeholder kontinuierlich eingebunden und stellen Sie sicher, dass der *sichtbar gemachte Fortschritt für sie nachvollziehbar* und bedeutsam ist.

Schritt 2: Systemprotokolldateien extrahieren

Nachdem der betrachtete Prozess festgelegt und die Analyseziele (in Form von Hypothesen) klar beschrieben wurden, ist es an der Zeit, tief in die Systeme einzusteigen und die Daten zu identifizieren, die eine fundierte Process-Mining-Analyse ermöglichen.

Dabei gilt: Wenn sich die benötigten Daten nicht auffinden lassen, ist es sinnvoll, frühzeitig ein Warnsignal zu setzen und zu Schritt 1 zurückzukehren. Gemeinsam mit den beteiligten Stakeholdern sollte dann geprüft werden, ob der ausgewählte Prozess tatsächlich geeignet ist. Es ist deutlich besser, an den Ausgangspunkt zurückzugehen, als wertvolle Kapazitäten aller Beteiligten zu binden und am Ende nur mittelmäßige Ergebnisse zu liefern, die das Vertrauen der Stakeholder enttäuschen.

Denn schließlich geht es darum, **Begeisterung und Momentum** für diese neue Analysemethode und Technologie aufzubauen.

Abb. 4.4

ERFORDERLICHE DATEN FÜR PROCESS-MINING

Bei der Ausführung von Prozessen in operativen Systemen werden für jeden Schritt Ereignisse in einem Systemprotokoll erfasst.

Eine Fall-ID, etwa eine Bestellnummer, wird generiert und gemeinsam mit dem jeweiligen Ereignis protokolliert.

Für Process-Mining werden **mindestens** eine **Fall-ID**, der **Aktivitätsname** (Ereignis) sowie ein **Zeitstempel** benötigt. Weitere Daten können optional ergänzt werden.

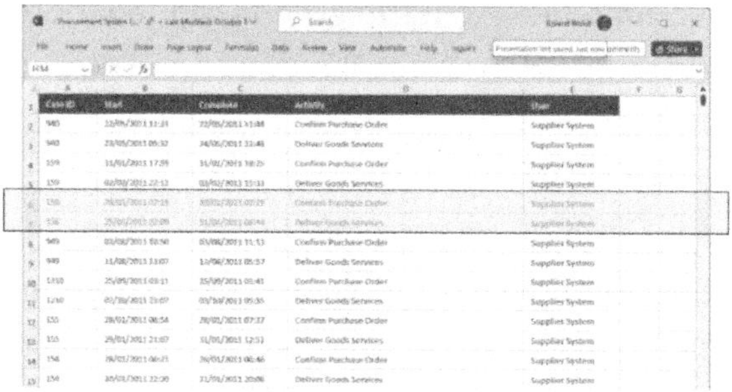

Abb. 4.4: Erforderliche Daten aus operativen Systemen

- **Identifizieren Sie die führenden Systeme („Systems of Record") sowie zusätzliche Systeme,** die für die Kontextanreicherung bei der Analyse der Hypothesen erforderlich sind: In den meisten Fällen stammt ein Prozess aus mehr als einem Quellsystem, unter anderem einem Beschaffungssystem, einem Lagersystem und einem Finanzsystem innerhalb eines Beschaffungsprozesses). Diese Systeme verwenden möglicherweise unterschiedliche Identifikatoren für dieselben Prozessinstanzen/Fälle. In diesem Schritt sind drei Aufgaben zentral: *Identifikation der relevanten Quelltabellen* in den jeweiligen Systemen. *Festlegung der benötigten Spalten*, basierend auf den formulierten Hypothesen. Häufig muss hierfür eine Datenbankadministrationsrolle eine individuelle Abfrage erstellen. *Definition des Ausgabeformats*, also ob die Daten als eine große Datei oder als mehrere tabellarische Dateien bereitgestellt werden. Als Faustregel gilt: Es ist sinnvoll, mehrere Dateien zu erhalten, eine mit den eigentlichen Aktivitäten und Zeitstempeln sowie zusätzliche Dateien mit Attributen zu diesen Aktivitäten. In Schritt 3 werden diese anschließend sinnvoll zusammengeführt.

Außerdem gilt es zu klären, ob und wie Informationen während der Prozessausführung in verschiedenen Systemen verändert und welcher Datenstatus für die Analyse verwendet werden soll.

- **Technische Systemintegration (optional):** In diesem Schritt werden automatisierte Datenübertragungen aus den Quellsystemen im Datenmodellierungs- oder Mining-Tool eingerichtet. Für die ersten Projekte ist dies jedoch nicht empfehlenswert, da es erhebliche zusätzliche Komplexität erzeugt und den Projektzeitplan leicht ausufern lässt. Man denke nur an Sicherheitsfreigaben oder die eingesetzte Technologie – gibt es bereits ein Integrationswerkzeug im Unternehmen und verfügbare Ressourcen? Unterstützt das Process-Mining-Tool die relevanten Quellsysteme durch vordefinierte Adapter, oder müsste eine individuelle Schnittstelle entwickelt werden (und wer kann das übernehmen), und vieles mehr?

  Zu Beginn gilt daher: so einfach wie möglich halten und die automatisierte Integration auf eine spätere Ausbaustufe verschieben. Am Anfang geht es vor allem darum, schnell aussagekräftige Ergebnisse zu liefern.
- Das **Extrahieren der Systemprotokolle** ist der letzte Schritt. In diesem Zusammenhang müssen Sie entscheiden, wie Sie die Ergebnisse organisieren, wo sie gespeichert werden und welche Namenskonventionen Sie für die Dateien verwenden.

  Dies ist unproblematisch, wenn bereits eine technische Integration aufgebaut wurde, kann jedoch deutlich anspruchsvoller werden, wenn Sie mit Exporten aus Datenbanken oder anderen Systemen arbeiten.

  Ein Beispiel: In einem Projekt mit einem Finanzinstitut erhielten wir die Online-Transaktionen zu Investmentänderungen der Kundschaft, die aus drei unterschiedlichen Systemen stammten. Das Zusammenführen dieser drei Datenquellen war bereits herausfordernd. Nachdem wir innerhalb eines Tages ein erstes Datenmodell erstellt hatten, stellte das Institut uns anschließend die Daten eines ganzen Monats bereit. (Statt drei Dateien waren es nun etwa 90). Glücklicherweise konnte das verwendete Datenmodellierungswerkzeug einfach von „Lies eine Datei“ auf „Lies alle Dateien in einem Ordner“ umgestellt werden und stellte dabei automatisch Redundanzen sowie weitere inkonsistente Strukturen richtig.

Kurz gesagt: Sie benötigen einen klaren Plan, wie Sie die Systemlogs organisieren und diese so strukturieren, dass eine spätere Erweiterung – beispielsweise durch Massendatenexporte – leicht möglich bleibt.

Was Sie unbedingt vermeiden sollten, ist eine künstliche Reduzierung der verfügbaren Datenmenge: Je umfangreicher die Datenbasis ist (und damit sind Hunderttausende bis Millionen von Datensätzen gemeint), desto aussagekräftiger und belastbarer wird Ihre Analyse.

Schritt 3: Erstellung der Protokolldateien (Eventlogs)

Dieser Schritt ist der zentrale und wichtigste Schritt des gesamten Ansatzes. Wenn er misslingt, wirken sich die Fehler auf alle nachgelagerten Schritte aus, und die daraus abgeleiteten Empfehlungen könnten unzutreffend sein.

Einsatz eines grafischen Tools zur Erstellung des Datenmodells

Für die Erstellung von Eventlogs stehen unterschiedliche Werkzeuge zur Verfügung. Viele Process-Mining-Tools enthalten eigene Transformationsfunktionen – häufig basierend auf komplexen SQL-Abfragen oder anderer Codierung, die weder besonders anwenderfreundlich noch für Stakeholder ohne technischen Hintergrund zugänglich sind. Selbst wenn in der Organisation die entsprechenden technischen Fähigkeiten vorhanden sind, kann der ausschließliche Einsatz solcher Codierungs-Ansätze abschreckend auf fachliche Stakeholder wirken. Auch für Personen, die Process-Mining künftig selbst anwenden sollen (z. B. wenn dies in Schritt 1 als Ziel definiert wurde), stellt dies oft eine Einstiegshürde dar.

Daher empfiehlt es sich, für diesen Arbeitsschritt ein **grafisches Datenmodellierungswerkzeug** zu nutzen. Hierfür gibt es sowohl kommerzielle Lösungen wie **Alteryx**[14] als auch Open-Source-Alternativen wie **KNIME**[15]. Diese Werkzeuge bieten in der Regel Schulungs- und Zertifizierungsprogramme, umfangreiche Dokumentationen und Video-Tutorials sowie – besonders wertvoll – eine aktive Community, die bei konkreten Aufgabenstellungen unterstützt. Die Nutzung solcher Tools erleichtert den unternehmensweiten Rollout erheblich und steigert die Akzeptanz.

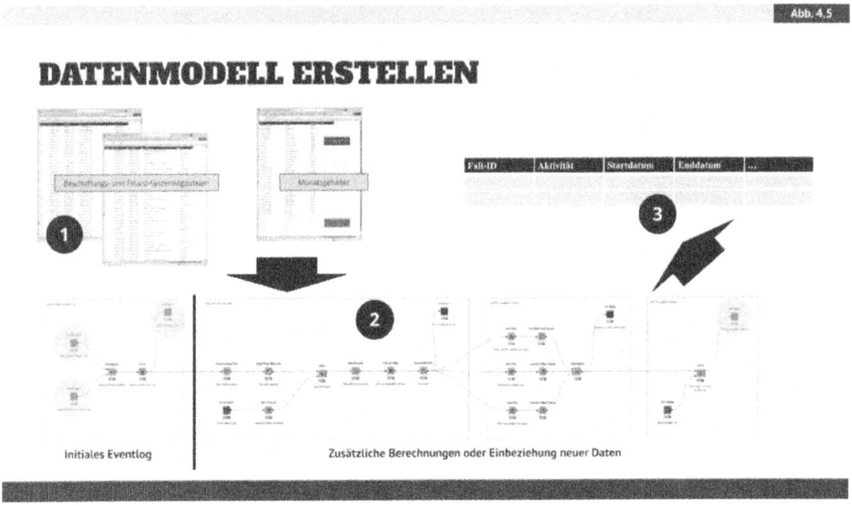

Abb. 4.5: Datenmodell erstellen

Datenmodell erstellen:

Die Erstellung des benötigten Eventlogs im Format, das Process-Mining-Tools erwarten, kann anspruchsvoll sein. Achten Sie bei jeder Daten-Transformation sorgfältig darauf, keine Daten versehentlich zu verlieren oder hinzuzufügen, denn Fehler hier wirken sich auf alle nachfolgenden Schritte aus.

Die finale Tabelle muss mindestens die folgenden Spalten enthalten (siehe Grafik oben): *Fall-ID* (zur Nachverfolgung der Ereignisse über Zeitstempel), *Aktivitätsname* sowie *Zeitstempel* – idealerweise Start- und End-Zeitstempel, damit das Tool nicht nur berechnen kann, wie lange der Übergang von Schritt A zu Schritt B dauerte, sondern auch, wie lange die Ausführung von Schritt

A selbst gedauert hat. Auf dieser Basis liefern die Werkzeuge anschließend statistische Kennwerte wie Durchschnitt, Median, Maximum und Minimum.

So erstellen Sie das Datenmodell in einem grafischen Tool wie KNIME.

- **Importieren der Event-Logs in das Datentool:** KNIME bietet eine Vielzahl an Konnektoren für Flat Files, Datenbanken und andere Quellen, sodass nahezu jeder Dateityp eingelesen werden kann. Sobald die Daten im Tool verfügbar sind, lassen sich die Spalten inspizieren und überprüfen, ob der Import korrekt erfolgt ist. Selbstverständlich können mehrere Quelldateien oder Systemverbindungen parallel importiert werden. Zudem besteht die Möglichkeit, eigene (Referenz-)Tabellen für Berechnungen anzulegen sowie die finalen Tabellen in allen gängigen Formaten zu exportieren.
- **Bereinigung Ihrer Daten:** Dies ist der erste entscheidende Schritt und umfasst eine Mischung aus Tabellenanpassungen, wie das Entfernen nicht benötigter Spalten oder das Ändern des Spaltenformats, sowie Bearbeitungen auf Zeilenebene, etwa das Herausfiltern von Ereignissen, die nicht relevant sind, weil sie Fälle enthalten, die bereits in Bearbeitung waren, als Sie die Momentaufnahme erstellt haben. Außerdem können zellbasierte Bereinigungen erforderlich sein, wie etwa die Harmonisierung von Textwerten oder Datumsberechnungen, zum Beispiel, wenn ein Quellsystem Zeitstempel im 24-Stunden-Format speichert, während ein anderes AM/PM verwendet.
- **Erstellen Sie ein erstes Event-Log:** Konzentrieren Sie sich zunächst auf die grundlegenden Informationen, die das Process-Mining-Tool benötigt, und laden Sie eine erste Version des Eventlogs hoch. Ziel ist es zu prüfen, ob a) die Daten korrekt geladen werden oder ob Anpassungen am Datenmodell notwendig sind (insbesondere Datumsformate sorgen häufig für Probleme) und b) die angezeigten Ergebnisse auf den ersten Blick plausibel wirken.

  Sollte das initiale Eventlog nicht korrekt sein, gehen Sie zurück zu Ihrem Datenmodell und überprüfen bzw. überarbeiten Sie die entsprechenden Schritte.

- **Optimieren Sie Ihr Datenmodell:** Jetzt wird es spannend. Nehmen Sie Ihre Hypothesen zur Hand und leiten Sie daraus die Fragen ab, die Ihnen helfen, diese zu bestätigen oder zu widerlegen. Prüfen Sie anschließend, ob in Ihren Daten alle notwendigen Informationen enthalten sind, um diese Fragen zu beantworten, und ob zusätzliche Kennzahlen berechnet werden müssen. Ein Beispiel, das weiter unten noch vertieft wird, ist ein Incident-Management-Prozess: Hier müssen Sie möglicherweise ermitteln, welcher Prozentsatz der Fälle an eine Support-Organisation der zweiten Ebene eskaliert wird. Im Verlauf Ihrer Prozessanalyse werden Sie mehrfach Ihr Datenmodell anpassen, insbesondere nachdem Sie erste Ergebnisse mit Entscheidungstragenden *und dem Fachbereich* besprochen haben. Dadurch werden Sie zügig mit Ihrem Datenmode llierungswerkzeug und/oder den erforderlichen Berechnungen vertraut werden.

Validieren Sie Ihr Datenmodell

Sobald Sie Ihr initiales Datenmodell erstellt haben, laden Sie es in Ihr Process-Mining-Tool und vereinbaren Sie einen Workshop zur Überprüfung und Freigabe des Datenmodells mit den beteiligten Stakeholder-Personen. Das Hauptziel dieser Sitzung besteht darin, das Datenmodell selbst und weniger die Ergebnisse, die das Tool anzeigt, zu validieren.

Ich beginne diesen Workshop typischerweise damit, die Teilnehmenden daran zu erinnern, dass es sich um eine Arbeitssitzung handelt und der zentrale Fokus darauf liegt, sicherzustellen, dass das Datenmodell korrekt ist. Führen Sie die Gruppe anschließend durch Ihr Datenmodell. Genau hier ist es äußerst hilfreich, ein **grafisches Tool** zu verwenden und nicht eine Sammlung von SQL-Abfragen oder Python-Skripten. Diese Fähigkeiten sind bei Stakeholdern meist nicht vorhanden, sodass sie gedanklich „abschalten", weil es für sie nur noch „Fachchinesisch" ist.

Ein weiterer Vorteil grafischer Tools besteht darin, dass sie selbstdokumentierend sind. Sie ermöglichen das Hinzufügen von Beschreibungen zu einzelnen Verarbeitungsschritten und das Gruppieren von Workflow-

Knoten zu logischen Abschnitten der Datentransformation. Bis hin zur Erstellung einklappbarer und wiederverwendbarer Gruppen, die auch in anderen Workflows referenziert werden können. Dies ist äußerst hilfreich bei der Erstellung ähnlicher Datenmodelle oder beim Bereinigen von Daten.

Eine Reaktion, die ich in Projekten immer wieder beobachte, ist, dass Stakeholder zunächst defensiv werden und behaupten, das Datenmodell sei falsch und daher könne auch das resultierende Spaghetti-Diagramm nicht stimmen. An diesem Punkt sollten Sie darum bitten, konkrete Fallnummern zu erhalten, und die entsprechenden Informationen (z. B. Zeitstempel oder die Reihenfolge der Schritte) in den Quellsystemen wie ERP- oder CRM-Systemen zu prüfen.

Sie werden wahrscheinlich Fehler finden. Das ist gut und meist die Folge von Annahmen, denen Sie und die Beteiligten zugestimmt haben. Analysieren Sie, wo der Fehler im Datenmodell liegen könnte, und passen Sie das Modell entsprechend an. Entscheidend ist, dass Sie die Zustimmung der Beteiligten zur Korrektheit des Datenmodells einholen. Ohne diese Freigabe sind alle weiteren Schritte Makulatur. Lassen Sie am Ende der Sitzung alle Anwesenden kurz bestätigen, dass sie die Richtigkeit des Modells anerkennen, bevor Sie die Workshop-Phase beenden.

Schritt 4: Referenzmodell erstellen

Wie bereits erwähnt, gibt es eine Analysetechnik namens *Konformitätsprüfung (Conformance Check)*, die die Laufzeitdaten im Eventlog mit dem Referenzprozess vergleicht, der beschreibt, wie die Arbeit idealerweise ausgeführt werden sollte.

In diesem Schritt stehen zwei Aufgaben im Mittelpunkt: Erstens ist ein vollständiges Prozessdiagramm in BPMN-Notation zu erstellen – insbesondere dann, wenn in Schritt 1 lediglich eine grobe Skizze („Napkin-Level") des Prozesses entstanden ist. Zweitens, und möglicherweise noch wichtiger, sollte das Prozessdiagramm überprüft werden, um veraltete Informationen seit der letzten Aktualisierung/Überprüfung anzupassen oder Unstimmigkeiten im Prozessablauf zu beseitigen.

Das Ergebnis dieses Schritts sollte sein, dass **alle Beteiligten gemeinsam bestätigen**, dass es sich dabei um den aktuell gültigen Soll-Prozess unter den gegebenen Rahmenbedingungen handelt, etwa im Hinblick auf die bestehende IT-Unterstützung

Falls bereits Ideen zur Verbesserung des aktuellen Zustands auffallen, sollten diese entweder als Hypothese für Schritt 5 festgehalten werden (z. B. „Was passiert, wenn wir diese Aktivität vollständig entfernen? Dadurch würde ein System entfallen und wir könnten die Anwendung abschalten.") oder direkt als Optimierungspotenzial für Schritt 6, in dem der Business Case für diese Idee ausgearbeitet wird.

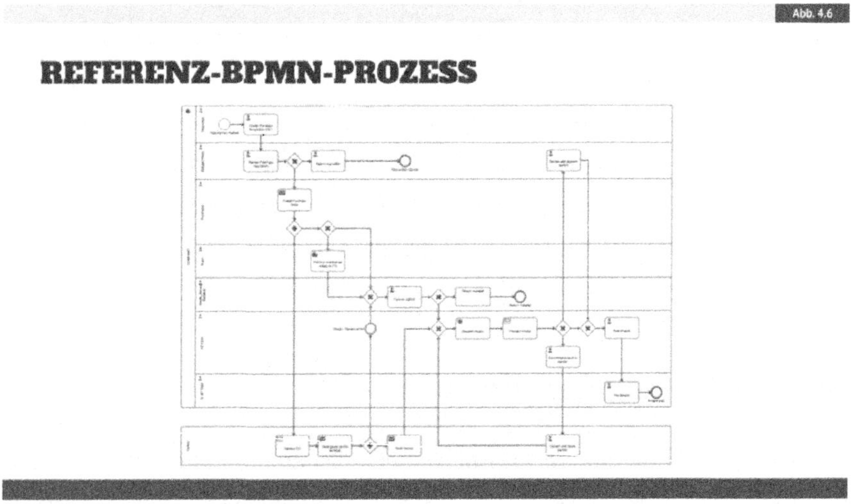

Abb. 4.6: Referenzprozess in BPMN Notation

Bitte beachten Sie, dass in der Regel zunächst nur der „Happy Path" dokumentiert wird – eventuell ergänzt um einige wenige Ausnahmen. Dieses Prozessmodell basiert auf dem Wissen des Fachbereichs bzw. auf dem, was sie berichten möchten, und ist daher naturgemäß subjektiv, was an dieser Stelle völlig in Ordnung ist.

Sie werden überrascht sein, wie kreativ Mitarbeitende darin sein können,

„Unannehmlichkeiten“ oder „Prozesslücken“ zu umgehen, wenn Sie anschließend den entsprechenden Abgleich durchführen.

Schritt 5: Prozessanalyse

Dies ist der wichtige Schritt, auf den wir alle gewartet haben. Wir nehmen nun endlich eine vertiefte Betrachtung des Prozesses vor, der auf Basis des Eventlogs durch die Software „entdeckt“ wurde.

Die Analyse selbst umfasst eine Vielzahl unterschiedlicher Analysetechniken. Ich empfehle, dabei in zwei Schritten vorzugehen: zunächst mit einer übergeordneten Analyse und anschließend mit einer detaillierten Analyse, die sich dann gezielt auf die in Schritt 1 definierten Hypothesen bezieht.

Beachten Sie in beiden Phasen, dass das Tool Ihnen lediglich das „Was“ zeigt. Häufig fehlt der Kontext in den Daten oder es gibt keinerlei Hinweise auf das „Warum“ oder „Wie“. Sie müssen daher das Warum, Wie, Wer und Wann aktiv hinterfragen. Die zuvor definierten Hypothesen dienen Ihnen als Leitfaden für diese Untersuchung.

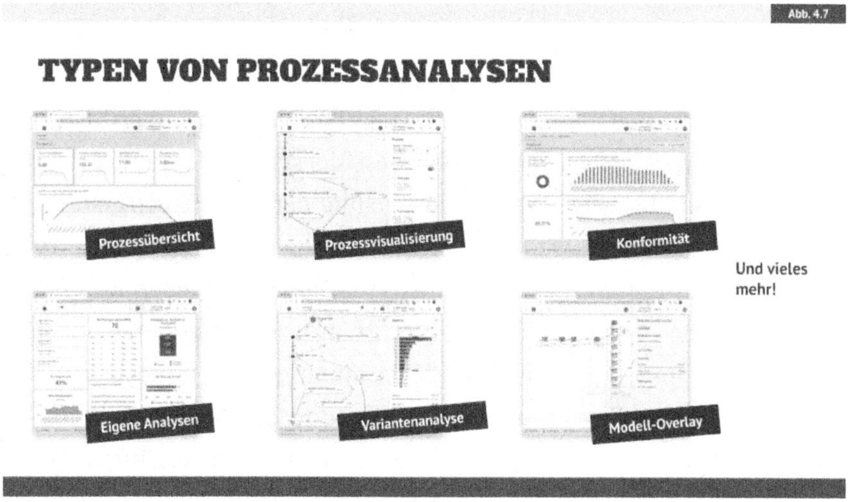

Abb. 4.7: Typen von Prozessanalysen

High-Level-Prozessanalyse

In der übergeordneten Analyse betrachten Sie in der Regel die folgenden Aspekte:

- **Übersichts-Dashboard:** Dies ist möglicherweise nicht für Ihr erstes Process-Mining-Projekt entscheidend, jedoch empfiehlt es sich, standardisierte KPIs für alle Prozesse zu definieren, die Sie analysieren möchten. Einige Tools bieten bereits ein vorkonfiguriertes Dashboard, dennoch werden Sie dieses vermutlich anpassen und Kennzahlen wie Anzahl der Fälle, durchschnittliche Durchlaufzeit, Anteil an Nacharbeit, Grad paralleler Arbeit, zeitliche Verteilung usw. ergänzen.
  Ein standardisiertes Übersichts-Dashboard schafft Klarheit darüber, was für Ihre Organisation wirklich relevant ist, und ermöglicht gleichzeitig eine konsistente, vergleichbare Bewertung der Prozesse.
- **Prozessvisualisierung (Process Discovery):** Process-Mining-Tools visualisieren Prozesse anhand der Reihenfolge der Schritte im Eventlog und der jeweiligen Zeitstempel. Dies kann viele aufschlussreiche Beobachtungen liefern – etwa, mit welchen Ereignissen der Prozess tatsächlich beginnt oder endet oder welche Schleifen im Ablauf auftreten. In solchen Fällen müssen Sie prüfen, ob es sich tatsächlich um einen realen Prozesspfad handelt oder ob das Datenmodell verzerrt ist, zum Beispiel, weil nicht alle Events abgeschlossener Fälle berücksichtigt wurden (da Sie einen zeitlichen Stichtag definiert haben) oder weil bestimmte Fälle schlicht noch nicht abgeschlossen sind.
  Für eine erste Analyse kann es sinnvoll sein, das Datenmodell anzupassen und die noch laufenden Fälle gesondert im Tool zu markieren.
  Bitte beachten Sie, dass einige Process-Mining-Tools ermöglichen, den entdeckten Prozess in ein zentrales Repository zu exportieren. Wenn Ihr Tool dies unterstützt, empfiehlt sich die Anwendung der **80/20-Regel**: Wählen Sie alle Varianten aus, die ungefähr 80% aller Fälle abdecken, und exportieren Sie diese als BPMN-Diagramm.
  Im Repository können Sie anschließend einen Modellvergleich mit dem

Diagramm vornehmen, das Sie von der Fachseite erhalten oder in Schritt 4 erstellt haben. Sie können sogar zu Schritt 4 zurückgehen und diese Erkenntnisse nutzen, um das Referenzmodell weiter zu verfeinern, das im anschließenden Konformitätsabgleich verwendet wird.

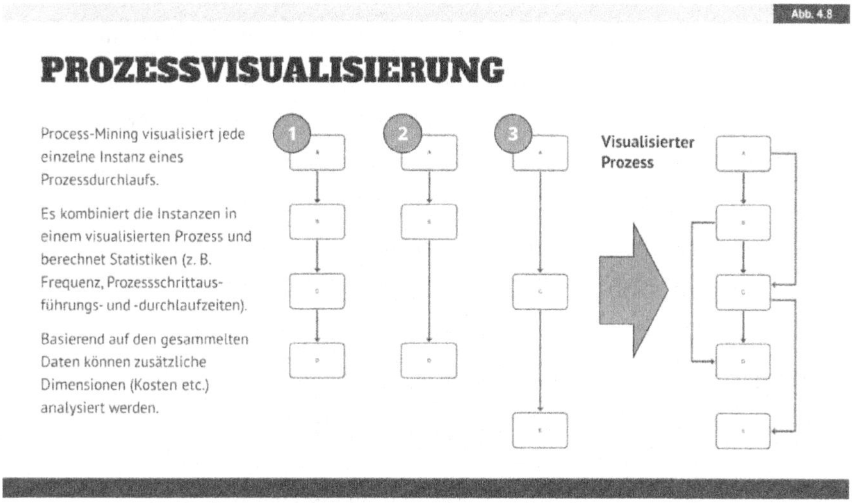

Abb. 4.8: Prozessvisualisierung

- **Frequenzanalyse:** Dies ist die erste zentrale Frage, die Sie stellen: *Wie viele Fälle durchlaufen einen bestimmten Prozesspfad?* Davon hängt ab, ob Sie sich in späteren Analysen auf andere Aspekte konzentrieren sollten. (Beispiel: Ist es wirklich entscheidend, dass eine bestimmte Gruppe von Prozessen deutlich länger dauert, wenn sie insgesamt nur 0,2% aller Fälle ausmacht? Höchstwahrscheinlich nicht.) Darüber hinaus können Sie den sogenannten *„Happy Path“*, also den am häufigsten genutzten Ablauf, identifizieren und ihn direkt mit Ihrem Referenzprozess vergleichen, um Abweichungen und potenzielle Ansatzpunkte für vertiefte Analysen zu erkennen.

- **Zeitanalyse:** Neben der Frage „Wie viele?" ist die zweitwichtigste Frage „Wie lange?" (Erinnern Sie sich an die Prozessregler aus Schritt 1.) In dieser Analyse betrachten Sie, wie viel Zeit bestimmte Prozesse in Anspruch nehmen, sei es die gesamte Prozessdurchlaufzeit oder die Dauer einzelner Aktivitäten innerhalb des Prozesses.
  Vergleichen Sie diese Werte mit den in Schritt 1 definierten SLAs. Gibt es Abweichungen? Handelt es sich um ein generelles Problem, oder lassen sich bestimmte Bedingungen identifizieren, unter denen die Abweichungen auftreten, wie zum Beispiel spezifische Produkte oder Lieferanten in einem Beschaffungsprozess (Procure-to-Pay-Prozess)?
- **Engpassanalyse:** Dies ist eine Variante der Zeitanalyse, bei der Sie gezielt die auftretenden Verzögerungen betrachten. Häufig sind diese auf organisatorische Gründe zurückzuführen (etwa unzureichende Personalkapazitäten, sodass sich Fälle aufstauen) oder darauf, dass umfangreiche Nacharbeiten erforderlich sind, die den Bearbeitungsfluss verlangsamen. Notieren Sie diese Werte und nutzen Sie sie für die nachfolgende detaillierte Analyse innerhalb der Prozesssimulation, um festzustellen, ob und wie sich dieses Problem lösen lässt. Und gelegentlich trägt die Ursache „keinen Anzug", sondern liegt schlicht an den veralteten Arbeitsmitteln, wie etwa, wenn Vorgänge in E-Mail-Postfächern liegen bleiben, anstatt automatisiert über ein Workflow-System verarbeitet zu werden.

Detaillierte Prozessanalyse

Die detaillierte Analyse ermöglicht es nun, mithilfe folgender Techniken tiefer in die Fragen Warum, Wie, Wer und Wann einzutauchen:

- **Filter:** Höchstwahrscheinlich liefert der initial entdeckte Prozess noch kein klares Bild oder konkrete Beobachtungen. Greifen Sie auf Ihre Hypothesen zurück und nutzen Sie die Filterfunktionen Ihres Tools, um bestimmte Aspekte des Prozesses gezielt zu untersuchen – zum Beispiel, indem Sie in einem Störfall-Management—Prozess (Incident-Management-Process) nach der **Zuweisungsgruppe** der

Level-2-Supporteinheiten filtern, um festzustellen, ob einzelne L2-Gruppen besser oder schlechter abschneiden als andere.
Speichern Sie diese Filter global für Ihr Projekt und entwickeln Sie ein einheitliches Namensschema, damit Sie die Ansicht leicht in Dashboards replizieren können, ohne bei jeder erneuten Analyse mühsam durch das Tool navigieren zu müssen.

- **Varianz-Analyse:** Varianten sind „Durchläufe" von Fällen durch den Prozess, wie in der Grafik unten dargestellt. Untersucht werden sollten vor allem die am häufigsten genutzten Varianten. In der Regel zeigt sich eine abnehmende Häufigkeitsverteilung („Long-Tail"-Verteilung), bei der die Mehrheit aller Fälle in den ersten 5–10 Varianten liegt, und danach die Anzahl der Fälle in den Varianten abnimmt, bis am Ende die „Einzelfälle" auftreten.
Meistens ist es sinnvoll, sich nicht auf die Ausreißer zu konzentrieren, es sei denn, es gibt einen speziellen Grund dafür, wie zum Beispiel Fälle mit besonders hohen Kosten, deren Ursache analysiert werden soll. Ansonsten gilt erneut die 80/20-Regel: Fokus auf die Mehrheit der Fälle.
In einigen Tools kann das BPMN-Diagramm bzw. der Referenzprozess mit den Variantendaten überlagert werden (Filtermöglichkeit nach Variante), wodurch sich leichter erkennen lässt, wo die Abweichungen auftreten. Manchmal zeigt sich sogar, dass es innerhalb einer Variante mehrere Ausnahmen gibt.

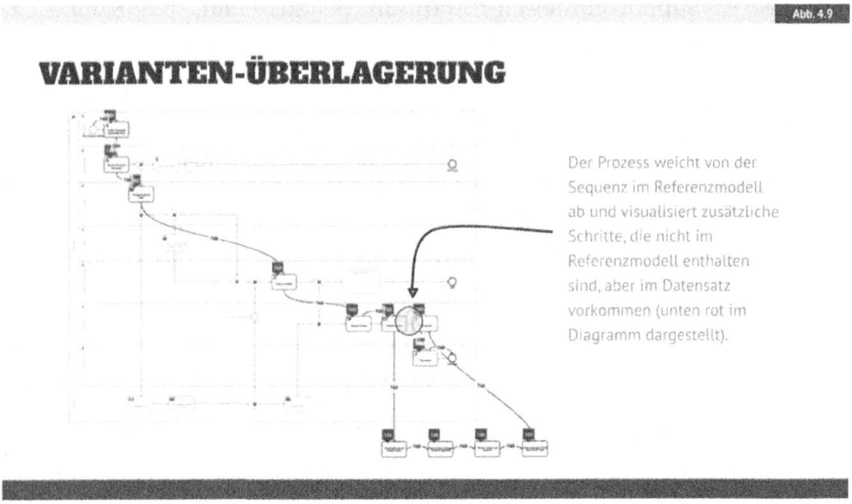

Abb. 4.9: Variantenüberlagerung in einem Process-Mining-Tool

- **Konformitätsprüfung (Conformance-Check):** Das ist die Analyse, bei der das Referenzmodell in das Process-Mining-Tool geladen und der vorhandene Datensatz mit dem Modell verglichen wird. Das Tool zeigt die Abweichungen zwischen beiden sowie die zugehörigen Kennzahlen, wie beispielsweise Häufigkeiten oder Zeiten.
  In der Regel erhalten Sie mehrere Ergebnisse aus dieser Analyse. Dazu gehören etwa ein Übersichts-Dashboard, das den gesamten Konformitätsgrad zum Referenzprozess über die Zeit sowie absolut (in Prozent) darstellt und gefiltert werden kann. Eine detaillierte Liste von Konformit ätsverletzungen, etwa ein falsches Start- oder Endereignis oder eine abweichende Reihenfolge von Prozessschritten. Diese Liste eignet sich unmittelbar als Ausgangspunkt für weiterführende Analysen und/oder zur Identifikation von Verbesserungsmöglichkeiten in Schritt 6 des später beschriebenen Sechs-Schritte-Vorgehens.
  Meiner Einschätzung nach ist dies die ausschlaggebende Schlüsselanalyse (Killeranalyse), um Risikoverantwortliche für Process-Mining zu gewinnen, da die interne Revision (unabhängige Prüfungen wie Audits)

besonders daran interessiert ist, was in der operativen Realität tatsächlich geschieht. Process-Mining kann hierbei entscheidende Einblicke liefern, die diese Prüfaktivitäten wesentlich unterstützen.

- **Individuelle Dimensions- und Kennzahlenanalyse:** Individuelle Dimensionen und Metriken sind die detaillierten Informationen in Ihrem Datensatz, die Sie zusammenstellen, um die jeweiligen Hypothesen zu bestätigen oder zu verwerfen.
  Ich empfehle, für jede Hypothese ein eigenes Dashboard zu erstellen und darauf zu verzichten, ein Universal-Dashboard zu bauen, wenn die Hypothesen nicht unmittelbar miteinander verknüpft sind. (Selbst wenn sie verbunden sind, empfiehlt es sich in der Regel, separate Dashboards zu nutzen, da einige Tools sehr feingranulare Berechtigungssteuerun gen bieten. Dadurch können Sie für bestimmte Stakeholder-Gruppen lediglich einen ausgewählten Teil der Analysen freigeben.) So vermeiden Sie, dass Stakeholder von der Menge der ermittelten Informationen überfordert werden.
- **Rollenanalyse:** Diese Analyse verändert die Perspektive. Anstatt auf die einzelnen Schritte im Prozess, wird auf die beteiligten Rollen geschaut. Einige Tools bieten diese Überlagerung bereits standardmäßig an, bei anderen müssen Sie möglicherweise Ihr Datenmodell einbinden, sodass die Aktivitäten im Tool den Rollen entsprechen, die in Ihrem Datensatz hinterlegt sind. Auf diese Weise wird sichtbar, wie die zentralen Interaktionen zwischen Rollen bzw. Teams verlaufen. Dies kann zusätzliche Einblicke in den Prozesskontext liefern, beispielsweise, wenn bestimmte Rollen oder Gruppen systematisch nicht in den Prozess eingebunden werden und dadurch Verzögerungen entstehen.
- **Datenflussanalyse pro System:** Für diese Analyse betrachten Sie zwei Perspektiven:
  Analyse der Applikationsabfolge: Bei dieser Analyse wird die Reihenfolge der eingesetzten Systeme bzw. Anwendungen betrachtet, um potenziell fehlende automatisierte Schnittstellen zu identifizieren, also jene Stellen, an denen Daten von einer Person manuell übertragen werden müssen (oft als Medienbruch bezeichnet). Dies birgt das Risiko, dass

Informationen verloren gehen oder unbeabsichtigt verändert werden. Zudem können dadurch zusätzliche Engpässe entstehen, da nachgelagerte Prozessschritte häufig eine zusätzliche Überprüfung oder Korrektur erfordern.

Analyse des Automatisierungsgrads: Die zweite Perspektive befasst sich mit dem Automatisierungsgrad des Prozesses. Aus offensichtlichen Gründen gilt: Je höher der Automatisierungsgrad, desto besser ist in der Regel die für den Prozess verwendete Datenqualität. Sowohl dies als auch das Workflow-Management können einen erheblichen Einfluss auf die Leistungsfähigkeit des gesamten Prozesses haben.

- **Fallanalyse:** Während Sie bisher Muster im Gesamtprozess betrachtet haben, ermöglichen Prozess-Mining-Tools auch die Analyse einzelner Fälle und deren Ablauf. Dies unterstützt Sie dabei, spezifische Details und Kontextinformationen zu identifizieren, die wiederum helfen, die Beobachtungen in den höherstufigen Prozessdarstellungen (z. B. bei Engpässen oder Varianten) besser einzuordnen.
- **Prognose (Prediction):** Einige Process-Mining-Werkzeuge verfügen über prädiktive Funktionen, die mithilfe von KI bzw. Machine-Learning prognostizieren, wie ein laufender Fall mit einer bestimmten Wahrscheinlichkeit enden wird. Diese Informationen können genutzt werden, um automatisch Aktionen auszulösen, sofern das Tool dies unterstützt. Beispielsweise kann die Prognose, wenn ein Container im Hafen in China festhängt, auf Grundlage der aus dem Datensatz gewonnenen Informationen eine typische Dauer abschätzen. Auf dieser Basis lässt sich die Produktionsplanung anpassen, um Verzögerungen zu vermeiden.
- **Simulation:** In der Regel ist die Prozesssimulation eine separate Komponente einer Business-Process-Management-Suite, während Process-Mining-Werkzeuge meist nur rudimentäre „Was-wäre-wenn"-Funktionalitäten bieten. Ich empfehle dringend, im Rahmen von Process-Mining-Projekten einen genaueren Blick auf vollwertige Simulationswerkzeuge zu werfen, da diese die Ausarbeitung von Verbesserungsvorschlägen erheblich unterstützen können.

Generell sollten die Kennzahlen aus dem Process-Mining genutzt werden, um eine Basis-Simulation zu erstellen, die als Ausgangspunkt für den Vergleich verschiedener Simulationsszenarien dient, etwa durch Berechnung von Ressourcenauslastung, Wartezeiten (statisch, dynamisch) usw. Anschließend können die identifizierten Verbesserung spotenziale feinjustiert werden, um zu prüfen, ob etwa eine Änderung der Anzahl an Ressourcen Engpässe beseitigt und ob dadurch eventuell neue Engpässe in nachgelagerten Aktivitäten entstehen („Entfernt diese Maßnahme den Engpass in einem früheren Prozessabschnitt, während sie in einem späteren Abschnitt einen neuen Engpass verursacht?"). Ebenso können die Nutzung anderer, nicht menschlicher Ressourcen betrachtet und die Empfehlungen dahingehend optimiert werden, diese effizienter einzusetzen, etwa in einem Produktionsprozess. Oder Sie können simulieren, welche Auswirkungen die Reduzierung von Ausnahmepfaden auf den Prozessablauf hätte, das Simulations-werkzeug die optimale Ressourcennutzung berechnen lassen und einen entsprechenden Zeitplan anwenden.

Die Möglichkeiten sind buchstäblich nahezu unbegrenzt. Entscheiden Sie daher klar, ab wann die Ergebnisse Ihrer Simulation „nicht perfekt, aber gut genug" sind, um den Gesamtprojektzeitplan nicht unnötig zu sprengen. Die in Schritt 1 definierten Kriterien der Definition des „idealen Prozesses" dienen Ihnen dabei als verlässlicher Kompass.

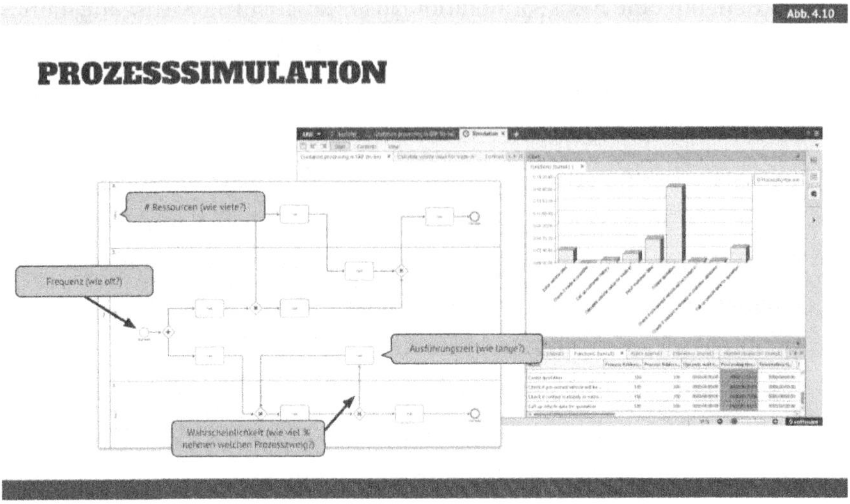

Abb. 4.10: Beispiel Prozesssimulation

Die Möglichkeiten erscheinen zunächst überwältigend, doch je mehr Process-Mining-Projekte durchgeführt werden, desto klarer werden die übergeordneten Verhaltensmuster in der Organisation. Denken Sie daran: Jede dieser Analysen sollte an den Hypothesen ausgerichtet sein, und für jede Hypothese sollte ein eigenes Dashboard im Tool erstellt werden.

Präsentation der Analyseergebnisse

Wenn Sie Ihre erste Analyse abgeschlossen haben, laden Sie Ihr Team zu einer Präsentation der vorläufigen Ergebnisse ein. In der Regel werden dabei zahlreiche Fragen aufkommen oder es wird versucht, bestimmte Muster oder Leistungsunterschiede zwischen Organisationseinheiten zu erklären. Notieren Sie diese Hinweise und ergänzen Sie Ihre Hypothesen für die nächste Analyserunde entsprechend.

Sie werden außerdem feststellen, dass oft zusätzliche Fragestellungen entstehen. In einem Projekt, in dem wir den IT-Incident-Management-Prozess einer Bank analysierten, betrachteten wir etwa die Anzahl der eskalierten Fälle und stellten fest, dass bestimmte Software- bzw. Hardwarekomponenten häufiger betroffen waren als andere. Dieses Ergebnis ist bereits wertvoll. Doch anschließend entstand die Frage, wie viele dieser eskalierten Vorgänge bis zur dritten Support-Ebene (in der Regel der Hersteller) weitergegeben wurden und welche Auswirkungen dies hatte. Solche Rückfragen sind äußerst wertvoll für die spätere Identifikation von Verbesserungsmöglichkeiten. Gleichzeitig bedeutet dies jedoch, dass Sie zur ursprünglichen Analyse und anschließend zu Ihrem Datenmodell zurückkehren müssen, um zusätzliche berechnete Kennzahlen zu integrieren (wie etwa Eskalationen von bereits eskalierten Vorgängen).

Ich empfehle ausdrücklich, die Anzahl der Iterationen im Projektplan bzw. im Projektauftrag auf maximal zwei zu begrenzen. Ihr Ziel ist es, wie bereits erwähnt, zügig Fortschritte zu erzielen, spürbare Ergebnisse zu liefern und die Umsetzung von Verbesserungen im Prozess schnell voranzutreiben.

Schritt 6: Verbesserungsmöglichkeiten identifizieren

Nach der Analyse folgt die Identifikation von Verbesserungspotenzialen, auch wenn Sie inzwischen bereits ein gutes Verständnis dafür haben dürften, wo diese liegen könnten: Ihre Daten erzählen eine Geschichte, und die Zusammenarbeit mit den Fachbereichen liefert Ihnen den notwendigen Kontext für fundierte Empfehlungen.

Die Entwicklung dieser Empfehlungen sollte in zwei miteinander verknüpften Schritten erfolgen. Sie ermöglichen es den entscheidungsbefugten Personen, aus den von Ihnen ausgearbeiteten Optionen die passende Empfehlung auszuwählen.

Initiale Liste von Handlungsempfehlungen

Erfassen Sie alle identifizierten Verbesserungspotentiale an einem zentralen Ort und führen Sie für jede Maßnahme eine grobe Nutzenabschätzung durch. Diese kann auf einem höheren Abstraktionsniveau erfolgen, etwa nach dem Motto:

„Wenn wir die Anzahl der Fälle, die über diesen Ausnahmeprozess laufen, um 10% reduzieren [z. B. durch eine Aktualisierung veralteter Geschäftsregeln], sparen wir x Arbeitsstunden ein, was Kosten in Höhe von $y reduziert."

Diese Berechnung muss nicht bis auf den letzten Cent präzise sein, sollte jedoch eine belastbare Schätzung des potenziellen Nutzens liefern, sei es in Form monetärer Einsparungen oder eines geschäftlichen Mehrwerts, beispielsweise einer erhöhten Produktionskapazität und damit zusätzlichen Umsätzen.

Ergänzen Sie anschließend weitere Kriterien, die für die spätere Umsetzung relevant sind. Auch die beste Idee ist wertlos, wenn sie sich nicht realisieren lässt. Durch diese strukturierte Bewertung wird schnell erkennbar, welche Maßnahmen die größten Stellregler darstellen.

Stellen Sie danach Ihrem Projektteam den vollständigen Katalog potenzieller Verbesserungsmaßnahmen vor und definieren Sie gemeinsam eine Auswahl von drei bis fünf Empfehlungen, die für die Entscheidungsverantwortlichen weiter ausgearbeitet werden sollen.

Business Cases erstellen

Für jede Maßnahme auf Ihrer Präsentationsliste der Verbesserungsvorschläge müssen zwei Dinge ausgearbeitet werden, damit das Entscheidungsgremium ein vollständiges Bild des jeweiligen Kontextes erhält:

- **Beschreiben Sie die Auswirkungen Ihrer Empfehlung auf die Stellregler des Prozesses.** Erinnern Sie sich an die Übung zur Definition des „idealen Prozesses"? Ein Prozess verfügt nur über eine begrenzte Anzahl von Stellhebeln oder -reglern. In der unten stehenden Grafik sind einige davon beispielhaft dargestellt (Sie können diese selbstverständlich anpassen oder erweitern, idealerweise bleiben es jedoch weniger als zehn, damit die Übersicht für die Stakeholder gewahrt bleibt).
  Jede identifizierte Verbesserung verändert bestimmte Regler. Entscheidend ist, dass Sie verstehen, wie sich eine Veränderung auf andere auswirkt.
  Nehmen wir als Beispiel den Vorschlag, zehn zusätzliche Beschäftigte

für den Prozess einzustellen, weil die Simulation ergeben hat, dass eine interne Umverteilung und anschließende Schulung des vorhandenen Personals nicht ausreichen. Diese Maßnahme würde zwar die Kosten erhöhen (negativ), gleichzeitig jedoch die Prozesskapazität und den zeitlichen Ablauf verbessern (positiv). Durch die größere Anzahl beteiligter Personen könnte allerdings die Compliance sinken (negativ).
Abhängig von Ihrem angestrebten Zielbild eines idealen Prozesses können dies dennoch sinnvolle Veränderungen sein, die Sie bewusst in Kauf nehmen.

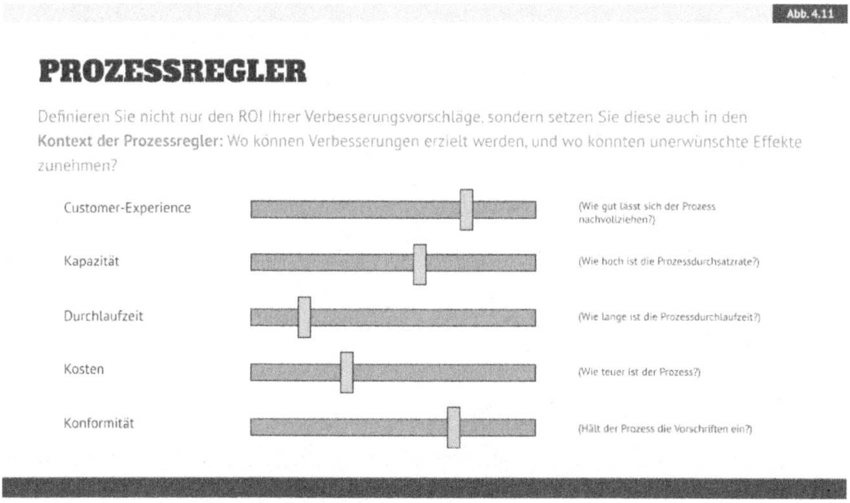

Abb. 4.11: Prozessstellregler

- Die zweite Aufgabe besteht darin, den **Return on Investment (ROI) für die vorgeschlagenen Änderungen zu berechnen**. Im obigen Beispiel würden Sie die Bearbeitungszeit reduzieren und die Produktion um 50 zusätzliche Einheiten pro Tag steigern. Das ergibt ca. 12.500 zusätzliche Produkte pro Jahr, die Sie zu je 500 $ verkaufen, somit 6.250.000 $ zusätzlichen Umsatz. Demgegenüber stehen Personalkosten von 80.000 $ jährlich für zehn neue Mitarbeitende. Ihr potenzieller Netto-Vorteil läge somit bei 5.450.000 $ (6,250M-800Tsd). Vergleichbare Berechnungen können Sie für eingesparte Stunden, die durch vermiedene Nacharbeiten oder Ausnahmen entfallen, oder für andere für Ihren Prozess sinnvolle Leistungskennzahlen durchführen.

- Der dritte Bestandteil der Business-Case-Erstellung besteht darin, **Annahmen, notwendige Änderungen, Rahmenbedingungen und deren Kosten** für die jeweilige **Maßnahme zu dokumentieren**. Diese Machbarkeitsprüfung ist entscheidend für die Zustimmung der Stakeholder, da sie wissen möchten, wie genau die Umsetzung erfolgen soll: Handelt es sich um ein einzelnes Projekt? Oder um eine mehrphasige Initiative, die von anderen laufenden Projekten in der Organisation abhängt?
  Wenn sich zeigt, dass Ihre Idee einen zu langen Zeithorizont benötigt, um einen realistischen Nutzen zu liefern, kann sie getrost weiter unten auf der Prioritätenliste landen, während die reiferen, schneller greifbaren Optionen, die sozusagen nur darauf warten, gepflückt zu werden ('Low-Hanging-Fruit'), zuerst umgesetzt werden.

Stakeholder-Präsentation

Der letzte Schritt besteht darin, die Zustimmung Ihrer Stakeholder zu erhalten. Meine Empfehlung ist, eine formelle Präsentation aufzusetzen, in der Sie erläutern, was Sie getan haben und welchen Umfang Ihr Projekt hatte. Beschreiben Sie anschließend die wichtigsten Erkenntnisse aus Ihrer Analyse (eine abstrahierte Version der Analysepräsentation aus Schritt 5) und machen Sie deutlich, wie diese Ergebnisse für das Entscheidungsgremium relevant sind. Das bedeutet in der Regel, dass Sie Ihre Resultate verdichten (anstatt in fachliche Detailverliebtheit abzuschweifen), sie in klaren, betriebswirtschaf tlich relevanten Begriffen vermitteln – und nicht in der Terminologie des verwendeten Tools.

Dann kommen Sie zum Höhepunkt Ihrer Präsentation, den identifizierten Verbesserungspotenzialen. Erwähnen Sie, dass Sie weitere mögliche Ansätze identifiziert haben, diese jedoch anhand definierter Priorisierungskriterien bewertet wurden und Sie deshalb lediglich die **3–5 wichtigsten Chancen** vorstellen.

Präsentieren Sie jede dieser Empfehlungen, indem Sie die drei zentralen Bereiche aufführen (Prozessregler, ROI und Machbarkeitsbewertung) und gestalten Sie die Inhalte so, dass sie leicht nachzuvollziehen sind. Wenn möglich, geben Sie dem Entscheidungsgremium verschiedene Optionen an die Hand, sodass sie nicht das Gefühl haben, zwischen einer Schwarz-Weiß-Entscheidung wählen zu müssen, sondern stattdessen ihren eigenen „Stempel“ für das zukünftige Projekt setzen können.

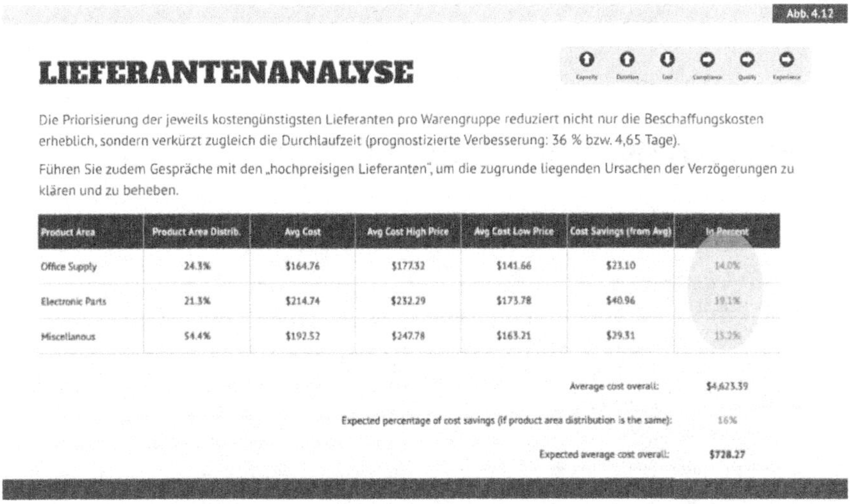
Abb. 4.12

LIEFERANTENANALYSE

Die Priorisierung der jeweils kostengünstigsten Lieferanten pro Warengruppe reduziert nicht nur die Beschaffungskosten erheblich, sondern verkürzt zugleich die Durchlaufzeit (prognostizierte Verbesserung: 36 % bzw. 4,65 Tage).

Führen Sie zudem Gespräche mit den „hochpreisigen Lieferanten“, um die zugrunde liegenden Ursachen der Verzögerungen zu klären und zu beheben.

Product Area	Product Area Distrib.	Avg Cost	Avg Cost High Price	Avg Cost Low Price	Cost Savings (from Avg)	In Percent
Office Supply	24.3%	$164.76	$177.32	$141.66	$23.10	14.0%
Electronic Parts	21.3%	$214.74	$232.29	$173.78	$40.96	19.1%
Miscellanous	54.4%	$192.52	$247.78	$163.21	$29.31	15.2%

Average cost overall: $4,623.39

Expected percentage of cost savings (if product area distribution is the same): 16%

Expected average cost overall: $728.27

Abb. 4.12: Beispiel einer Empfehlung – einschließlich Auswirkungen und Nutzenbewertung

Das bestmögliche Ergebnis ist eine mündliche Zustimmung der relevanten Stakeholder zu Ihren Empfehlungen, sodass Sie anschließend gemäß den organisatorischen Vorgaben mit der formalen Ausgestaltung der Projekte beginnen können.

Zusammenfassung

Process-Mining kann komplex sein, und es gibt zahlreiche Parameter, die miteinander abgestimmt werden müssen, um an den Punkt zu gelangen, an dem sich konkrete Verbesserungsmöglichkeiten ableiten lassen. Gleichzeitig folgt Process-Mining jedoch einem vergleichsweise einfachen Vorgehensmodell, das wir in den sechs Schritten zuvor betrachtet haben. Wenn Sie die jeweiligen Aspekte in jedem Schritt berücksichtigen und in Iterationen statt in einem einmaligen Projekt denken, schaffen Sie den gewünschten Schwung für Ihr Programm.

Grundsätzlich kann es hilfreich sein, die zehn Punkte der folgenden Grafik 4.13 im Blick zu behalten, wenn Sie Ihre Process-Mining-Reise beginnen.

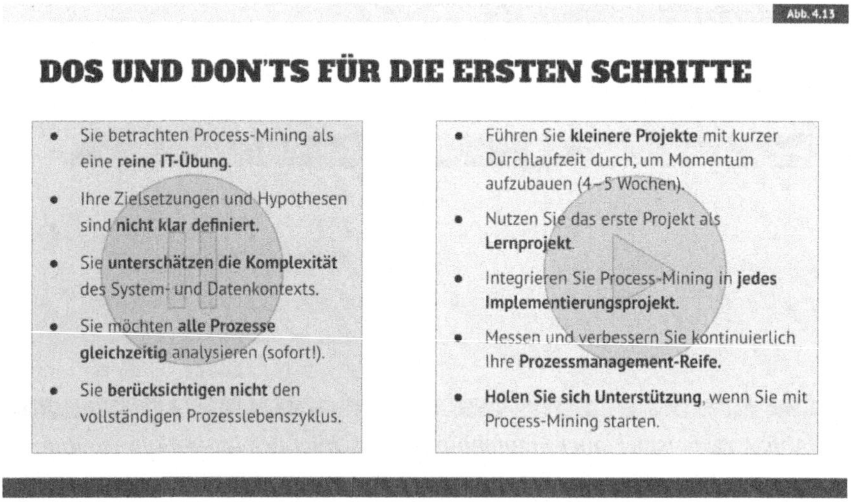

Abb. 4.13: Dos und Don'ts für die ersten Schritte

Falls Sie weitere Fragen oder Anregungen haben, zögern Sie nicht, Kontakt aufzunehmen und ins Gespräch zu kommen – schließlich sitzen wir alle im selben Boot. :-)

5

Process-Intelligence – Zusammenfassung

Der erste Abschnitt dieses Buches hat den Rahmen für die weiteren Inhalte gesetzt. Wir haben uns mit Process-Intelligence beschäftigt und betrachtet, wie die „neuen“ Mining-Technologien in die Verbindung von daten- und humangetriebener Analyse hineinspielen. Außerdem haben wir untersucht, wie Process-Mining in den übergeordneten Lösungs- bzw. Prozesslebenszyklus eingebettet ist. Abschließend haben wir die Herangehensweise an die Planung und Durchführung eines Process-Mining-Projekts beleuchtet und damit die Grundlage für eine breitere Implementierung dieser Methode in Ihrer Organisation gelegt.

1. Process-Mining (und Task-Mining) gehören zu einer Gruppe von Analysemethoden, die zwischen einem rein datengetriebenen Ansatz wie Business Intelligence und einer ausschließlich menschenzentrierten Prozessanalyse liegen. Keines der beiden Extreme ist ausreichend. Wenn Sie den menschlichen Faktor aus der datengetriebenen Analyse ausschließen, fehlt der notwendige Kontext und die Qualität der Ergebnisse leidet entsprechend.
   Darüber hinaus ist Analyse nur ein Teil der drei wesentlichen Komponenten, die aufeinander abgestimmt sein müssen: Transparenz, die Ihnen ermöglicht zu erkennen, wo Verbesserungsbedarf besteht, datenbasierte Analyse mit menschlichem Kontext, um Verbesserungspotenzi

ale zu identifizieren, sowie die Umsetzung dieser Verbesserungsansätze in Lösungen.
Diese Lösungen können Systemeinführungen, organisatorische Anpassungen, Prozessoptimierungen oder andere Maßnahmen umfassen, also durchaus übliche Interventionen im Rahmen von Verbesserungsprojekten.

2. Process-Mining ist ein zentraler Treiber im umfassenderen Lebenszyklus des Prozessmanagements. Es ermöglicht, die tatsächliche Prozessausführung transparent zu erfassen, den Grad der Übereinstimmung zwischen dem definierten Soll-Prozess und der realen Durchführung zu bewerten (was in der Regel auch das Audit-Team zufriedenstellt), und unterstützt dabei, Prozesse sichtbar zu machen, die bislang nicht formell dokumentiert wurden.
Allerdings reicht es nicht aus, lediglich ein Mining-Werkzeug zu implementieren und Automatisierungen einzuführen. Es bedarf eines übergeordneten Ansatzes für das Prozessmanagement. Dazu gehören unter anderem ein zentrales Prozess-Repository sowie fundierte Lösungsdesigns, bevor es zu (System-)Implementierungen und dem Betrieb neuer Prozesse in einer entsprechenden Laufzeitumgebung kommt.
3. Wenn es darum geht, Process-Mining in Ihrer Organisation einzuführen, sind zwei Aspekte zu berücksichtigen: Wie positionieren Sie diese innovative Technologie in Ihrem Tool-Portfolio und implementieren sie, und wie führen Sie die eigentlichen Process-Mining-Projekte durch?
4. Für Letzteres empfehle ich den in diesem Buch dargestellten Sechs-Schritte-Ansatz für erfolgreiche Process-Mining-Projekte, welchen wir in Abschnitt III dieses Buches anwenden werden. Dieser umfasst die Strategie für Process-Mining und Prozesse, die technischen Aspekte zur Gewinnung von Laufzeitdaten aus den Quellsystemen, die Erstellung eines Datenmodells als zentrales Element jedes Process-Mining-Projekts, die Entwicklung eines Referenzmodells für den Zielzustand, die Analyse selbst sowie die Identifikation und Empfehlung

von Verbesserungsmöglichkeiten.

Wenn Sie diesen sechs Schritten folgen, erzielen Sie gute Ergebnisse. Und denken Sie stets daran: Es empfiehlt sich, mehrere kleinere Projekte durchzuführen, anstelle eines großen Projekts, um Dynamik als greifbares Ergebnis zu erzeugen.

5. Während Sie die sechs Schritte durchlaufen, sollten Sie beachten, dass es nicht nur um die Inhalte des analysierten Prozesses geht. Process-Mining bedeutet zu einem großen Teil auch, die beteiligten Stakeholder zu steuern. Sie liefern Ihnen den inhaltlichen Kontext, können aber auch den Erfolg Ihres Projekts entscheidend beeinflussen, wenn Sie nicht ausreichend erklären, was Sie tun, warum Sie es tun und wie die Ergebnisse Ihrer Analyse zu interpretieren sind.

   Nichts ist schlimmer, als das entdeckte „Spaghetti-Diagramm" Ihres Prozesses zum ersten Mal ohne Erläuterungen zu präsentieren, und der wichtigste Stakeholder sagt Ihnen, dass dies falsch sein müsse, weil das Datenmodell fehlerhaft sei. Setzen Sie den Kontext Ihrer Interaktion von Anfang an korrekt und kommunizieren Sie lieber zu viel, als sich wochenlang in ein dunkles Büro zurückzuziehen und mit niemandem zu sprechen.

6. Insbesondere in technologieorientierten Organisationen werden Sie mit Ihrer Kundschaft an grundlegenden Aspekten des Prozessmanagements arbeiten müssen – der Definition des „idealen Prozesses". Wie priorisieren Sie eine Lösung gegenüber einer anderen? Warum ist es notwendig, einen Prozess zu modellieren, und wozu diese komplexe Notation, wenn der Prozess in der Realität so geradlinig ist? Und vieles mehr.

   Process-Mining muss in die übergeordnete Disziplin des Geschäftsprozessmanagements eingebettet werden, um sein volles Potenzial entfalten zu können.

II

Erste Schritte

6

Erste Schritte - Einleitung

Den ersten Schritt in ein neues Spektrum an Technologien und Methoden zu wagen, kann einschüchternd sein, und Process-Mining bildet hier keine Ausnahme. Gleichzeitig ist es schlicht „nur eine neue“ Disziplin, die viele Menschen bereits erfolgreich gemeistert und damit erheblichen Mehrwert für ihre Organisation geschaffen haben. Es besteht daher kein Grund zur Sorge.

Was erwartet Sie in diesem Abschnitt?

Dieser Abschnitt beleuchtet die Themen rund um Process-Mining, die Sie berücksichtigen sollten, wenn Sie Ihre ersten Schritte in dieses neue Gebiet machen. Er umfasst:

- Ein Kapitel, das mehr Klarheit in die oftmals verwirrende Terminologie rund um Mining-Technologien bringt.
- Orientierungshilfen, welche Kriterien bei der Auswahl eines Process-Mining-Werkzeugs wichtig sind.
- Eine Beschreibung des Beschaffungsprozesses – schließlich handelt es sich um Unternehmenssoftware, und der entsprechende Einkaufsprozess kann durchaus anspruchsvoll sein, wenn man noch nie Teil davon war.

- Einige kompakte Hinweise, wie Sie die Werkzeuge und Methoden in Ihrer Organisation implementieren können.

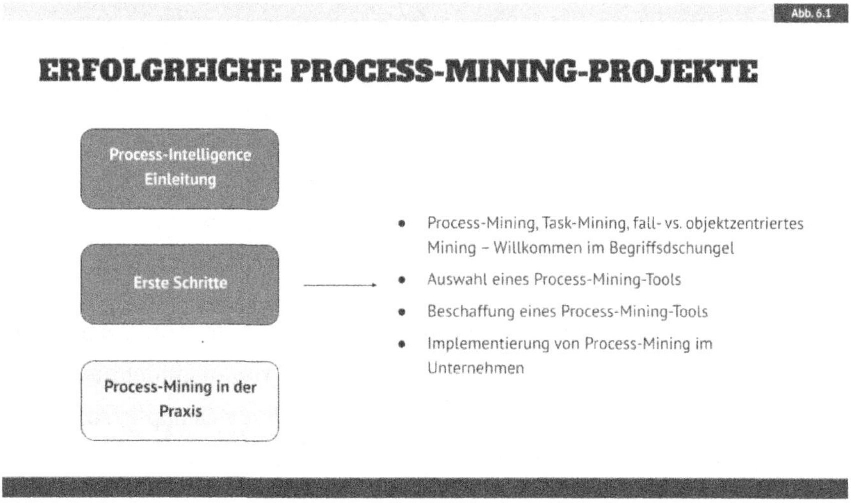

Abb. 6.1: Erste Schritte – Struktur

7

Process-Mining, Task-Mining, fall- vs. objektzentriertes Mining – Willkommen im Begriffsdschungel

Die Auseinandersetzung mit Process-Mining ähnelt in vielerlei Hinsicht dem Einstieg in die Architekturdisziplin im Allgemeinen, sei es Geschäftsprozessmanagement, Enterprise-Architecture, Business-Architecture oder wie auch immer die jeweiligen Fachbereiche ihre Nischen benennen. Es existiert eine Vielzahl an Abkürzungen, Konzepten und Begrifflichkeiten, bei denen Personen ohne Vorerfahrung zunächst kaum einschätzen können, was sie bedeuten sollen. Weshalb verleihen sich Fachleute im Bereich Process-Mining so ausgefallene Titel wie „Data Scientists"? Muss man dafür einen Laborkittel tragen?

In den vorherigen Kapiteln haben wir die zentralen Aspekte des Process-Minings bereits betrachtet. An dieser Stelle möchte ich jedoch näher auf einige Punkte eingehen, die potenziell missverständlich sein können und zugleich Einfluss auf die folgenden Kapitel haben.

Process-Mining versus Task-Mining

Viele Personen gehen davon aus, beide Techniken seien identisch, was jedoch nicht zutrifft. Allerdings bestehen gewisse Gemeinsamkeiten, da beide Ansätze darauf abzielen, die tatsächliche Prozessausführung zu erfassen und daraus Prozessdiagramme zu erzeugen, die die Fachanalysten dabei unterstützen, den Prozess zu verstehen und zu untersuchen.

- **Process-Mining** ist eine Technologie, die Ereignisprotokolle aus laufenden IT-Systemen nutzt, also die „digitalen Fußspuren", die entstehen, wenn jemand mit einem System interagiert, und aus diesen zeitgestempelten Informationen Prozessdarstellungen ableitet, etwa das Anlegen einer Bestellanforderung, wie es in einem späteren Beispiel im Buch erläutert wird.[16]
  Es handelt sich um einen „passiven" Ansatz, da Process-Mining keine eigenen Datensätze erzeugt, sondern auf vorhandene Informationen zugreift, diese visualisiert und standardisierte Berechnungen direkt darauf anwendet.
- **Task-Mining** hingegen funktioniert anders. Hierbei handelt es sich um eine „aktive" Aufzeichnung dessen, was User tatsächlich tun. Abhängig vom eingesetzten Werkzeug umfasst dies Bildschirmaufzeichnunge n, das Nachverfolgen von Dateipfaden und ähnliche Interaktionsdaten. Task-Mining bewegt sich damit auf der niedrigsten Ebene von Arbeitsschritten: Welches Feld wurde ausgefüllt? Welche Schaltfläche wurde betätigt? Welche Anwendung wurde unmittelbar davor oder danach genutzt? Jede einzelne Aktivität ergibt für sich genommen nur begrenzt Sinn, doch die Aggregation und Abstraktion dieser detaillierten Schrittfolgen führt zu wertvollen Erkenntnissen.
  Damit Task-Mining funktioniert, muss eine entsprechende Software auf den jeweiligen Endgeräten installiert sein, um die Interaktionen aufzuzeichnen.
- Es ist wichtig zu beachten, dass beide Technologien ausschließlich mit Vorgängen arbeiten können, die in IT-Systemen stattfinden. Tätigkeiten

in der physischen Welt, wie das Ablegen von Papierdokumenten oder die Wartung einer Maschine, können nicht erfasst werden. Allerdings ist es vermutlich nur eine Frage der Zeit, bis tragbare Geräte wie smarte Brillen oder Pins breit genug akzeptiert sind, um auch solche Aktivitäten zu dokumentieren.

Wann sollte welche Technologie eingesetzt werden? Es gibt mehrere Anwendungsfälle, in denen jeweils eine besondere Stärke der beiden Methoden zum Tragen kommt. Idealerweise werden die Methoden jedoch kombiniert, da sie einander ergänzen.

- Beide Ansätze können auch **hierarchisch** miteinander verbunden werden: Zunächst wird Process-Mining durchgeführt. Wenn dabei Schritte oder Prozessbereiche auffallen, die deutliche Abweichungen aufweisen, kann Task-Mining hilfreiche Detailinformationen liefern. Etwa wenn ein Prozessschritt länger dauert als erwartet: Handelt es sich um ein Anwenderproblem (fehlendes Wissen → zusätzlicher Schulungsbedarf)? Ist die Benutzeroberfläche so ungünstig gestaltet, dass sie zusätzlichen Aufwand verursacht? Oder liegt ein Prozessproblem vor – etwa, weil ein bestimmter Lieferant keine Bestellnummer auf der Rechnung angibt, wodurch User telefonisch nachfassen und die Nummer manuell im Finanzsystem eintragen müssen, um eine korrekte Zuordnung zu ermöglichen? Task-Mining liefert hier keine fertige Lösung „auf dem Silbertablett“, doch die aufgezeichneten Bildschirme und Interaktionen helfen erheblich bei der Ursachenanalyse.
- Task-Mining kann zudem in Fällen eingesetzt werden, in denen **Prozessschritte nicht in einem Ereignisprotokoll vorkommen**, etwa wenn regelmäßig Tabellen hochgeladen werden, dieser Vorgang jedoch nicht protokolliert wird. Task-Mining kann dann ermitteln, welche Arten von Tabellen genutzt werden, wie häufig, wie lange dies dauert usw. Diese Informationen können anschließend als Event-Daten in das Process-Mining-Modell aufgenommen werden und erscheinen dann im Prozess wie jeder andere Schritt, der über Systemlogs entdeckt wurde.

- Die zusätzlichen Informationen, die durch Task-Mining erfasst werden, wie etwa wohin User typischerweise navigieren, nachdem Tätigkeit 1 in System X ausgeführt wurde, **liefern wichtigen Kontext**, der bei der Interpretation der Analysedaten unterstützt.
- **Task-Mining kann zudem bei der Identifikation bislang undokumentierter Prozesse helfen**, insbesondere dann, wenn in einer Organisation noch nicht einmal eine grobe Vorstellung existiert, wie ein Prozessdiagramm auf einfachstem Niveau aussehen könnte. Es kann beispielsweise dabei unterstützen, jene Schritte zu identifizieren, die sonst unter „*Irgendeine Finanzmagie passiert hier*“ laufen, wie in der folgenden Grafik, oder sogar einen vollständigen Prozess erstmals sichtbar machen.
  Dies kann ein erheblicher Beschleuniger sein, um einen ersten Satz an Prozessen für ein übergreifendes Prozessmanagement- oder Audit-Vorhaben zu erstellen (und nicht nur für die Analyse eines einzelnen Prozesses). Allerdings sollte man darauf vorbereitet sein, dass Normalisierungs- und Aggregationsschritte notwendig werden, die letztlich in eine manuelle Modellierung eines Prozessdiagramms münden. So wird sichergestellt, dass das Ergebnis das gewünschte Abstraktionsniveau erreicht und sich nahtlos in die bestehende Prozesslandschaft des BPM-Werkzeugs einfügt.

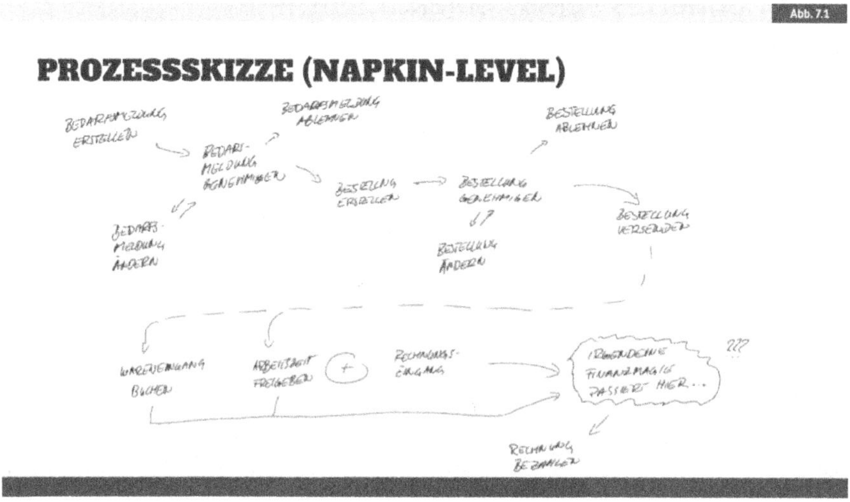

Abb. 7.1: Prozessskizze (Napkin-Level)

Es gibt jedoch ein wesentliches Problem im Zusammenhang mit Task-Mining: Da wirklich *alles* aufgezeichnet wird, entsteht schnell ein „Big-Brother"-Effekt. Das kann im besten Fall zu Vertrauensproblemen bei der Belegschaft führen („Warum zeichnet mein Arbeitgeber mich auf?") und im schlimmsten Fall rechtlich unzulässig sein oder erhebliche Schwierigkeiten mit Betriebsräten und Gewerkschaften verursachen. Den Anbieterunternehmen ist zugute zu halten, dass entsprechende Funktionen zur Anonymisierung von Nutzungsdaten existieren. Dennoch bleibt häufig ein gewisses Restmisstrauen bestehen. Organisationen müssen daher für sich entscheiden, wie sie mit diesen Herausforderungen umgehen möchten, wenn sie die Einführung von Task-Mining in Betracht ziehen.

Für die Zwecke dieses Buches konzentriere ich mich ausschließlich auf Process-Mining. Es ist jedoch wichtig zu wissen, dass es in einer tiefergehenden Analyse durchaus sinnvoll sein kann, Task-Mining bei Bedarf zu integrieren. Es handelt sich dabei lediglich um eine zusätzliche, eigenständige Implementierung mit entsprechenden Implikationen, die den Rahmen und das Ziel dieses Buches überschreiten würde.

Fall-orientiertes versus objektorientiertes Process-Mining

Die Art und Weise, wie Ereignisdaten betrachtet werden, unterscheidet sich in diesen beiden Ansätzen grundlegend. Fast alle Process-Mining-Werkzeuge arbeiten fall- bzw. case-orientiert und verfolgen, wie einzelne Vorgänge (Cases) ein System durchlaufen. Das bringt einige Vor- und Nachteile mit sich.

Fall-IDs

Der erste Punkt ist ein wesentlicher: Es muss eine Fall-ID vorhanden sein. Doch was passiert, wenn das Quellsystem **nicht fallzentriert** arbeitet, und somit keine eindeutige ID für jede einzelne Prozessinstanz führt, und stattdessen alle Ereignisse in einer flachen Tabelle speichert (SAP-User wissen wahrscheinlich, wovon die Rede ist)?

In solchen Fällen müssen die Beziehungen zwischen den Datensätzen in der Datenmodellierungsphase hergestellt werden, typischerweise über die Aktivitäten. In unserem Beispiel speichert SAP die Ereignisse zu Bestellungen in der Tabelle **EKPO**. Eines der Felder darin lautet **BANFN**, was die Bestellanforderungsnummer aus der Tabelle **EBAN** repräsentiert. Das bedeutet:

Wenn für eine Bestellung in EKPO ein Wert im Feld BANFN steht, lässt sich ableiten, dass die Schritte „Bestellanforderung anlegen" und „Bestellung anlegen" zur gleichen Prozessinstanz gehören.

Falls das Feld leer ist, was beispielsweise bei automatisierter Nachbestellung vorkommt, handelt es sich um eine eigene Prozessinstanz.

Das kann anspruchsvoll sein, da hierfür ein gutes Verständnis der physischen Tabellenbeziehungen im System erforderlich ist, eine Aufgabe, die für viele Business-Analysepersonen nicht trivial ist. Daher empfiehlt es sich, eng mit der IT zusammenzuarbeiten.

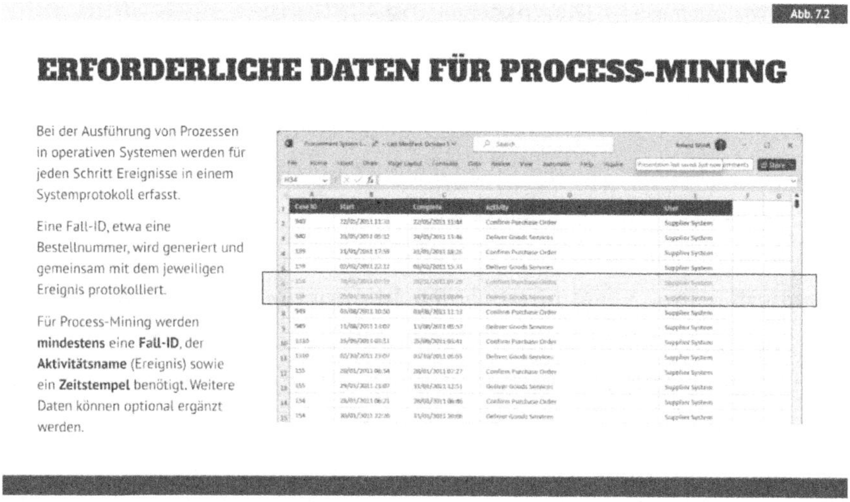

Abb. 7.2: Prozessinstanzen eines Quellsystemexport

Fallorientierung

Ein weiterer Aspekt besteht darin, dass in der fallorientierten Betrachtung einzelne Vorgänge anhand eines einzigen Objekts, wie in unserem Beispiel der Bestellnummer, verfolgt werden. Dieses zentrale Identifikationsmerkmal wird über die unterschiedlichen Schritte hinweg nachverfolgt. Dadurch lässt sich feststellen, wie lange einzelne Fälle benötigen, ob Nacharbeit entsteht und ob derselbe Fall mehrfach denselben Schritt durchläuft oder eine Schleife bildet etc.

Dies ermöglicht es, Varianten und Abweichungen vom „standardisierten End-to-End-Prozess" (also der vorgesehenen Arbeitsweise) zu identifizieren. Außerdem können Zeiträume ermittelt werden, in denen Fälle zwischen zwei Schritten untätig verweilen, zwei Formen von Verschwendung, die in Lean-Methoden systematisch reduziert werden sollen.

Diese Fähigkeit ist ein wesentlicher Vorteil der fallorientierten Process-Mining-Ansätze und hat maßgeblich dazu beigetragen, dass Process-Mining-Technologien überhaupt populär wurden.

Objektorientiertes Process-Mining

Doch was passiert, wenn ein Vorgang, wie eine Bestellung, mehrere Positionen enthält? Wie lassen sich diese sauber nachverfolgen? Die Tabelle in unserem vorherigen Beispiel bildet lediglich die Gesamtbestellung und den Abschluss der gesamten Aktivität ab.

An dieser Stelle kommt die Objektorientierung ins Spiel. Beim objektorientierten Process-Mining werden Informationen nicht in „flachen" Tabellen erfasst, sondern in einer Datenstruktur, die die Objekte (in unserem Beispiel die einzelnen Bestellpositionen), die Ereignisse, die sich auf diese Objekte beziehen, sowie die Objekt-zu-Objekt- und Objekt-zu-Ereignis-Beziehungen nachvollziehbar abbildet.

Damit lassen sich Ereignisprotokolle situativ ("on-the-fly") für Analysezwecke erstellen.

Die Speicherung dieser Objektinformationen in einer Datenbank bringt zusätzliche Vorteile: Das Datenmodell muss nicht immer wieder neu erstellt werden, wenn die zugrunde liegenden Beziehungen bereits strukturiert vorhanden sind. Objekte und Ereignisse werden systemunabhängig.

Dies ermöglicht, dass dieselben Daten in unterschiedlichen Kontexten genutzt werden können:

Beispielsweise können die Rechnungsdaten wie in diesem Buch beschrieben im Beschaffungsprozess verwendet werden, zugleich kann jedoch ebenso unkompliziert eine rechnungszentrierte Analyse erstellt werden, ohne die Schritte 2 und 3 des Sechs-Schritte-Prozesses erneut vollständig von vorn durchführen zu müssen (wenngleich noch etwas Arbeit bleibt). Zudem können mehrere Objekte in einer erweiterten Analyse kombiniert werden, um detailliertere Einblicke zu gewinnen, wie etwa indem sowohl die gesamte Bestellung als auch die einzelnen Positionen darin verfolgt werden.

Ferner besteht die Möglichkeit, Interaktionen mit laufenden Prozessen auszulösen, etwa über standardisierte Benachrichtigungs- oder Alarmierungsfunktionen, wie sie in vielen Process-Mining-Werkzeugen bereits vorhanden sind.

Was bedeutet das für mich als Neuling?

Nun, offen gestanden nicht so viel, wie manche Anbieterunternehmen Sie glauben machen möchten. Process-Mining ist keine toolzentrierte „Alles-oder-nichts"-Entscheidung, sondern vielmehr eine Sammlung von Analyseansätzen, die sich grundsätzlich mit jedem Process-Mining-Werkzeug umsetzen lassen.

Bieten objektorientierte Process-Mining-Tools mehr Flexibilität, wenn ein Netzwerk mehrerer miteinander verbundener Prozessanalysen aufgebaut werden soll? Ja. Gleichzeitig geht dies jedoch mit höherer Komplexität einher und erfordert zusätzlichen Aufwand, um die Objektdatenbank zu pflegen und bei jeder Änderung in der Quellsystemlandschaft aktuell zu halten.

Für diesen Ansatz existiert sogar ein eigener Standard, genannt **OCEL (Object-Centric Event Log).**[17]

Abb. 7.3

OBJEKT-ZENTRIERTES EREIGNISPROTOKOLL 2.0 META-MODELL

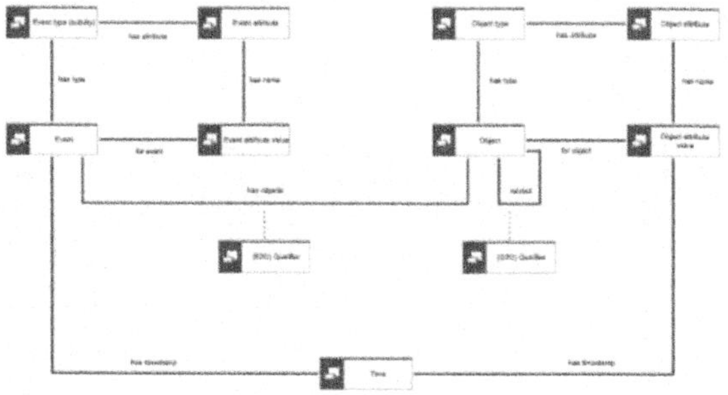

Abb. 7.3: Objekt-zentrisches Eventlog (OCEL) 2.0 Metamodell

Im Kontext dieses Buches betrachten wir den vereinfachten, „traditionellen" Ansatz des Process-Minings. Dadurch wird unsere Analyse keineswegs

„falsch“, gleichzeitig reduziert sich jedoch die Komplexität von Datenmodell und Datenspeicherung. Tabellen sind leichter nachvollziehbar, und ich möchte, dass Sie alle Schritte auch außerhalb des Tools verstehen können. Ein klarer, einfacher Ansatz erleichtert das Verständnis und ermöglicht es Ihnen, die zugrunde liegende Denkweise hinter dem Ansatz und der Analyse vollständig nachzuvollziehen :-)

8

Auswahl eines Process-Mining-Tools

Process-Mining ist derzeit das Top-Thema in unserer Branche, und es gibt eine Vielzahl an Unternehmen für Process-Mining-Werkzeugen.[18] Die Technologie befindet sich jedoch noch am Anfang der Hype-Kurve, [19] und bisher haben nur wenige Organisationen Process-Mining als etablierten Standard in ihrem Instrumentarium zur Prozessanalyse verankert.

Meiner Einschätzung nach wird es noch einige Jahre dauern, bis sich eine breitere Standardisierung durchsetzt, eine Phase, in der voraussichtlich auch eine Konsolidierung des Marktes stattfinden wird. Erste bedeutende Fusionen und Übernahmen im Process-Mining-Bereich haben wir bereits gesehen, und ich gehe davon aus, dass die Zahl der verfügbaren Werkzeuge in einigen Jahren überschaubarer sein wird. Gleichzeitig ist jedoch damit zu rechnen, dass es bis dahin weiterhin starke Innovationsimpulse gibt und sich Ökosysteme rund um bestimmte Werkzeuge entwickeln, die Organisationen bei der Suche nach einer „zukunftssicheren" Lösung zugutekommen. Die wichtigsten Impulse werden vermutlich von größeren Unternehmen ausgehen, deren Kerngeschäft nicht ausschließlich Process-Mining ist.

Was ist Process-Mining, und wie funktioniert es?

Process-Mining ist ein vergleichsweise altes Konzept, und erste kommerzielle Werkzeuge waren bereits Ende der 1990er-Jahre verfügbar (etwa der ARIS Process Performance Manager, 1998). Allerdings war dies für viele Organisationen zu früh, um Process-Mining in die Praxis zu übernehmen: Sie waren zu sehr damit beschäftigt, ERP-Systeme einzuführen und ihre Prozesse entlang der ausgewählten ERP-Landschaft zu standardisieren.

In den vergangenen Jahren hat es eine Art Renaissance im Bereich der Process-Mining-Werkzeuge gegeben, und eine dynamische Gruppe von Softwareunternehmen ist entstanden.

Doch wie funktioniert Process-Mining eigentlich? Vereinfacht ausgedrückt verarbeitet ein Process-Mining-Tool Ereignisprotokolle aus laufenden IT-Systemen und sucht darin nach Schritten, die über gemeinsame Identifikatoren, in der Regel etwas wie eine „Bestellnummer", zu einzelnen Fällen zusammengeführt werden können.

Das Tool analysiert anschließend die verschiedenen Instanzen und „entdeckt" die Abfolge der Prozessschritte, einschließlich zusätzlicher Informationen wie Häufigkeiten, Durchlaufzeiten und Weiterem. Sobald unterschiedliche Falltypen identifiziert wurden, kann das Tool die Ergebnisse zusammenführen und eine Visualisierung des Prozesses darstellen.

Hinweis: Die Screenshots und konzeptionellen Grafiken in diesem Kapitel zeigen das ARIS Process Mining-Tool (aris-process-mining.com). Allerdings funktionieren alle Process-Mining-Werkzeuge nach einem ähnlichen Prinzip.

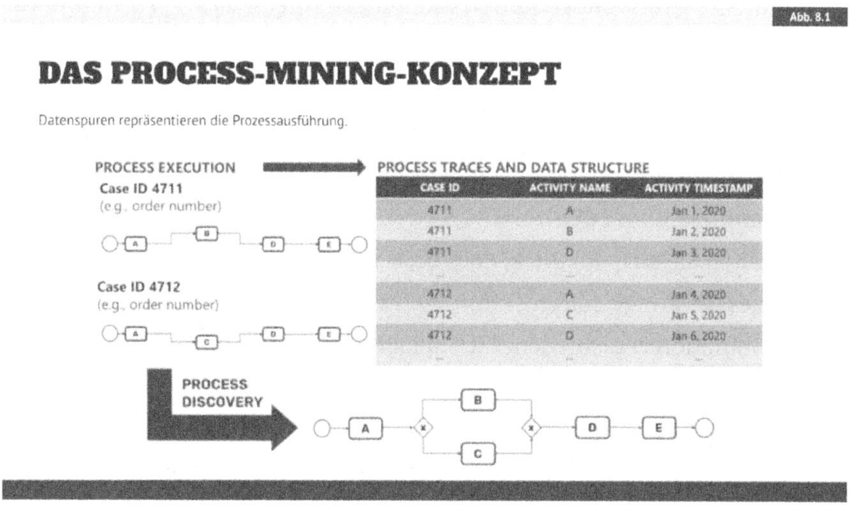

Abb. 8.1: Process-Mining-Konzept

Welche Funktionen sollte ein Tool bieten?

Process-Mining ermöglicht leistungsstarke Analysen und moderne Plattformen bieten eine Vielzahl sofort nutzbarer Visualisierungen sowie konfigurierbare KPIs und Metriken für Dashboards und Berichte.

Doch worauf sollten Sie im Detail achten (Stand Anfang 2026)?

- **Die „Process Explorer"-Ansicht,** die grafische Visualisierung des entdeckten Prozesses, entspricht höchstwahrscheinlich genau dem, was neue User von einem Process-Mining-Werkzeug erwarten. Sie zeigt alle Pfade, die eine Prozessinstanz durchlaufen hat, und stellt verschiedene Kennzahlen dar, etwa Häufigkeiten (für Fälle und Aktivitäten), Zeitwerte (für einzelne Schritte und die Übergänge zwischen Schritt A und Schritt B) und weitere Metriken aus dem Datensatz, etwa Kosten oder Lieferant eninformationen.

  Diese Ansicht ermöglicht es Ihnen, bis ins kleinste Detail zu navigieren, erfordert jedoch zugleich die Fähigkeit, die Daten sachgerecht zu analysieren. Dafür sollten Sie ein grundlegendes Verständnis für Statistik mitbringen, um sich nicht von scheinbar offensichtlichen Beobachtungen täuschen zu lassen, die in Wirklichkeit Ergebnisse Ihrer Metrik- oder Stichprobenauswahl sind (z. B. Median vs. Durchschnitt bei Zeitwerten oder Größe der gewählten Stichprobe im Verhältnis zur Gesamtheit aller Fälle).

Behalten Sie stets im Blick, dass Ursachen für eine „nicht ganz optimale Prozessleistung" selten eindimensional sind. Sie benötigen daher eine Kombination verschiedener Kennzahlen und Drill-down-Perspektiven, um fundierte Analysen durchzuführen.

- **Die Variantenanalyse** ist ein weiterer zentraler Bestandteil eines Process-Mining-Werkzeugs. Wie oben beschrieben, sollte es einfach möglich sein, eine oder mehrere Varianten auszuwählen, um nachvollziehen zu können, was außerhalb des „Happy Path" passiert. Idealerweise können Sie die entdeckten Prozessvarianten in Ihr Architekturwerkzeug exportieren, um darauf aufbauend weitere Analysen und Lösungsdesigns für eine zukünftige Zielprozesslandschaft zu entwickeln (siehe dazu das Kapitel zum Lösungslebenszyklus für den übergeordneten Kontext).
- Sobald Sie Auffälligkeiten in der Prozessausführung oder in den Messwerten – etwa ungewöhnlich lange Bearbeitungszeiten – identifizieren, sollte Sie das Tool bei der **Ursachenanalyse** unterstützen, zum Beispiel durch einen Root-Cause-Miner. Diese Funktion durchsucht automatisch den relevanten Datenausschnitt und zeigt Ihnen, welche Faktoren die beobachtete Abweichung verursachen. Treten die Probleme beispielsweise bei einem bestimmten Lieferanten auf und lässt sich ein Muster erkennen? Oder entstehen sie regelmäßig an einem bestimmten Standort oder innerhalb einer bestimmten User-Gruppe?
- Wenn sich die Ursache der Abweichung dennoch nicht vollständig verstehen lässt, kann ein Blick auf **Task-Mining-Funktionen** hilfreich sein. Einige Tools bieten dies nativ an, häufig ist diese Fähigkeit jedoch Bestandteil von Robotic-Process-Automation-(RPA)-Lösungen und wird teilweise als „Robotic Process Discovery" (RPD) bezeichnet.

  Diese Technologie funktioniert anders als Process-Mining: Hier werden

Bots eingesetzt, die Bildschirmaktivitäten aufzeichnen. So lässt sich beispielsweise erkennen, ob eine Person schlicht nicht weiß, wo sie klicken muss und zusätzliche Schulung benötigt, ob Informationen fehlen (die Lieferanten vergessen regelmäßig die Bestellreferenz), oder ob eine technische Schnittstelle fehlerhaft arbeitet. Die Belegschaft kompensiert dies dann als menschliche Schnittstelle, indem sie Daten manuell von einem System in ein anderes überträgt.
Ein weiterer Anwendungsfall für Task-Mining sind Tools, die gar keine Daten erzeugen, etwa lokale Desktop-Anwendungen wie Excel. Task-Mining kann diese lokalen Aktivitäten erfassen und als aggregierten Prozessschritt an das Process-Mining-Tool übergeben und damit den Gesamtprozess vervollständigen.

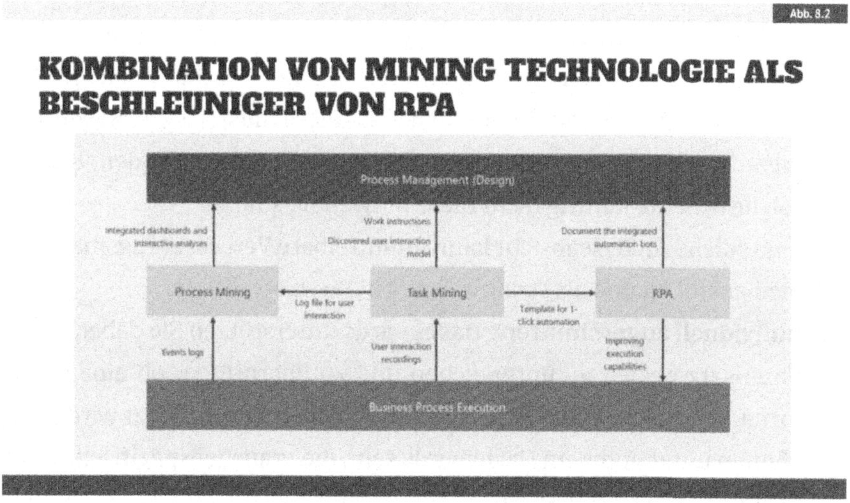

Abb. 8.2: Process-Mining – Task-Mining – Robotic-Process-Automation

Task-Mining ist jedoch ein deutlich umfassenderes Thema, das über den Rahmen dieses Buches hinausgeht. Wenn Sie sich näher damit beschäftigen möchten, empfehle ich Ihnen, Folge 9 des Podcasts anzuhören.[20]

- **Conformance-Analyse** ist ein weiterer Aspekt, den Sie berücksichtigen sollten: In welchem Umfang wird der Prozess so ausgeführt, wie er ursprünglich konzipiert wurde? Ein gutes Tool ermöglicht es Ihnen, einen BPMN-Referenzprozess hochzuladen und die Daten auszuwerten, um zu erkennen, welche Instanzen bzw. Varianten diesem Referenzprozess folgen. Übersicht-Dashboards zeigen Ihnen den Grad der Übereinstimmung, entweder als absolute Kennzahl oder über Zeitverläufe hinweg. Fortgeschrittene Tools stellen zudem den sogenannten „Fitness-Wert" bereit, der die Konformität nicht nur schwarz-weiß bewertet, sondern den Grad der Übereinstimmung pro Variante sichtbar macht („weitgehend konform, außer Punkt X" vs. „vollständig nicht konform").
  Der praktischere Teil liegt jedoch in der detaillierten Analyse der aufgetretenen Konformitätsprobleme. Dazu gehören etwa falsche Startereignisse (wie viele gab es und wie lange dauerte eine Instanz, wenn sie am falschen Schritt begann?), ungeplante Endereignisse, vertauschte Abfolgen (die zur Nacharbeit führen) oder die Identifikation von Prozessschritten, die im ausgeführten Prozess vorkommen, jedoch nicht im Referenzmodell enthalten sind. Diese müssten gegebenenfalls ergänzt oder der implementierte Prozess angepasst werden, sodass solche Schritte künftig nicht mehr notwendig sind.
  Eine solche Analyseansicht kann unmittelbare Verbesserungsmaßnahmen anstoßen und als strukturierte To-Do-Liste dienen.
- **Individuell zugeschnittene Dashboards** unterstützen Sie dabei, Ihren Datensatz gezielt zu untersuchen und zu überprüfen, ob eine zuvor formulierte Hypothese tatsächlich durch die Daten gestützt wird. Dies können unter anderem Dashboards sein, die branchenspezifische KPIs abbilden, etwa OTIF-Kennzahlen („On Time, In Full" – pünktlich und vollständig geliefert) in einem Lieferkettenkontext (Supply-Chain-Kontext).
  Mit solchen Dashboards lassen sich außerdem Übersichten bis hinunter auf die Ebene einzelner Prozessinstanzen erstellen. Dadurch können Sie exakt nachvollziehen, welche Instanz an welcher Stelle vom erwarteten Ablauf abgewichen ist.

- **Berechnungen im Tool:** Ihr Datensatz besteht zunächst aus Rohdaten, die gegebenenfalls verarbeitet werden müssen, etwa um festzustellen, ob das Prinzip der Trennung von Aufgaben und Verantwortlichkeiten (segregation of duties) eingehalten wurde. Ein gutes Tool stellt hierfür eine visuelle, programmierfreie Oberfläche bereit, mit der sich Kalkulationen erstellen lassen, die anschließend als Datenquelle für Diagrammkomponenten in Dashboards dienen.
  Ein Beispiel hierfür wäre: „Wenn die Person, die die Bestellung angelegt hat, identisch ist mit der Person, die sie genehmigt hat, dann wurde das Prinzip der Trennung von Aufgaben und Verantwortlichkeiten nicht eingehalten.“ Und umgekehrt: „Wenn Anlegung und Genehmigung durch unterschiedliche Personen erfolgen, wurde die Trennung von Verantwortlichkeiten eingehalten.“ Beide Ergebnisse können anschließend als Diagrammkomponente auf einem Dashboard visualisiert werden.
  Da diese Arten von Anpassungen im Datenmodell typischerweise vom Fachbereich vorgenommen werden, ist eine grafische Benutzeroberfläche für die Erstellung solcher Wenn/Dann-Logiken, inklusive der Möglichkeit, verschachtelte Bedingungen anzulegen, essenziell. Für die seltenen Fälle, in denen eine Abfragesprache manuell eingegeben werden muss, bieten leistungsfähigere Tools ergänzend KI-gestützte Unterstützung: Sie formulieren in natürlicher Sprache, was Sie benötigen, und das Tool generiert den entsprechenden Code automatisch.
- Apropos KI: Tools sollten über eine Form von **Prognosefähigkeit** verfügen, um mithilfe von Machine Learning vorherzusagen, wann ein Fall abgeschlossen sein wird und welchen Pfad er mit hoher Wahrscheinlichkeit einschlägt. Dies ermöglicht es, diejenigen Fälle zu identifizieren, bei denen sofortiges Handeln erforderlich ist, anstatt erst zu reagieren, nachdem das (negative) Ereignis bereits eingetreten ist.
- **Datentransformation** bezeichnet die Aufgabe, Rohdaten aus den Quelltabellen aufzubereiten und die Felder in das Format zu überführen, das das Process-Mining-Werkzeug benötigt.
  In der Regel erfolgt dies über SQL-ähnliche Anweisungen („join“, „rename“ und Ähnliches). Da es sich hierbei um eine eher technisch

geprägte Tätigkeit handelt, sind grundlegende Programmierkenntnisse sowie ein Verständnis für Datenmodellierung hilfreich für diejenigen, die diese Aufgabe übernehmen. Alternativ können Sie dem hier empfohlenen Vorgehen folgen und ein visuelles Datenmodellierungswerkzeug nutzen, und auf eingebaute Transformationen bei der Vorbereitung des Datenmodells einfach verzichten.

- **Integration** ist ein umfassenderes Thema; im nächsten Abschnitt werden die vier Integrationstypen detaillierter erläutert.
- **Export und Import von „Lösungen"** ermöglicht die Nutzung vorkonfigurierter Analysen (z. B. von Beratungsunternehmen), die sich einfach importieren lassen. Diese Lösungen umfassen vorgefertigte Dashboards sowie Anleitungen und Vorlagen für den Datenimport.

Integrationen

An dieser Stelle wird deutlich, dass Ihr Process-Mining-Werkzeug in eine bereits bestehende Systemlandschaft eingebunden werden muss. Dabei sollten Sie jedoch vier unterschiedliche Aspekte berücksichtigen, wenn Sie mögliche Integrationen bewerten.

Datenimport aus Quellsystemen

Typischerweise erfolgt der Datenimport über CSV-Dateien. Das hat selbstverständlich Vor- und Nachteile: Der Vorteil besteht darin, dass keine direkte Integration mit dem Quellsystem aufgebaut werden muss und Sie sich auf die dort verfügbaren Reports stützen können. Der Nachteil ist, dass die Daten dadurch nicht „live" sind und Sie die Quelldaten gegebenenfalls außerhalb des Process-Mining-Werkzeugs in ein Format transformieren müssen, das vom Tool verarbeitet werden kann (siehe oben).

Für viele Anwendungsfälle werden Sie eine Live-Integration in Betracht ziehen wollen. Typischerweise stehen dafür zwei Optionen zur Verfügung:

- **Dedizierte Extraktionsadapter für Quellsysteme oder generische Ad-**

apter, etwa ein JDBC-Adapter, der mit jeder Datenbank genutzt werden kann, die dieses Protokoll unterstützt. Aus naheliegenden Gründen hat dieser Ansatz Grenzen (die Menge möglicher Quellsysteme ist schlicht zu groß). Dennoch sollten Sie auf jeden Fall prüfen, ob gängige geschäftskritische Anwendungen unterstützt werden.

- Der Einsatz eines **Integrationstools**. Integrationstools verfügen in der Regel über deutlich mehr Adapter (teilweise Hunderte oder sogar mehr) und ermöglichen darüber hinaus die Entwicklung individueller Schnittstellen. Während dies die Anbindung zahlreicher weiterer Systeme erleichtert, geht es zugleich mit höherer Komplexität und gegebenenfalls mit dem Bedarf an Programmierkenntnissen einher.

In der folgenden Grafik sind alle drei Importszenarien anhand des Tool-Stacks von Software AG dargestellt.

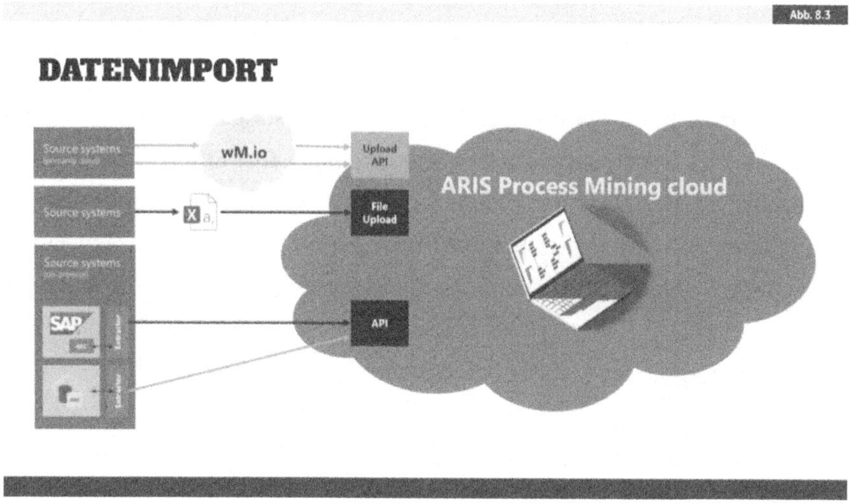

Abb. 8.3: Beispiel einer schematischen Integration anhand ARIS Process Mining

Integration mit einem Task-Mining-Werkzeug

Einige Process-Mining-Werkzeuge verfügen bereits über integrierte Task-Mining-Funktionalitäten. Falls Ihr ausgewähltes Werkzeug dies nicht bietet, sollten Sie auf die Möglichkeit achten, Task-Mining-Ergebnisse in Ihre Prozessanalyse zu integrieren (siehe die oben beschriebenen Beispielanwendungsfälle).

Integration mit Ihrem Architekturwerkzeug

Process-Mining ist ein hervorragendes Werkzeug, um ein tiefes Verständnis Ihrer Ist-Prozesse zu gewinnen und, abhängig von Ihrem Datensatz, auch damit verbundene Aspekte wie Kosten oder Compliance zu analysieren. Allerdings ist es nicht dafür ausgelegt, einen zukünftigen Soll-Zustand zu entwerfen, und bleibt stets an den verfügbaren Datensatz gebunden.

Für diese Aufgaben benötigen Sie ein geeignetes Architekturwerkzeug, das Analysen oder Simulationen ermöglicht, selbst dann, wenn der zukünftige Prozess sich vollständig vom identifizierten Ist-Prozess unterscheidet. Ebenso sollte Ihr Architekturwerkzeug den gesamten Lösungslebenszyklus unterstützen. Das bedeutet, dass es in der Lage sein muss, Ihre Enterprise-Baseline abzubilden, sodass sich mögliche Differenzen zwischen konzipierter Lösung und realem Umsetzungsstand identifizieren und adressieren lassen. (Eine potenzielle Diskrepanz zwischen Lösungsdesign- und Implementierungsph ase).

Daher benötigen Sie zwei Integrationen:

- **Transfer der Referenzprozesse** aus Ihrer Designplattform in das Process-Mining-Werkzeug (siehe oben).
- **Transfer der gemessenen Prozesse** aus dem Process-Mining-Werkzeug in die Designplattform. Diese Funktion ermöglicht es Ihnen, As-is-Workshops mit Stakeholdern und dem Fachbereich zu überspringen und ein Basis-Modell zu erzeugen, das direkt auf der tatsächlichen Prozessausführung basiert.

Ein zusätzlicher Vorteil der zweiten Funktion besteht darin, dass durch den Einsatz einer „vollwertigen" Simulationsengine Parameter für den zukünftigen Soll-Prozess definiert werden können, die nicht zwingend auf den Ist-Daten basieren.

Von der Analyse zur Aktion: Process-Mining als Aktionsauslöser

Die letzte Integration, nach der Sie Ausschau halten sollten, ist die Möglichkeit, **Aktionen direkt auf Basis von Process-Mining-Ergebnissen** auszulösen, beispielsweise wenn Prozessinstanzen oder einzelne Schritte zu lange Durchlaufzeiten aufweisen.

Sie sollten die Bedingungen (Zeiten, Mengen, Werte) definieren können, die eine Aktion auslösen und eine Workflow-Komponente (mittels Aufruf-URL/Webhook oder nativer Integration) anstoßen (in der obigen Grafik exemplarisch das Tool *webMethods.io* als Integrationsplattform). Mögliche Aktionen umfassen Benachrichtigungen und Alarmfunktionen oder sogar das Ausführen von Transaktionen in den zugrundeliegenden Quellsystemen.

Mit dieser Integration beginnen die Grenzen zwischen einem Design-/Analysewerkzeug und einem Laufzeitwerkzeug zu verschwimmen.

Daher sollten Sie bewusst entscheiden, bis zu welchem Punkt Ihre Architekturorganisation hier einsteigen soll. Da dies schnell zu einem erheblichen Aufwand führen kann, lautet meine Empfehlung, eng mit den Business- und IT-Teams zusammenzuarbeiten, die für die Laufzeitsysteme verantwortlich sind, und sich darauf zu beschränken, den technischen Auslöser für die Workflow-Komponente bereitzustellen, nicht aber deren Betrieb zu übernehmen.

Betrieb und Kosten

Die meisten Process-Mining-Werkzeuge sind inzwischen ausschließlich als Cloud-Lösungen verfügbar, das ist schlicht die Realität, in der wir heute arbeiten. Einige Unternehmen stellen zwar weiterhin On-Premise-Versionen bereit, allerdings sollten Sie sorgfältig prüfen, ob es sich dabei um dieselben

Funktionsumfänge wie in der SaaS-Variante handelt oder um ältere Legacy-Produkte, die voraussichtlich keine regelmäßigen Updates mehr erhalten.

Darüber hinaus müssen Sie die für Ihr Unternehmen geltenden Regularien berücksichtigen und prüfen, wie Ihr Anbieterunternehmen damit umgeht. Typische Beispiele sind etwa die DSGVO (Datenschutz-Grundverordnung) oder der SOC-2-Standard (System and Organization Controls).[21] In der Regel hat Ihre IT-Abteilung bereits eine umfangreiche Liste an Anforderungen, die für jedes gehostete System (für Sie) erfüllt werden müssen.

Setzt Ihr Process-Mining-Tool KI ein, sollten Sie prüfen, wo Ihre Daten gespeichert werden und ob sie in das Training und die Weiterentwicklung des KI-Modells des Anbieters einfließen. Andernfalls könnten Ihre Informationen zur Optimierung der KI für andere Kundschaft genutzt werden – etwas, das Sie möglicherweise nicht wünschen

Beim Thema Lizenzierung gibt es keinen einheitlichen Branchenstandard, aber die Kostenbestandteile ähneln sich meist:

- **Grundgebühr für die Bereitstellung des Process-Mining-Tools:** Diese umfasst typischerweise den CSV-Upload sowie ein Basiskontingent an Speicher bzw. Fallvolumen. Wichtig ist: Diese Gebühr bezieht sich meist auf einen (1) zu analysierenden Prozess, unabhängig davon, wie viele Quellsysteme angebunden werden. Es lohnt sich daher, Ihre End-to-End-Prozesslandschaft zu prüfen und realistische Kandidaten für Process-Mining zu identifizieren.
- **Speicher bzw. Anzahl der Fälle:** Pakete starten oft mit etwa 250.000 in der Grundgebühr enthaltenen Fällen und reichen je nach Ausprägung bis in den dreistelligen Millionenbereich (4XL-Paket).
- **Datenextraktion:** Abhängig von der Art der Integration (spezifische Extraktoren oder flexible Cloud-Integrationsdienste) können zusätzliche Verbrauchskosten entstehen. Während Extraktoren häufig kostenfrei sind, bringen Cloud-Integrationskomponenten in der Regel ein verbrauchsbasiertes Preismodell mit sich, meist abhängig von der Fallzahl.
- **Userlizenzen:** Typisch sind preisgünstige Lese- (Viewer) - sowie Business-Analyst- und technische Rollen, die für komplexere

Integrationen oder für die Arbeit am Datenmodell erforderlich sein können.

- **Lösungs- oder Paketkosten:** Einige Tools bieten vorgefertigte Analysen („Solutions") an. Diese sind nicht immer im Grundpreis enthalten und werden zum Teil von Beratungsunternehmen oder -partnern bereitgestellt.

Nehmen Sie sich Zeit für eine sorgfältige Prüfung Ihrer Anforderungen, der erwarteten Datenmengen und der Angebotsstruktur des Anbieterunternehmens zu Beginn der Lizenzverhandlungen. Bedenken Sie zudem, dass in der Regel zusätzliche Beratungskosten anfallen, gerade wenn Sie neu in das Thema einsteigen und die technische Infrastruktur noch aufgebaut werden muss. Rechnen Sie realistisch mit einer anfänglichen Investition in der Größenordnung von **40.000 bis 100.000 US-Dollar;** ein Betrag, den man bei realistischen Erwartungen von Anfang an einplanen sollte.

9

Anschaffung eines Process-Mining-Tools

Ich gehe davon aus, dass der Großteil der Leserschaft dieses Buches in einer „klassischen“ Organisation tätig ist und ein Werkzeug sucht, das sie in ihrer täglichen Arbeit unterstützt. Die wenigsten sind Beschaffungsexperten oder arbeiten für ein Anbieterunternehmen.

In diesem Kapitel betrachten wir, wie der Kauf eines Enterprise-Tools typischerweise abläuft, und beleuchten dabei auch die „andere Seite“, Perspektive des Anbieterunternehmens. Dies kann Ihnen helfen, besser nachzuvollziehen, warum auf bestimmte Fragen oder Anforderungen so reagiert wird, wie es häufig der Fall ist.

Wer ist am Beschaffungsprozess beteiligt?

Auf Kundschafts- und Anbieterunternehmensseite wirken verschiedene Rollen an diesem Prozess mit, die im Folgenden näher erläutert werden.

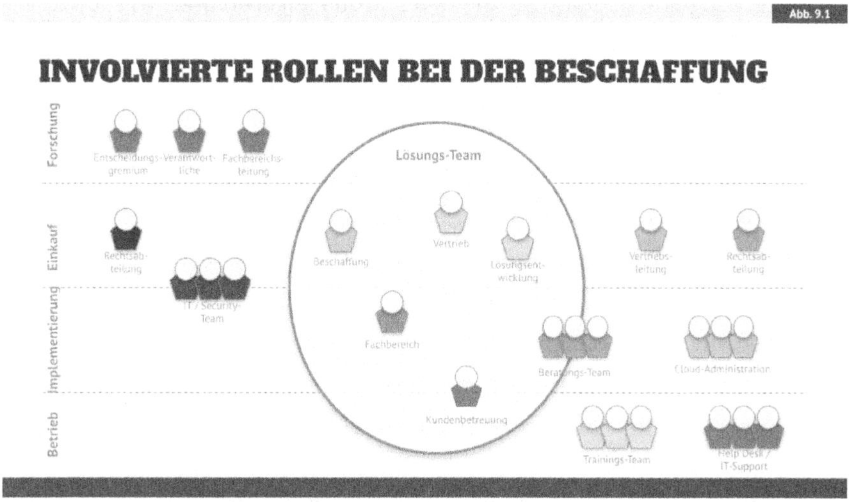

Abb. 9.1: Am Beschaffungs- und Implementierungsprozess beteiligte Rollen

- Die erste Gruppe sind die Personen der **Fachbereiche**. Das kann (theoretisch) jede Person in der Organisation sein, die ein konkretes Problem lösen möchte. In vielen Fällen werden Sie Teil eines Prozessmanagement-Teams sein oder an einem Projekt arbeiten, in dem eine Lösung entworfen oder Verbesserungen identifiziert werden müssen.
- Wenn Ihre Organisation bereits etwas weiterentwickelt ist, haben Sie möglicherweise schon **Verantwortliche** definiert, die für bestimmte Bereiche zuständig sind (z. B. Prozesse oder Applikationen). Alternativ haben Sie bereits alles umgesetzt, was in einer organisationsweiten Struktur möglich war, stoßen jedoch bei der Verwaltung Ihrer Office-Dokumente an Kapazitätsgrenzen. Die Verwaltung der Artefakte wird dann so aufwendig, dass Sie die für Ihre Process-Mining-Aktivitäten benötigten Informationen nicht mehr effizient auffinden können.
- Zudem gibt es häufig **Leitungen** von Geschäftsbereichen, die das Thema Prozessoptimierung aktiv vorantreiben und nach einem Werkzeug suchen, in das sie „hineinwachsen“ können. Diese Personen sind nicht immer direkt in den Beschaffungsprozess eingebunden, müssen jedoch

abgeholt werden, damit sie die Investition freigeben und das Projekt als Sponsor unterstützen können.

- Schließlich gibt es die **Einkaufsabteilung,** die spezialisierten Fachkräfte in Ihrem Unternehmen, wenn es darum geht, Ausgaben zu prüfen, Angebote zu verhandeln und die bestmöglichen Konditionen für Produkte und Dienstleistungen zu erzielen. Sie können zwar gelegentlich anspruchsvoll sein und mitunter „bürokratisch" wirken, aber seien Sie sicher, dass sie wissen, wie das Spiel funktioniert, und Sie möchten sie unbedingt auf Ihrer Seite haben.
- Ihre **IT-Ansprechpersonen**, darunter oft auch diejenigen, die für die Softwarearchitektur verantwortlich sind oder die Aufnahme neuer Anwendungen in das Unternehmensökosystem freigeben müssen. Sie benötigen diese Gruppe, weil Sie deren Betriebssupport und Ressourcen brauchen, damit Ihr Tool zuverlässig und sicher läuft, insbesondere dann, wenn Produktivdaten die Organisation verlassen, weil Ihr Process-Mining-Werkzeug in der Cloud betrieben wird. Es kann sein, dass die IT-Sicherheit bestimmte Standards vorschreibt oder verlangt, dass Daten anonymisiert werden müssen, bevor sie das Unternehmensumfeld verlassen.
  Zu dieser Gruppe zählen auch die Verantwortlichen für IT-Sicherheit im Unternehmen.
- **Weitere Beteiligte** wie Risiko- und Compliance-Verantwortliche, die möglicherweise spezifische Anforderungen an die Software stellen, die berücksichtigt werden müssen.

Aufseiten des Anbieters treffen Sie in der Regel auf folgende Rollen:

- **Vertrieb:** Das ist die Vertriebsansprechperson, die Sie während des Beschaffungsprozesses primär begleitet. Sie führt die ersten Abstimmungsgespräche zur Bedarfsklärung, stellt, im Idealfall, erste Demonstrationen bereit und koordiniert das Anbieterteam für Ihre Anfrage.
- **Lösungs-Team:** Das sind die eigentlichen „Rockstars" im Prozess, und es empfiehlt sich, eine vertrauensvolle Arbeitsbeziehung zu ihnen

aufzubauen. Sie nehmen Ihre Anforderungen auf, übersetzen diese in softwarebasierte Lösungskonzepte und bringen zugleich tiefgehende technische Expertise ein. Sie vermitteln außerdem Ihnen und Ihrer Kollegschaft ein fundiertes Verständnis der Möglichkeiten der Werkzeuge sowie der zugrunde liegenden Konzepte. Dieses Team erstellt Demos und Proof-of-Concept-Umgebungen und begleitet Sie durch Tests und Validierungen.
Die erfahreneren unter ihnen sagen Ihnen sogar offen, wenn ihre Software *nicht* die passende Lösung für Ihr Problem ist.

- **Vertriebsmanagement:** Diese Personen sind die Führungskräfte der beiden zuvor genannten Rollen und werden insbesondere dann eingebunden, wenn es um nicht standardisierte Verkaufssituationen geht. Dies kann der Fall sein, wenn Ihr Unternehmen eine größere Organisation mit besonderen Anforderungen ist oder wenn für den Vertrieb ein Geschäft mit erheblichem Volumen in Aussicht steht (zur Erinnerung: Viele Vertriebsrollen sind provisionsgetrieben). Führungskräfte auf Director- oder VP-Ebene sind in solchen Situationen auch diejenigen, die interne Argumente vorbringen und Entscheidungen zu Rabatten oder Sonderkonditionen herbeiführen.
  In größeren Organisationen ist diese Funktion teilweise in einem (globalen) Deal Desk gebündelt, dem Pendant zur Beschaffungsorganisation auf der Kundenseite.
- **Rechtsabteilung:** In beiden Organisationen sind juristische Fachpersonen eingebunden, die ihre Freigabe erteilen müssen, sobald Vertragsbestandteile vom Standard abweichen. Sie sind zudem bereits zu Beginn eingebunden, wenn es um den Abschluss von Vertraulichkeitsvereinbarungen (Non-Disclosure-Agreements/NDAs) geht, um den Austausch von Informationen überhaupt zu ermöglichen.
- **Beratungs-Team bzw. Partnerorganisationen**, die das Angebot für Implementierungsleistungen und weitere gewünschte Services erstellen.
- **Kundenbetreuung (Customer Success Management/CSM).** Wenn Ihr Vertragsvolumen eine bestimmte Größe erreicht oder nicht standardisiert ist, wird Ihnen möglicherweise eine Kundenbetreuung zuge-

wiesen. Diese Person übernimmt nach Abschluss des Verkaufs die tägliche Betreuung, zunächst während der Implementierung, später im laufenden Betrieb. CSMs arbeiten mit Ihnen an Erfolgsplänen, teilen Best Practices aus anderen Projekten und sind in vielen Organisationen außerdem für Verlängerungen verantwortlich.

- **Training-Teams.** Gute Anbieterunternehmen verfügen über spezialisierte Gruppen für Training und Kompetenzaufbau. Diese bieten meist ein breites Spektrum an Lernformaten, von selbstgesteuertem E-Learning über Präsenz- oder Online-Schulungen bis hin zu formalen Zertifizierungen. Häufig verwalten sie zudem eine Wissensdatenbank. Für Standardfragen sind diese Teams meist eine gute Anlaufstelle; bei spezifischen Detailfragen sind allerdings häufig das Beratungs- oder das Lösungs-Team die besseren Ansprechpartner. Nach dem Kauf ist der CSM Ihre primäre Kontaktperson.
- **Cloud-Administration**, also die Gruppe, die mit Ihren IT-Security-Verantwortlichen spricht, die Software bereitstellt und grundlegende Konfigurationen wie Single Sign-on einrichtet.
- **IT-Support/Helpdesk.** In der Regel verfügen Anbieterunternehmen über einen dreistufigen Helpdesk. Die erste Ebene besteht aus Ansprechpersonen, die zu festgelegten Zeiten erreichbar sind, Ihre Anfragen entgegennehmen und, sofern möglich, direkt weiterhelfen. Abhängig von der Größe des Anbieters kann dies von regulären Geschäftszeiten (Mo–Fr) bis hin zu einem 24/7/365-Support mit Teams in verschiedenen Regionen und Zeitzonen reichen.

  Kann die erste Ebene Ihr Anliegen nicht lösen (gut aufgestellte Anbieter verfügen über Wissensdatenbanken, auf die sowohl das Supportteam als auch Sie selbst zugreifen können), wird das Ticket an die zweite Ebene an spezialisierte Fachkräfte mit Expertise in den jeweiligen Bereichen der Software weitergeleitet. Sollte das Problem noch tiefer liegen, übernimmt in der dritten Ebene üblicherweise das Produktmanagement bzw. die Entwicklungsabteilung. In solchen Fällen handelt es sich möglicherweise um einen Fehler, der entweder kurzfristig, etwa bei sicherheitsrelevanten Themen, behoben werden muss oder auf die

Roadmap für kommende Versionen wandert.

Unabhängig davon bleibt der Helpdesk der ersten Ebene Ihre zentrale Anlauf- und Kommunikationsstelle und koordiniert Ihre Anfragen über ein Ticketsystem. In manchen Organisationen können Sie den Status Ihrer Tickets auch selbst einsehen.

Der Kaufprozess (und darüber hinaus)

Der Erwerb eines Process-Mining-Werkzeugs ist in der Regel ein klassischer Enterprise-Software-Beschaffungsprozess, wie er im Folgenden beschrieben wird. Es gibt zwar Anbieter, die Self-Service-Modelle ohne persönliche Interaktion anbieten; diese können für einzelne, klar abgegrenzte Anwendungsfälle ausreichend sein. In solchen Szenarien beschränkt sich die Unterstützung jedoch meist auf Schulungsangebote, und Sie sind weitgehend darauf angewiesen, sich mithilfe der Dokumentation selbst einzuarbeiten.

Der typische Ablauf für den Erwerb eines Enterprise-Werkzeugs ist in Abbildung 9.2 dargestellt.

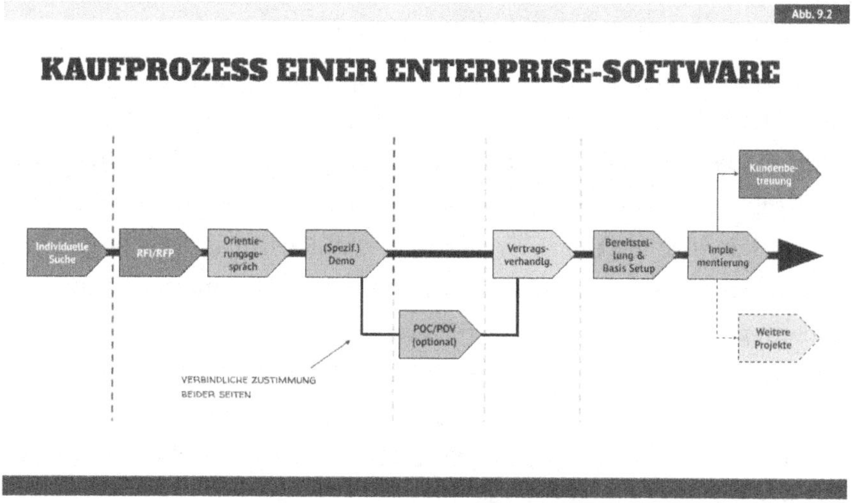

Abb. 9.2: Kaufprozess einer Enterprise-Software

Individuelle Suche

Der Prozess beginnt typischerweise mit einer internen Recherche und Selbstqualifikation auf Seiten der Personen mit fachlicher Verantwortung. Dabei werden mögliche Anwendungsfälle, Funktionalitäten und weitere Spezifikationen wie etwa gebündelte Angebotsmodelle untersucht.

Diese Phase ist in der Regel wenig strukturiert. Es entsteht häufig eine erste Liste von Anforderungen, etwa: „muss diese Art von Analyse unterstützen", „muss die Notation XYZ für den Austausch mit dem Architekturwerkzeug beherrschen" oder „muss sich in das bestehende System ABC integrieren lassen". Parallel dazu wird eine erste Marktübersicht potenzieller Anbieter erstellt.

Nur wenige Organisationen gehen dabei bereits einen Schritt weiter und denken frühzeitig über die unterschiedlichen Personas bzw. Rollen nach, auf die in einem späteren Kapitel noch eingegangen wird. Diese Organisationen entwickeln bereits in dieser Phase ein klares Bild davon, wie die Arbeit mit dem neuen Werkzeug für die jeweiligen Rollen konkret aussehen soll.

Ebenso sinnvoll ist es, weitere Stakeholder frühzeitig in die Recherche einzubeziehen, um deren Anforderungen und Erwartungen zu verstehen, insbesondere im Hinblick auf Themen wie Sicherheit, Kosten und Budget.

Eine von Google durchgeführte Studie zeigt, dass es im Durchschnitt elf Interaktionen mit einer Marke und rund sieben Stunden Auseinandersetzung mit Werkzeug und Anbieterunternehmen braucht, bevor Interessierte überhaupt den ersten Kontakt zu einem Anbieterunternehmen aufnehmen. Für Anbieter bedeutet das: Hochwertige und leicht zugängliche Inhalte sind entscheidend, etwa in Form von Podcasts, Webinaraufzeichnungen, Marketingmaterialien oder Implementierungsleitfäden.

Wie durch die erste vertikale gestrichelte Linie im Prozess dargestellt, ist dies häufig der erste Punkt, an dem potenzielle Kundschaft aussteigt und ein Werkzeug nicht weiter berücksichtigt. In vielen Fällen erfährt das Anbieterunternehmen von dieser Entscheidung nie.

RFI und RFP

Diese Abkürzungen stehen für *Request for Information* (RFI) und *Request for Proposal* (RFP) und unterscheiden sich im Kern nur im Detaillierungsgrad:

Ein RFP zielt in der Regel auf konkrete, belastbare Kostenschätzungen für alle Aspekte einer Implementierung ab, während ein RFI häufig nur grobe Richtwerte („Hausnummern") abfragt. Ein RFI kann zu nahezu jedem Zeitpunkt eingesetzt werden, während ein RFP üblicherweise etwas später folgt, dann, wenn die Fachseite bereits eine Vorauswahl von Anbieterunternehmen getroffen hat und die Anforderungen klarer definiert sind.

Typischerweise werden diese Unterlagen von einer Einkaufsorganisation erstellt und versendet. Dem geht in der einkaufenden Organisation in der Regel ein interner Beschaffungsprozess voraus, einschließlich der notwendigen Genehmigungen durch das Management. In den meisten Fällen erhalten Anbieterunternehmen eine Reihe von Vorgaben sowie eine umfangreiche Excel-Datei, in der die Anforderungen nach funktionalen, nicht-funktionalen, sicherheitsrelevanten und weiteren Kriterien strukturiert aufgeführt sind. Häufig ist zusätzlich ein Formular enthalten, in dem Preisinformationen zu hinterlegen sind.

Die Erwartung ist, dass die Anbieterunternehmen diese Dokumente vollständig ausfüllt. In nahezu allen Fällen rate ich jedoch davon ab.

Orientierungsgespräch(e)

Der bessere Ansatz besteht darin, ein Orientierungsgespräch mit dem Vertrieb zu führen, in dem Sie dem Anbieterunternehmen einen umfassenderen Überblick darüber geben, was Sie erreichen möchten. Auf dieser Basis kann die zuständige Vertriebsverantwortung einschätzen, ob das Werkzeug grundsätzlich geeignet ist und welche Rollen auf der Anbieterunternehmens seite in den weiteren Prozess eingebunden werden sollten.

Im Anschluss sollte ein weiteres Gespräch (gegebenenfalls auch mehrere) stattfinden, an dem auch eine Lösungsentwicklungs-Rolle beteiligt ist. Ziel ist ausdrücklich, dies nicht als reines Abhaken von Anforderungen zu gestalten. Stattdessen führen Sie offene Gespräche und definieren gemeinsam eine Lösung, die nicht nur die Technologie umfasst, sondern auch alle weiteren Aspekte einer Implementierung berücksichtigt, auf die wir weiter unten noch eingehen werden.

Aus der Praxis heraus erfordert diese Phase vertiefte Abstimmungen, da Begriffe und Anforderungen häufig unterschiedlich interpretiert werden. Das ideale Ergebnis ist ein gemeinsames Verständnis der vorgesehenen Lösung, vorzugsweise schriftlich festgehalten und durch Diagramme ergänzt. Dieses Verständnis sollte die Zielsetzung ebenso abdecken wie die eingesetzte Technologie, den Implementierungsansatz und die Messgrößen auf einer übergeordneten Ebene.

(Spezifische) Demonstration

Diese Phase kann parallel zu den Discovery- und Lösungsfindungsgesprächen stattfinden.

In der Regel beginnt sie mit einer Standard-Demonstration. Die meisten Anbieterunternehmen haben typische Anwendungsfälle mit Beispieldaten in ihren Werkzeugen umgesetzt, um einen Kontext für die gezeigten Artefakte zu schaffen. Abhängig davon, wonach Sie suchen, etwa zusätzlich zu Process-Mining auch nach einem Modellierungs- oder Simulationswerkzeug – kann dies bereits ausreichen, um einen ersten Eindruck zu gewinnen und das Werkzeug bewerten zu können.

Einige Organisationen haben spezifischere Anforderungen und möchten ihre eigenen Inhalte im Werkzeug des Anbieters sehen („kundenspezifische Daten"). Dies ist in der Regel unproblematisch, da alle Werkzeuge über Importmechanismen verfügen und entsprechende Artefakte vergleichsweise schnell erstellt werden können. Eine Ausnahme bilden Process-Mining und Task-Mining: Diese erfordern eine beispielhafte Analyse und folgen typischerweise den Schritten eines „echten" Mining-Projekts, was über den Rahmen einer reinen Demonstration hinausgeht.

Diese Phase wird üblicherweise durch die Lösungsentwicklungs-Rolle durchgeführt und von der vertriebsseitigen Ansprechperson unterstützt, die ergänzende Informationen in Form von Broschüren, Whitepapern, Webinar-Aufzeichnungen oder ähnlichen Materialien bereitstellt.

POC/POV

POC und POV stehen für *Proof of Concept* bzw. *Proof of Value*. Der Unterschied zwischen beiden liegt darin, dass ein POC stärker technisch ausgerichtet ist („Funktioniert das grundsätzlich für uns?"), während ein POV den fachlichen Nutzen in den Mittelpunkt stellt („Erreicht das Werkzeug die Ziele, die wir damit verfolgen?").

Sie sind ein optionaler Schritt und sollten zu diesem Zeitpunkt nur dann initiiert werden, wenn aufseiten der kaufenden Organisation ein ernsthaftes Interesse besteht. Sie erfordern Zeit und Engagement auf beiden Seiten, binden mehrere Rollen ein und werden ähnlich wie ein echtes Projekt durchgeführt, mit klar definierten Zielen, Ergebnissen und Deliverables, jedoch in kleinerem Umfang. Die zugrunde liegende Erwartung ist, dass die kaufende Organisation bei Erfüllung der Machbarkeitsziele in die nächste Phase, die Vertragsverhandlungen, eintritt.

Im Rahmen eines Proofs kommen in der Regel professionelles Projektmanagement, Trainingsmaßnahmen sowie der Zugang zu einer separaten technischen Umgebung zum Einsatz, der vom Anbieterunternehmen bereitgestellt wird. Handelt es sich um besonders sensible Daten, kann es auch zu einer Installation in der Infrastruktur der kaufenden Organisation kommen.

Das zentrale Ziel besteht darin, dass das Projektteam der kaufenden Organisation das Werkzeug praktisch erproben kann, begleitet durch Fachpersonen des Anbieterunternehmens, um Fehlannahmen oder Missverständnisse zu vermeiden. Ein seriöses Anbieterunternehmen wird in diesem Rahmen auch offen darauf hinweisen, wenn Anforderungen zu hoch gesteckt sind, bestimmte Funktionen nicht unterstützt oder Themen erst in zukünftigen Versionen adressiert werden können.

Abhängig vom Umfang und Aufwand des Proof-Projekts sollten Sie darauf vorbereitet sein, dass das Anbieterunternehmen hierfür Kosten in Rechnung stellt. Je nach Verhandlungsergebnis kann vereinbart werden, dass diese

Kosten bei einem späteren Kauf ganz oder teilweise angerechnet werden.

Vertragsverhandlungen

Diese Phase beginnt mit der Entscheidung aufseiten der kaufenden Organisation, welches Werkzeug ausgewählt werden soll (oder mit einer Shortlist von in der Regel nicht mehr als zwei bis drei Werkzeugen). In manchen Fällen startet sie mit einer formalen RFP, die zu diesem Zeitpunkt jedoch häufig eher eine formale Pflichtübung darstellt.

Das Anbieterunternehmen legt nun ein formelles Angebot sowie alle zu unterzeichnenden Vertragsunterlagen vor, und es beginnt die eigentliche Verhandlungsphase. Dabei gibt es verschiedene Ebenen, auf denen Rabatte gewährt werden können, etwa bei längeren Vertragslaufzeiten statt monatlicher Abrechnung oder bei einer geplanten Skalierung der Anzahl von Usern oder Fällen im Process-Mining-Kontext. Gleichzeitig sind diesen Spielräumen Grenzen gesetzt, sodass die vertriebsseitige Ansprechperson unter Umständen mehrere interne Freigabeebenen durchlaufen muss, um eine für alle Seiten akzeptable Einigung zu erzielen.[22]

Abhängig von der Art des Vertrags, beispielsweise ob ein vorkonfiguriertes Paket aus Werkzeugen und Lizenzen erworben wird oder eine individuell zugeschnittene Enterprise-Lösung, sind auf beiden Seiten auch die Rechtsabteilungen eingebunden, die ihrerseits spezifische Anforderungen einbringen können. Eine Empfehlung aus der Praxis ist, bereits im ersten Vertragsabschluss einen Rahmenvertrag (Master Services Agreement/MSA) zu verhandeln. Dieses bildet den übergreifenden Rahmen für alle zukünftigen Leistungen. In späteren Phasen müssen dann lediglich noch Statements of Work (SOW) für einzelne Projektabschnitte vereinbart werden, ohne jedes Mal erneut Zahlungsbedingungen, Prozesse oder rechtliche Grundlagen verhandeln zu müssen.

Bereitstellung und Basis-Setup

Herzlichen Glückwunsch, Sie haben Ihr Werkzeug erworben. Nun beginnt die eigentliche Arbeit. Der erste Schritt besteht darin, Zugriff auf Ihre Instanz zu erhalten (sofern Sie eine Software-as-a-Service-Lösung nutzen; andernfalls sind Installation und Basiseinrichtung Teil der Implementierung).

In der Regel wird dieser Schritt angestoßen, indem die vertriebsseitige Ansprechperson das Cloud-Team des Anbieterunternehmens informiert. Dieses stellt anschließend die Zugangsdaten für eine Superuser-Rolle für die benannte Kontaktperson auf der Kundenseite bereit. Darauf aufbauend beginnen die Abstimmungen zur Basiskonfiguration. Dazu gehören typischerweise die Einrichtung von Single-Sign-on oder die Anbindung eines E-Mail-Servers, damit das Werkzeug Benachrichtigungen versenden kann. Abhängig von den (Sicherheits-)Anforderungen Ihrer Organisation können weitere technische Punkte zu klären sein.

Was Sie in dieser Phase noch nicht erhalten, sind detaillierte Schulungen oder der Aufbau von Inhalten, Strukturen oder Userkonten im System. Diese Aktivitäten sind Bestandteil der nachgelagerten Implementierungsphase.

Implementierung

Die Implementierungsphase wird in der Regel mit Unterstützung der Beratungsteams des Anbieterunternehmens oder eines seiner Partner durchgeführt, mit denen Sie bereits in den Vertriebsphasen bekannt gemacht wurden. Wenn diese über die entsprechende Erfahrung verfügen, folgen sie dem Ansatz, den ich in diesem Buch beschreibe und der im nachfolgenden Kapitel „Implementation Process-Mining“ überblicksartig dargestellt ist.

In dieser Phase tritt das Vertriebsteam meist in den Hintergrund, und die Projektleitung wird Ihre zentrale Ansprechperson. Gute Vertriebteams bleiben jedoch weiterhin in Kontakt und melden sich gelegentlich, sodass ein möglicher zusätzlicher Lizenzbedarf frühzeitig und ohne Reibungsverluste adressiert werden kann. Weniger geeignete Vertriebteams sehen sich hingegen als alleinige Schnittstelle innerhalb der Anbieterorganisation und bestehen darauf, dass sämtliche Anfragen stets über sie laufen. Leider übersteigen viele Themen in der Implementierungs- oder späteren Customer-Success-Phase deren fachliche Tiefe, sodass sie wenig Mehrwert liefern oder durch ihr Vorgehen sogar die Problemlösung verzögern. Machen Sie daher klar, dass Sie die jeweilige Rolle verstehen und bevorzugt direkt mit den fachlich zuständigen Personen im Anbieterunternehmen zusammenarbeiten möchten.

Die Zusammenarbeit mit dem Beratungsteam eines Anbieterunternehmens oder Partners ist grundsätzlich sehr hilfreich, da diese Fachkräfte nahezu alle Fragestellungen, die auftreten können, bereits kennen und häufig eng mit den Trainings-Teams des Anbieters verbunden sind. Die Herausforderung besteht jedoch darin, dass sie üblicherweise projektbasiert arbeiten. Nach dem erfolgreichen Abschluss Ihres Projekts wechseln sie zum nächsten Einsatz, und Ihre Ansprechpersonen sind dann häufig ein dedizierter Customer-Success-Manager oder der Helpdesk.

Selbstverständlich ist das Beratungsteam auch an weiteren Projekten mit Ihnen interessiert. Diese werden direkt mit dem Beratungsteam abgegrenzt und verhandelt, da Anbieterunternehmen in der Regel unterschiedliche Prozesse für Service- und Lizenzvereinbarungen haben. Nutzen Sie dabei gezielt die Erfahrung dieser Fachkräfte, um Ihre Roadmap weiterzuentwickeln und zu aktualisieren, und profitieren Sie von ihrem Wissen darüber, was sich bei anderen Organisationen in vergleichbaren Situationen bewährt hat.

Kundenbetreuung

Wenn Sie ein größeres Unternehmen sind oder für das Anbieterunternehmen eine strategische Bedeutung haben, wird Ihnen möglicherweise eine Kundenbetreuungsrolle (Customer-Success-Manager/CSM) zugeordnet. In der Regel wird diese Person bereits in der Verhandlungsphase eingebunden, um Ihr Programm von Beginn an zu begleiten und ein klares Verständnis des aktuellen Stands zu gewinnen.

Das zentrale Ziel der Kundenbetreuung ist es, Sie dabei zu unterstützen, die geschäftlichen Ziele zu erreichen, die Sie für Ihr Programm definiert haben. Dazu gehören regelmäßige Abstimmungstermine (typischerweise monatlich) sowie die gemeinsame Entwicklung eines Customer-Success-Plans, der, sofern sinnvoll, auch den Einsatz weiterer Ressourcen des Anbieters umfasst.

Die CSM-Rolle ist während der gesamten Vertragslaufzeit Ihre wichtigste Ansprechstelle auf der Anbieterseite. Es ist ausdrücklich empfehlenswert, eine vertrauensvolle und konstruktive Zusammenarbeit aufzubauen. In vielen Fällen fungiert diese Rolle als notwendiger „Beschleuniger" innerhalb der Anbieterorganisation, arrangiert Gespräche mit den passenden Fachstellen und hilft dabei, Themen zu lösen, die nicht zwingend Teil des Standardprozesses sind, genau das, was Sie im Zweifel benötigen.

Damit verbunden ist auch, dass Sie den Überblick über offene Support-Tickets behalten und die CSM-Rolle regelmäßig über den Fortschritt (oder auch fehlenden Fortschritt) Ihres Programms beziehungsweise der initialen Implementierung informieren.

In einigen Organisationen sind Customer-Success-Manager zudem für Vertragsverlängerungen zuständig, wenn die Laufzeit endet. Stellen Sie daher sicher, dass Sie den erwarteten Mehrwert aus Ihrer Investition realisieren, und besprechen Sie Ihre Lizenz- und Servicebedarfe frühzeitig. So wird die Verlängerung nicht zu einer rein formalen „Rechnungsstellung durch die Finanzabteilung", sondern beide Seiten können gemeinsam nachvollziehen, ob der Customer-Success-Plan erfüllt wurde und ob Annahmen aus der Verhandlungsphase, etwa zur tatsächlichen Nutzung des Werkzeugs, weiterhin zutreffen oder angepasst werden müssen.

Fazit

Wie Sie gesehen haben, sind an diesem Prozess viele Beteiligte involviert, die unter unterschiedlichen Rahmenbedingungen arbeiten und teils unterschiedliche, mitunter sogar widersprüchliche Ziele verfolgen. Um Probleme zu vermeiden oder Konflikte frühzeitig zu entschärfen, empfehle ich, nach Vertragsabschluss transparent und offen zu agieren.

Kommunizieren Sie Ihre Erwartungen klar, halten Sie eigene Zusagen konsequent ein und gestalten Sie über die gesamte Vertriebs-, Implementierungs- und Kundenbetreuungsphase hinweg eine verlässliche Partnerschaft.

Schaffen Sie dafür frühzeitig die richtigen Voraussetzungen, indem Sie bereits vor der ersten Interaktion mit einem Anbieterunternehmen eine initiale Strategie entwickeln und klar definierte Rollen beziehungsweise Personas festlegen. Diese Klarheit wird von allen Beteiligten in der Regel sehr geschätzt.

10

Implementierung von Process-Mining

Die Einführung eines Process-Mining-Werkzeugs mit begrenztem Umfang kann vergleichsweise unkompliziert sein, da es sich zunächst „nur" um ein weiteres Analysewerkzeug handelt. Blicken Sie auf den ersten Schritt unseres Sechs-Schritte-Ansatzes für erfolgreiche Process-Mining-Projekte zurück, haben wir bereits mehrere zentrale Aspekte adressiert:

- Strategie für Process-Mining
- Stakeholder und Fachexpertisen sowie deren Einbindung
- Planung der Process-Mining-Fähigkeiten innerhalb Ihrer Organisation
- Auswahl des relevanten Prozesses und Definition der Zielergebnisse

In der Praxis werden Sie jedoch in der Regel mehr benötigen als ausschließlich ein Process-Mining-Werkzeug. Darauf gehen wir in einem späteren Kapitel noch detaillierter ein.[23] Solche zusätzlichen Werkzeuge, etwa für Prozessdesign oder Prozesssimulation, sind häufig bereits in der Organisation vorhanden. In diesem Fall ergänzen Sie den bestehenden Werkzeugkasten lediglich um ein weiteres Tool, was sich oft auf die Vergabe von Lizenzen und die Bereitstellung von Schulungen beschränkt.

Sollte diese übergreifende Tool-Landschaft jedoch noch nicht existieren, sind weitere vorbereitende und organisatorische Schritte erforderlich.

Implementierung des gesamten Tool-Stacks

Ich habe tatsächlich ein ganzes Buch darüber geschrieben, wie sich ein Architektur-Tool-Stack erfolgreich implementieren lässt. Daher gebe ich hier nur einen kurzen Überblick über vier Bereiche, die Sie sich in diesem Zusammenhang ansehen sollten. Wenn Sie an weiteren Details interessiert sind, empfehle ich Ihnen einen Blick in das Buch *Successful Architecture Implementation*. Darüber würde ich mich sehr freuen.[24]

Der Ansatz zur Einführung von Architekturwerkzeugen besteht darin, das Vorhaben als Implementierung einer Enterprise-Anwendung zu behandeln, die durch die Einführung einer neuen Fähigkeit für die Organisation getrieben ist. Dies ist offensichtlich ein größeres Unterfangen, das fachlich geführt werden muss und nicht primär von der IT. Eine saubere Umsetzung legt die Grundlage für Prozessverbesserungen, Systemeinführungen, Business- bzw. Digital-Transformationen sowie für die Erfüllung regulatorischer Anforderungen.

Der vollständige Ansatz zur Implementierung einer Architektur-Fähigkeit, der auch die Prozessanalyse einschließt, umfasst vier Bereiche, die in Abbildung 10.1 dargestellt sind.

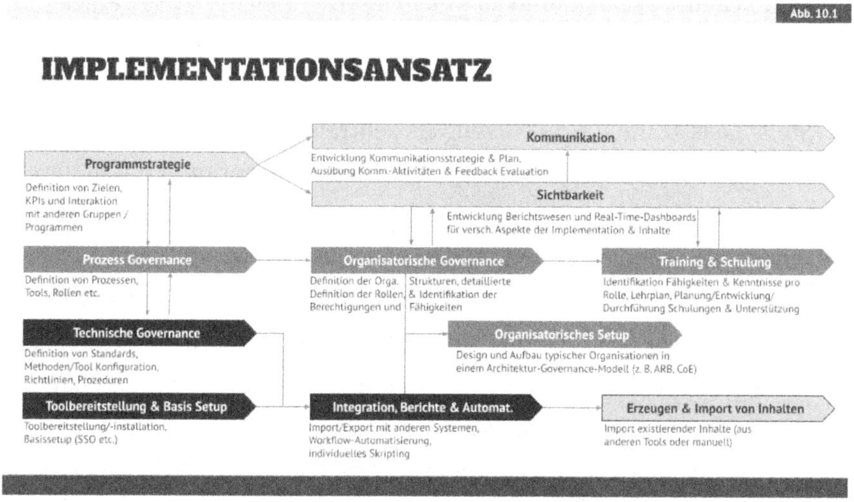

Abb. 10.1: Implementationsansatz

Der Ansatz zur Implementierung einer Architektur deckt vier Arbeitsbereiche ab:

- Strategie
- Governance
- Technologie
- Inhalte

Arbeitsbereich Strategie

Dieser Arbeitsbereich (in der Abbildung hellgrün dargestellt) hat das Ziel, das Programm sinnvoll im Zusammenspiel mit anderen Initiativen zu verorten und seine Steuerung sicherzustellen.

- In der **Strategiephase** wird der fachliche Umfang des Programms festgelegt. Dazu zählen etwa die Visualisierung von Prozessen sowie die Abbildung von Risiken und Kontrollen zur Sicherstellung der Regelkonformität (Compliance) auf der Ebene „wer erledigt welche Aufgabe, zu welchem Zeitpunkt und an welchem Ort“, üblicherweise dargestellt in BPMN-Diagrammen. Überdies wird definiert, welche Informationsquellen als maßgeblich gelten (*Single Sources of Truth)* und an welchen Stellen das Architekturwerkzeug als zentrale Informationsbasis dient. Auf dieser Grundlage wird festgelegt, wie das Programm mit anderen Programmen und mit bestehenden Organisationseinheiten im laufenden Betrieb zusammenarbeitet, die für Systeme und Anwendungen verantwortlich sind. Ebenso werden der erforderliche IT- und Entwicklungsun terstützungsbedarf sowie die notwendigen Standards für die Umsetzung von Schnittstellen bestimmt. Dieser Zusammenhang ist in der Abbildung unten blau hervorgehoben. Alle genannten Aspekte werden in einem fortlaufend gepflegten Programmstrategiedokument dokumentiert, das auch künftig als Referenz für die Weiterentwicklung des Programms dient.

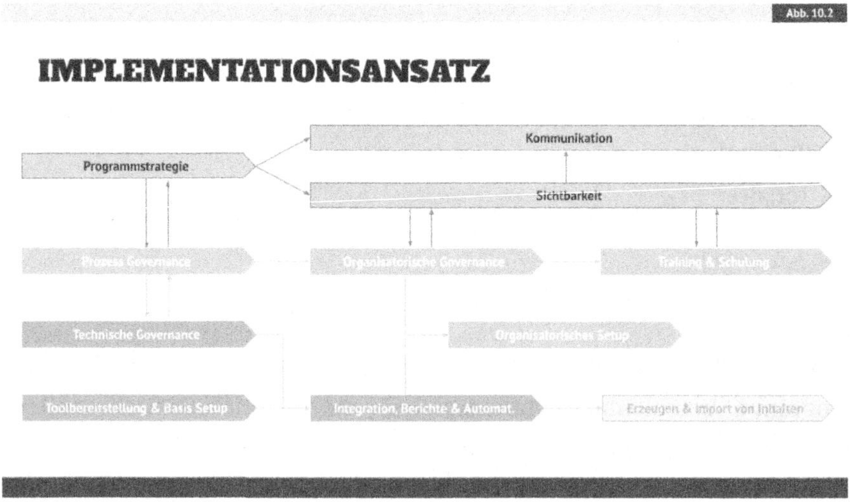

Abb. 10.2: Arbeitsbereich Strategie

- **Sichtbarkeit:** Der nächste Schritt besteht darin, die Ziele des Programms über mehrere Ausbaustufen hinweg klar zu definieren und formal zu beschreiben. Dazu gehören auch die Festlegung geeigneter Kennzahlen (KPIs) zur Erfolgsmessung sowie die Bestimmung ihrer jeweiligen Datenquellen. Gemeinsam mit der Identifikation der Informationsbedarfe der relevanten Beteiligten bildet dies die Grundlage für die Entwicklung von Berichten und Echtzeit-Dashboards, die das Programmmanagement in der Transparenzphase unterstützen. Alle Ergebnisse und Artefakte werden in einer Lösungsarchitektur-Datenbank dokumentiert. Diese wird in weiteren Arbeitspaketen kontinuierlich erweitert und dient als zentrale „Meta"-Informationsquelle, die auch für die Zusammenarbeit und den Datenaustausch mit anderen Einheiten genutzt wird.
- **Kommunikation:** Um Ihre Implementierung erfolgreich umzusetzen, sollten Sie drei Bereiche berücksichtigen: Inhalte, Governance und Akzeptanz. Ein zentraler Erfolgsfaktor im Bereich Akzeptanz ist es, mit der Kommunikation so früh wie möglich zu beginnen, idealerweise bereits ab dem Zeitpunkt, an dem das Programm genehmigt wurde. Um dies wirkungsvoll umzusetzen, empfiehlt es sich, bereits während der Strategieentwicklung die Grundlagen in Form einer Kommunikationsstrategie zu erarbeiten. Diese umfasst unter anderem relevante Anspruchsgruppen, zentrale Botschaften, Kommunikations- und Rückmeldekanäle sowie weitere Rahmenbedingungen. Darauf aufbauend können Sie einen (wiederholbaren) Kommunikationsplan erstellen, der konkrete Maßnahmen und Kommunikationsformate, wie etwa einen Newsletter oder Veranstaltungen, sowie die jeweils verantwortlichen Rollen festlegt. Als letzter Schritt sollten Rückmelde- und Unterstützungsangebote etabliert und kontinuierlich gepflegt werden, beispielsweise über Foren, regelmäßige Feedback-Runden oder ähnliche Formate. Ziel ist es, das erhaltene Feedback zu nutzen, um zu überprüfen, ob Sie weiterhin auf dem richtigen Weg sind, die in der Programmstrategie definierten fachlichen Fähigkeiten zu erreichen.

Am Ende dieser Phase sind die Grundlagen für Berichterstattung und Sichtbarkeit gegenüber den Anspruchsgruppen geschaffen und die initiale Kommunikation hat begonnen, erste Dynamik im Programm aufzubauen.

Arbeitsbereich Governance

Ein weiterer grundlegender (fortlaufend zu pflegender) Punkt ist die Definition der Governance, die für das Programm gilt (in der Abbildung dunkelgrün dargestellt). Diese wird in der Regel in vier Arbeitspakete gegliedert, die mit den anderen Arbeitspaketen verzahnt sind. Sämtliche Konzepte und Ausarbeitungen werden dabei in einer Lösungsarchitekturdat enbank entwickelt und dokumentiert.

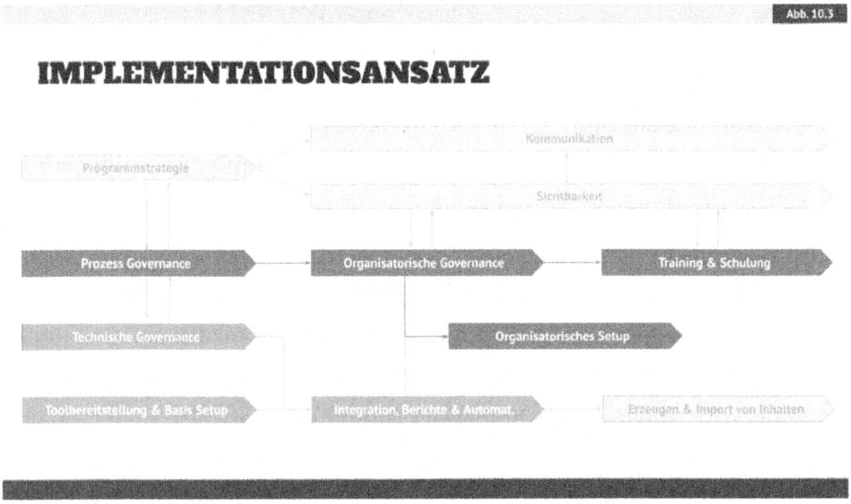

Abb. 10.3: Arbeitsbereich Governance

- **Prozess Governance:** In diesem Arbeitspaket werden die Prozesse (einschließlich Zusatzinformationen wie zu erstellende Artefakte oder verwendete Applikationen, usw.) definiert und dokumentiert, die von Usern, Workflow-Beteiligten, administrativen Rollen und weiteren Stakeholdern ausgeführt werden. Dazu zählen unter anderem die Erstellung oder der Import von Modellen, Prüf- und Freigabeprozesse sowie das Management und der Betrieb technischer Schnittstellen zu anderen Systemen. Ergänzend werden Richtlinien und Vorgaben zur Einhaltung von Anforderungen festgelegt, beispielsweise zum Detaillierungsgrad von Modellen oder zur Häufigkeit von Prüfungen und Zertifizierungen von Architekturartefakten.

Die in dieser Phase erstellten Modelle bestehen typischerweise aus einem übergeordneten Wertschöpfungskettendiagramm, unter dem die zugehörigen BPMN-Prozesse angeordnet sind. Diese bilden die fachlichen Schritte, beteiligten Rollen, eingesetzten Anwendungen usw. ab und beschreiben damit die Ebene „wer macht was, wann und wo" des Programms.

- **Organisatorische Governance:** Auf Basis der definierten Prozesse werden die erforderlichen Rollen identifiziert sowie Berechtigungen und Zugriffsrechte in den Werkzeugen festgelegt und verwaltet. Zentrales Artefakt ist hierbei eine Lizenz-, Berechtigungs- und Rollenmatrix, die alle Rollen vollständig abbildet. Darüber hinaus definiert dieses Arbeitspaket die organisatorische Struktur, die den Betrieb der Werkzeuge im Produktivumfeld verantwortet, etwa ein Kompetenzzentrum (Center of Excellence/CoE), eine Standardisierungsgruppe oder ein Architektur-Gremium (Architecture Review Board/ARB).
- **Training & Schulung:** Auf Basis der definierten Prozesse und Rollen werden die erforderlichen Kompetenzen sowie der Unterstützungsbedarf ermittelt. Darauf aufbauend wird für jede Rolle ein entsprechendes Qualifizierungskonzept entwickelt. Dieses umfasst nicht nur formale Schulungen, sondern auch ergänzende Unterstützungsmaßnahmen. Auf Grundlage dieses Konzepts werden anschließend die Schulungs- und Supportmaterialien erstellt und bereitgestellt.
- **Organisatorisches Setup:** In diesem Arbeitspaket werden die identifizierten Organisationseinheiten eingerichtet, geeignete Personen identifiziert und ausgewählt sowie die initialen Aktivitäten durch das Programmmanagement begleitet. Dies geschieht so lange, bis die Organisationsein

heiten ihre Aufgaben, Planung und Steuerung eigenständig wahrnehmen können.

Am Ende dieser Phase sind die Spielregeln der Zusammenarbeit klar definiert, die erforderlichen Organisationseinheiten und Teams etabliert und die User im Umgang mit allen im Programm eingesetzten Systemen sowie in deren Administration geschult.

Arbeitsbereich Technologie

Dieser Arbeitsbereich (in der Abbildung dunkelblau dargestellt) ist in der Regel derjenige, an den viele Organisationen zuerst denken, wenn es um die Implementierung eines Architekturwerkzeugs geht.

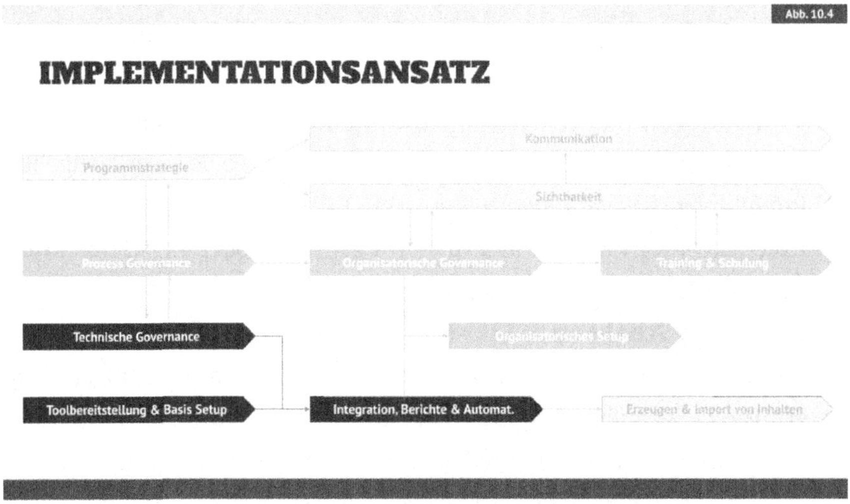

Abb. 10.4: Arbeitsbereich Technologie

Er gliedert sich typischerweise in drei Arbeitspakete:

- **Toolbereitstellung und Basis Setup:** Ziel dieses Arbeitspakets ist es, die Werkzeuge für das Programm verfügbar zu machen. Abhängig vom Betriebsmodell (Cloud oder lokale Installation) sind unterschiedliche Schritte und Beteiligte erforderlich. Typische Aktivitäten sind unter anderem die Einrichtung einer zentralen Anmeldung, die Anbindung an das Netzwerk sowie die Integration mit E-Mail-Systemen für Benachrichtigungen usw.

Am Ende dieser Phase übergibt das Anbieterunternehmen die Verantwortung für das Werkzeug an das Programm. Während das Anbieterunternehmen und/oder die interne IT weiterhin die technischen Grundlagen wie Datensicherungen, Usergruppen oder den stabilen Betrieb verantworten.

- **Technische Governance:** legt die Konfiguration des Werkzeugs sowie die zugrunde liegenden methodischen Entscheidungen fest. Dazu gehören die Erstellung von Datenmodellen und Schnittstellenmatrizen (zu anderen Systemen) sowie eines Metamodells, das die Ebenen und Sichten und die jeweils verwendeten Artefakte an deren Schnittstellen beschreibt. Diese Artefakte (in der Regel Modelle) werden über ihre Notationen, Objekte, Attribute usw. definiert. Dieses Arbeitspaket umfasst außerdem den Aufbau der Datenbank sowie die internen Strukturen innerhalb der jeweiligen Datenbanken. Die Datenmodelle werden typischerweise in der Lösungsarchitekturdatenbank gepflegt, während das Metamodell in einer separaten Konfigurationsdatenbank erstellt wird. Auf dieser Basis können die Konfigurationsdateien des Werkzeugs (z. B. Filter und Vorlagen im Fall von ARIS) automatisiert erzeugt werden, indem ein Assistent auf der Konfigurationsdatenbank ausgeführt wird. Dies spart erheblichen Aufwand gegenüber der manuellen Konfiguration einzelner Elemente.

Darüber hinaus erleichtert dieser Ansatz die Durchführung von Workshops zur Gestaltung von Daten- und Metamodellen und gibt den beteiligten Stakeholdern frühzeitig einen Einblick, wie das neue Werkzeug in anderen Lösungen eingesetzt werden kann.

- **Integration, Berichte und Automatisierung:** Das letzte Teilarbeitspaket greift die Ergebnisse aus den Strategie- und Governancephasen auf. Es umfasst die Erstellung von Skripten für technische Integrationen, die Entwicklung von Auswertungen und Berichten zur Transparenz sowie die Automatisierung von (Governance-) Abläufen innerhalb des Architektur-Werkzeugstapels.

Dabei sollten bewährte Vorgehensweisen der IT berücksichtigt werden, etwa ein klar definierter Entwicklungsansatz sowie getrennte Umgebungen für Entwicklung, Test und Betrieb. Von Umsetzungspartnern, die diese Arbeiten als einmalige Sonderlösungen ohne solche Standards betrachten, ist abzuraten.

Am Ende dieser Phase sind alle Werkzeuge des Programms eingerichtet, konfiguriert und einsatzbereit.

Arbeitsbereich Inhalt

Der letzte Schritt der Implementierung (in der Abbildung hellblau dargestellt) ist die Erstellung sowie der Import bestehender Inhalte und/oder von Referenzinhalten aus Standardisierungsorganisationen, wie beispielsweise APQC.[25] Diese Inhalte werden in die Inhalts- bzw. Arbeitsdatenbank übernommen.[26]

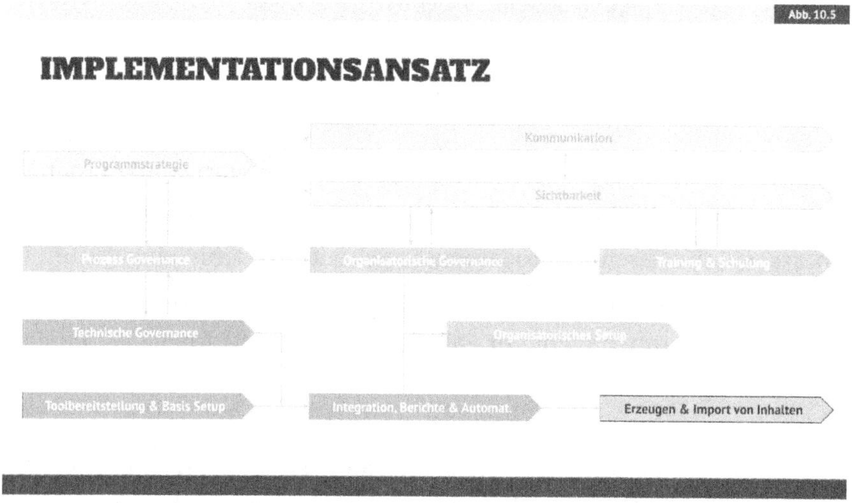

Abb. 10.5: Arbeitsbereich Erzeugen & Import von Inhalten

Bestehende Inhalte liegen häufig in unterschiedlichen Formaten vor – etwa in Excel, Visio oder als *.bpmn-Dateien – und müssen in das Werkzeug importiert werden. Dies kann einen erheblichen Aufwand bedeuten, da die Hauptarbeit in der Regel nicht im technischen Import selbst liegt (dieser wird von den meisten Werkzeugen gut unterstützt), sondern in der Vereinheitlichung und Einordnung der Inhalte in bestehende Strukturen und Hierarchien.

Ein weiterer Bestandteil dieses Arbeitsbereichs ist der Import von Referenzdaten aus vorgelagerten Systemen mithilfe der im Technologie-Arbeitsbereich erstellten Schnittstellenskripte. Diese Daten werden üblicherweise als Kataloge in das Werkzeug übernommen und müssen gegebenenfalls konsolidiert oder bereinigt werden. Andere importierte Inhalte, wie Prozesse, sind daraufhin zu prüfen, ob sie die korrekten Referenzobjekte aus der jeweils festgelegten zentralen Informationsquelle verwenden. Dies ist insbesondere dann relevant, wenn Abweichungen bestehen oder Objekte zusammengeführt werden müssen, um die Konsistenz der Datenbank und der Inhaltsstruktur sicherzustellen.

Am Ende dieser Phase ist das Architekturwerkzeug bereit, einer breiteren

Usergruppe zur Verfügung gestellt zu werden.

Was bedeutet das im Kontext von Process-Mining?

Process-Mining kann als isoliertes Projekt durchgeführt werden (darauf liegt der Fokus dieses Buches). In der Praxis ist es jedoch meist in ein umfassenderes Geschäftsprozessmanagementprogramm eingebettet, in dem viele der folgenden Aspekte idealerweise bereits geklärt sind.

Falls dies bei Ihnen nicht der Fall ist, sollten Sie die folgenden Punkte berücksichtigen:

- **Definieren Sie ein klares Ziel und konkrete Zielsetzungen** für Ihr Process-Mining-Projekt. Handelt es sich um ein einmaliges Vorhaben, um zu prüfen, ob Sie diese Fähigkeit aufbauen möchten, oder verfolgen Sie das Ziel, Ihren Ansatz zur Prozessanalyse grundlegend in Richtung einer datengetriebenen Methodik weiterzuentwickeln?
- **Legen Sie fest, wie Process-Mining in Ihrer Organisation eingesetzt werden soll.** Welche Organisationseinheit startet? Welche Rollen werden für das erste Projekt benötigt? Und wie planen Sie die Skalierung sowie die Vorbereitung weiterer Organisationseinheiten?
- **Definieren Sie die organisatorische Aufstellung für diese Fähigkeit.** Möchten Sie eine zentrale Unterstützungseinheit aufbauen, welche Aufgaben übernimmt diese? Oder beschränkt sich der Ansatz darauf, das Werkzeug zu verwalten und Lizenzen zu vergeben, während die übrigen Organisationseinheiten eigenständig agieren – ein Ansatz, den ich nicht empfehle?
- **Setzen Sie auf Projekte mit kurzen Durchlaufzeiten,** idealerweise vier bis fünf Wochen bei einem einfachen Setup. Ziel ist es, schnell Momentum aufzubauen und nicht, wie beim Aufbau eines Architektur-Repositories, eine Struktur zu schaffen, die primär auf jahrelange Stabilität ausgelegt ist.
- **Gleichzeitig gilt:** Ihr Architektur-Repository, dessen Inhalte sowie weitere Werkzeuge im Tool-Stack werden benötigt, um mit Ihrem

Process-Mining-Werkzeug eine vollständige Prozessanalyse durchführen zu können. So benötigen Sie beispielsweise einen Soll-Prozess, der beschreibt, wie Arbeit ausgeführt werden sollte, um diesen mit den tatsächlichen Daten vergleichen und Verbesserungspotenziale identifizieren zu können.

- **Training und Schulung** sind das nächste Thema, mit dem Sie sich befassen sollten. Anbieterunternehmen stellen in der Regel Werkzeugschulungen bereit, die um einige methodische Aspekte ergänzt sind. Darüber hinaus sollten Sie jedoch weitere Inhalte berücksichtigen, darunter bspw. Grundlagen der Statistik, Konzepte der Datenmodellierung, Methoden der Prozessanalyse (z. B. Lean, Six Sigma usw.) und BPMN-Notation als Standard zur Beschreibung von Prozessen.

  Wenn in Ihrer Organisation bereits Business Process Management etabliert ist, verfügen Sie vermutlich schon über Materialien zu diesen Themen. Dennoch ist es wichtig zu betonen, dass es nicht ausreicht, zu wissen, welche Schaltfläche zu drücken ist. Process-Mining ist kein Selbstläufer nach dem Prinzip „Daten laden und zurücklehnen" – das wird in den folgenden Kapiteln deutlich werden.
- Was die **technologische Seite** betrifft, ist diese in der Regel vergleichsweise einfach. Nahezu alle Process-Mining-Werkzeuge werden als Cloud-Lösungen betrieben, sodass Installation, Wartung und ähnliche Aufgaben entfallen. Was Sie jedoch gemeinsam mit IT und IT-Sicherheit prüfen sollten, sind die in Ihrer Organisation geltenden Regeln für den Datenimport oder den Einsatz von KI. Ebenso sollten die Anbieterunternehmen geprüft werden, um sicherzustellen, dass keine internen Daten unbeabsichtigt veröffentlicht werden.
- Abschließend empfiehlt es sich, über **Reporting und Standards** nachzudenken, um Prozessanalysen vergleichbar zu machen. Was sind die „wesentlichen Bestandteile" (KPIs), auf die Sie bei der Analyse von Prozessen achten? Wir haben im Zusammenhang mit Schritt 1 und Schritt 6 des Sechs-Schritte-Ansatzes bereits über Prozessregler gesprochen. Doch haben Sie klar definiert und kommuniziert, was „idealer Prozess" bedeutet? Welche Kriterien sind für Ihre Organisation bei der

Identifikation und Umsetzung von Verbesserungen am wichtigsten? Geschwindigkeit, Kapazität, Kosten oder andere Aspekte?

Wie Sie sehen, kann die Einführung schnell erfolgen oder mehr Zeit in Anspruch nehmen. Unabhängig davon sollten Sie stets das größere Gesamtbild im Blick behalten, das es Ihnen ermöglicht, Ihr Programm möglichst zügig auf weitere Organisationseinheiten auszuweiten. Dafür empfehle ich, alle getroffenen Entscheidungen zu dokumentieren und die genannten Artefakte, etwa Governance-Prozesse, zu erstellen. So können Sie klar kommunizieren, die Grundlagen regelmäßig überprüfen und sicherstellen, dass sie auch für Ihre aktuelle und zukünftige Situation weiterhin geeignet sind.

11

Erste Schritte – Zusammenfassung

Der Einstieg in Process-Mining kann zunächst anspruchsvoll wirken, ist jedoch nichts Ungewöhnliches, wenn Sie Geschäftsprozessmanagement bereits als Disziplin in Ihrer Organisation etabliert haben. Im Kern greift Process-Mining bewährte Analysetechniken auf und ergänzt sie um eine konsequent datenbasierte Perspektive.

Bevor Sie jedoch in die Beispiele und die sechs Schritte im nächsten Abschnitt eintauchen, sollten Sie einige zentrale Erkenntnisse rund um Ihre Process-Mining-Initiative berücksichtigen:

1. **Wie bei jeder neuen Technologie gibt es auch rund um Process-Mining viel Gesprächsstoff.**
   Viele Menschen möchten sich damit vom Wettbewerb abheben oder sich als besonders innovativ positionieren, etwa in sozialen Netzwerken oder im Marktumfeld. Bei genauerer Betrachtung zeigt sich jedoch, dass es sich häufig eher um unterschiedliche Nuancen derselben Grundidee handelt.
   Ein wesentlicher Unterschied liegt allerdings in der Abgrenzung zwischen Process-Mining und Task-Mining. Beide Ansätze haben ihre Berechtigung und können sich in ihren Anwendungsfällen sinnvoll ergänzen. Beim Einsatz von Task-Mining sollten Sie jedoch berücksichtigen, dass hier das Thema Vertrauen eine deutlich größere Rolle spielt

und Mitarbeitende sich unter Umständen stärker beobachtet fühlen können, was sensibel gehandhabt werden muss.

2. **Fallorientierte vs. objektorientierte Ansätze:** Zur Debatte stehen zudem die konzeptionellen Unterschiede zwischen fallorientiertem und objektorientiertem Process-Mining. Diese unterscheiden sich vor allem darin, wie das Datenmodell aufgebaut wird und wie schnell Änderungen in der Analyse umgesetzt werden können (Schritt 3 des Sechs-Schritte-Ansatzes). Auf die übrigen fünf Schritte haben sie hingegen nur begrenzten Einfluss.
   Gleichzeitig erhöht dieser Ansatz die Komplexität eines Projekts, ähnlich wie die Automatisierung von Datenextraktionen aus Quellsystemen. Das kann dem Ziel entgegenstehen, viele kleinere Projekte mit kurzen Durchlaufzeiten umzusetzen, um Dynamik aufzubauen. Daher empfehle ich, zu Beginn mit dem einfacheren, klassischen Process-Mining-Ansatz zu starten.
   Mit zunehmender Reife Ihrer Process-Mining-Fähigkeiten kann der Aufbau eines OCEL-konformen Datenspeichers jedoch sehr sinnvoll sein und den Mehrwert Ihrer Analyseaktivitäten weiter steigern.
3. **Werkzeugauswahl realistisch betrachten:** Bei der Auswahl eines Process-Mining-Werkzeugs sollten Sie im Hinterkopf behalten, dass diese Werkzeuge allein nur einen Teil einer umfassenden Prozessanalyse abdecken (siehe auch die Unterschiede zwischen Task und Process-Mining). Für eine ganzheitliche Analyse benötigen Sie in der Regel zusätzliche Werkzeuge, auf die ich im nächsten Abschnitt näher eingehen werde: ein Werkzeug zur Datenmodellierung, das Process-Mining-Werkzeug selbst, ein datenbankbasiertes Prozessdesign-Werkzeug sowie ein Simulationswerkzeug.
   Eine detaillierte Anforderungsdefinition für diese zusätzlichen Werkzeuge würde jedoch den Rahmen dieses Buches sprengen. Unabhängig davon liefert bereits ein Process-Mining-Werkzeug für sich genommen einen erheblichen Mehrwert.
4. Der Kaufprozess für Unternehmenssoftware ist komplex. Viele Akteure sind involviert, jeder verfolgt eigene Ziele, und es besteht ein hohes Po-

tenzial für Missverständnisse oder gar widersprüchliche Interessen. Als verantwortliche Person für die Einführung der neuen, datenbasierten Analysemöglichkeit benötigen Sie daher eine klare Vorstellung davon, was Sie wann implementieren möchten.

5. Zum Thema Implementierung: Process-Mining ist idealerweise ein unternehmensweites Werkzeug, da der Nutzen darin liegt zu sehen, wie Ihre Prozesse tatsächlich ablaufen, und Verbesserungspotenziale, sowohl kleine als auch größere, zu identifizieren. Ich vergleiche dies gerne mit der Situation, dass niemand in einem normalen Umfeld ein Auto ohne Tacho für den Straßenverkehr kaufen würde. Gleichzeitig kann Process-Mining zunächst für eine einzelne Gruppe implementiert und danach auf weitere Organisationseinheiten ausgeweitet werden. Unabhängig davon sollten Sie stets das Gesamtunternehmen im Blick behalten und den vier Phasen folgen: Strategie, Gestaltung von Prozess- und Organisatorischer Governance, Technologie sowie Aufbereitung vorhandener Inhalte.[27]

III

Process-Mining in der Praxis

12

Process-Mining in der Praxis – Einleitung

Ab hier wird es konkret: Sie übernehmen selbst das Steuer und nutzen den (Prozess-)Tacho aktiv.

Im Unterschied zu vielen anderen Büchern bedeutet „Praxis“ hier, dass Sie Beispieldateien herunterladen und den Sechs-Schritte-Ansatz für erfolgreiche Process-Mining-Projekte mit Ihren eigenen Werkzeugen nachvollziehen können. Wie Sie sehen werden, verwende ich die ARIS-Plattform als Beispiel. Es spielt jedoch keine Rolle, ob Sie ein anderes Tool-Set einsetzen. Sie sollten in jedem Fall zu denselben Schlussfolgerungen gelangen. Sollte das nicht der Fall sein, melden Sie sich gern bei mir und zeigen Sie mir, wo ich möglicherweise einen Fehler gemacht habe ;-).

Darüber hinaus wird deutlich werden, dass sich Prozessanalyse nicht auf Process-Mining allein beschränkt. Deshalb nutze ich in diesen Kapiteln zwei weitere Funktionen der ARIS-Plattform (Prozessdesign und Simulation), über die Ihr eingesetztes Werkzeug möglicherweise verfügt oder auch nicht. Verstehen Sie diese Kapitel als Einstieg in eine strukturierte Anforderungssammlung, um bewerten zu können, was ein ausgereifter Tool-Stack derzeit leisten kann.

Was erwartet Sie in diesem Abschnitt?

Dieser Abschnitt führt Sie Schritt für Schritt durch alle sechs Phasen des oben vorgestellten Process-Mining-Ansatzes:

- Eine Einführung in ein fiktives Medizintechnikunternehmen, das sein erstes Process-Mining-Projekt durchführen möchte, um Erkenntnisse aus diesem Analyseansatz zu gewinnen. Damit wird der erste Schritt der Process-Mining-Strategie abgedeckt.
- Ein Überblick über die Werkzeuge, die Sie für die Prozessanalyse benötigen und mit denen Sie das Beispiel selbst nachvollziehen können.
- Die Erstellung eines Datenmodells als Grundlage für alle nachfolgenden Mining-Aktivitäten.
- Die Entwicklung eines Referenzmodells für eine spätere Konformitätsanalyse sowie eine Einführung in Basisanalysen und Simulationen für den Fall, dass Sie (noch) kein Process-Mining-Tool einsetzen oder dieses um entsprechende Funktionen ergänzen möchten.
- Die eigentliche Prozessanalyse und die verschiedenen Techniken, die in Process-Mining-Werkzeugen typischerweise integriert sind.
- Ein kurzer Exkurs zu Dashboards als zentrales Kommunikationsinstrum ent im Process-Mining und zu den Aspekten, die Sie bei deren Gestaltung berücksichtigen sollten.
- Die Identifikation von Prozessverbesserungspotenzialen sowie die Frage, wie diese Ideen so aufbereitet werden können, dass sie entscheidungs- und freigabereif sind.

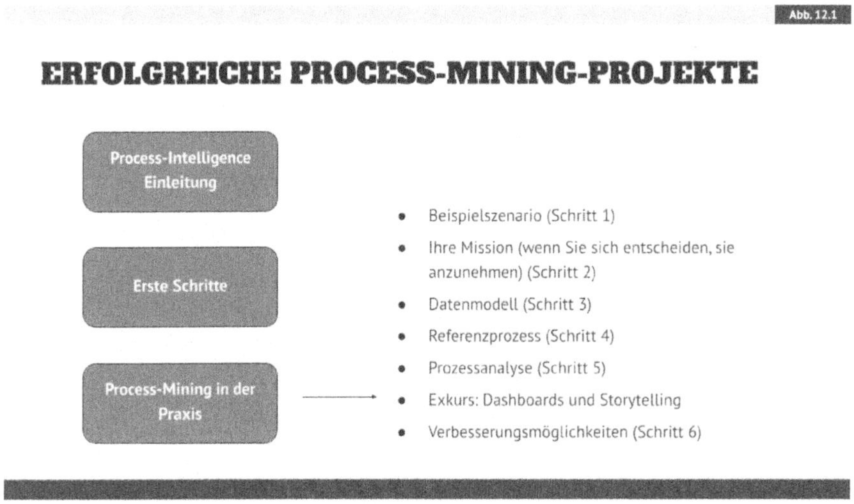

Abb. 12.1: Process-Mining in der Praxis

13

Beispielszenario

Das Beispielszenario für den weiteren Verlauf dieses Buches ist ein mittelgroßes, weltweit tätiges Medizintechnikunternehmen mit dem Namen Heartbeat Medical Devices, Inc., einem Jahresumsatz von 8 Milliarden US-Dollar und globaler Präsenz.

Die Unternehmensleitung hat Ihre letzte Präsentation zum Thema Process-Mining auf einer Konferenz gesehen und war von dem Sechs-Schritte-Ansatz sowie dem Versprechen schneller, wertschaffender Projekte überzeugt. Der Wunsch nach Tempo und sichtbaren Ergebnissen ist groß, gleichzeitig bestehen jedoch Bedenken, ob Process-Mining tatsächlich die von Ihnen in Aussicht gestellten Resultate liefern kann. Dennoch ist das Management bereit, in ein Pilotprojekt mit überschaubarem Budget zu investieren. Dieses soll an einem der Standorte durchgeführt werden und ist bewusst auf sechs Wochen begrenzt. Hintergrund ist, dass die Ergebnisse zwei Wochen nach Projektende im Rahmen der jährlichen Planungsrunde diskutiert werden sollen, um zu entscheiden, ob Process-Mining im kommenden Budgetjahr als Technologie eingeführt wird.

Ein Statement of Work (SOW) definiert den Umfang sowie die zeitlichen Rahmenbedingungen des Projekts. Das SOW ebenso wie die Projektunterlagen (die Folien dieses Kapitels) stehen auf der begleitenden Website zu diesem Buch zum Download zur Verfügung.[28]

Über den Kunden

Heartbeat ist ein global tätiges Unternehmen mit Hauptsitz in Washington, DC, und regionalen Zentralen in Frankfurt (EMEA) sowie Sydney (APAC). Zusätzlich wurden „lokale“ Vertriebsbüros in Buenos Aires für Südamerika und in Kyoto zur Betreuung der starken Kundenbasis in Japan eröffnet.

Das Unternehmen entwickelt nicht nur die medizinischen Geräte selbst, sondern bietet auch Komplettlösungen an, die die Softwareentwicklung zur Nachverfolgung der Geräte und ihrer Leistung bei Patienten umfassen und ebenfalls intern erstellt werden. Dadurch kann Heartbeat eine vertikale Integration und ein Ökosystem aufbauen, bis hin zur automatischen Auslesung der Geräte, sobald ein Patient die Praxis eines angeschlossenen Arztes betritt.

Die Software ist zudem mit den Smartphones der Personen verbunden und sendet Warnmeldungen, wenn das Gerät oder der Gesundheitszustand außerhalb definierter Normalparameter liegt. So können frühzeitig Kontrollen erfolgen, bevor es zu kritischen Situationen kommt. Aus naheliegenden Gründen unterliegt das Unternehmen einer strengen regulatorischen Aufsicht, insbesondere in Bezug auf Datenschutz und den Einsatz von KI mit Auswirkungen auf zu behandelnde Personen.

Die Entwicklung der Geräte und der Software findet in Kalifornien, Kroatien und Indien statt, während die Produktion in Kanada, Mexiko und Chile erfolgt.

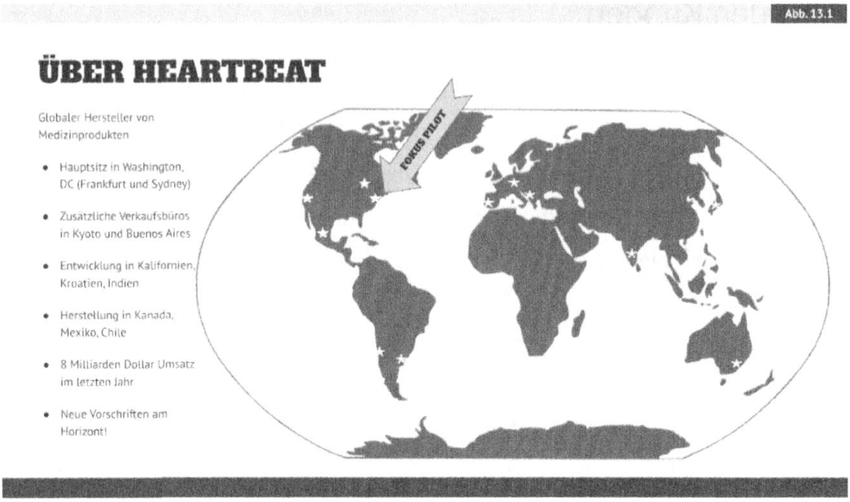

Abb. 13.1: Globales Setup Heartbeat Medizinprodukte

Das Projekt

Das Pilotprojekt wird am globalen Hauptsitz in Washington, DC durchgeführt. Da es sich um ein bewusst als Test angelegtes Vorhaben handelt, beschränkt sich der Projektumfang auf den Beschaffungsprozess für diesen Standort.

Zur Vorbereitung des Projekts hat das Business-Process-Management-Team den Prozess bereits in einem Diagramm dokumentiert. Der Prozess wurde in den vergangenen Jahren mehrfach überarbeitet, und die verantwortliche Person ist sehr stolz auf die erreichten Verbesserungen. Unter anderem konnte die Anzahl der beteiligten Systeme auf zwei reduziert werden (Beschaffungs- und Finanzsystem). Zusätzlich wurden Integrationen mit Lieferantensystemen umgesetzt, die direkt auf die Systeme von Heartbeat zugreifen und dort als „Systemuser" auftreten, vergleichbar mit internen Automatisierungen.

Allerdings besteht weiterhin der Eindruck, dass sich der Prozess noch weiter verbessern ließe, da einige der quartalsweise bewerteten Leistungskennzahlen nicht den Erwartungen entsprechen. Ein zentrales Versprechen der Process-Mining-Technologie besteht darin, Frühwarnsignale zu liefern, wenn sich Probleme abzeichnen, sodass die ausführenden Rollen rechtzeitig eingreifen können, bevor sich negative Entwicklungen weiter verschärfen.

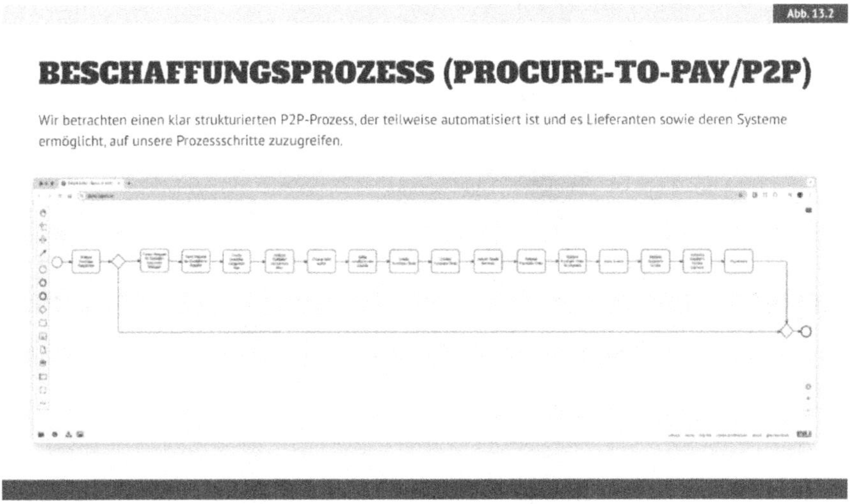

Abb. 13.2: Projekt: Beschaffungsprozess Ende-zu-Ende

Ebenso hat das Kundenteam im Rahmen der Presales-Phase, die zur Erstellung des Statements of Work geführt hat, bereits konkrete Projektziele definiert. Die folgende Abbildung gibt einen Überblick über die relevanten Themenbereiche.

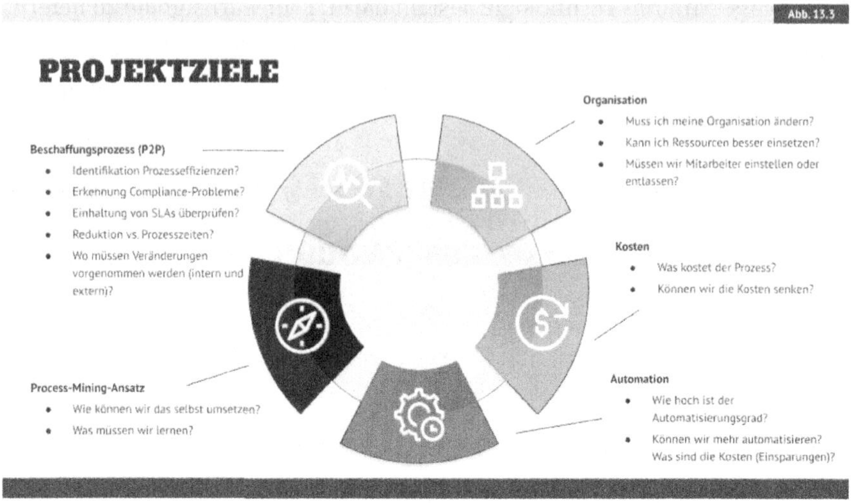

Abb. 13.3: Projektziele und -hypothesen

- **Analyse des Beschaffungsprozesses:** Dies umfasst die Identifikation von Prozessineffizienzen, Compliance-Abweichungen sowie die Überprüfung der Einhaltung definierter Service-Level-Vereinbarungen. Dabei stehen insbesondere die folgenden Punkte im Fokus:
  — Die Durchlaufzeit zwischen „Bestellanforderung erstellen“ und „Bestellanforderung prüfen“ darf einen Tag nicht überschreiten.
  — Die Dauer zwischen „Anfrage zur Angebotsabgabe analysieren“ und „Bestellung anlegen“ darf sieben Tage nicht überschreiten.
  — Die Rolle der Finanzmanager sollte in diesem Prozess lediglich rund **1% der Arbeitszeit** beanspruchen, da der Fokus auf anderen Aufgaben liegt.
  — Das Projektteam möchte außerdem wissen, **ob es weitere branchenübliche Kennzahlen (KPIs)** gibt, die bei der Analyse berücksichtigt werden sollten.

  Ein zentrales Leitprinzip bei Heartbeat ist es, die Ausführung aller Unternehmensprozesse zu beschleunigen, ohne dabei Qualitätseinbußen oder steigende Prozesskosten in Kauf zu nehmen. Vor diesem Hintergrund möchte das Team besser verstehen, an welchen internen und externen Schnittstellen gezielte Anpassungen sinnvoll sind, insbesondere in der Zusammenarbeit mit Lieferanten.

- Der zweite Schwerpunkt der Process-Mining-Analyse betrifft die **Organisation**. Aktuell ist Heartbeat klar in die drei Bereiche Vertrieb, Entwicklung und Produktion gegliedert. Dennoch zeigen sich im Beschaffungsprozess deutliche Leistungsunterschiede zwischen den einzelnen Regionen weltweit. Ziel des Projekts ist es daher, Ansatzpunkte für organisatorische Anpassungen am Standort Washington, DC, zu identifizieren, die später als Blaupause bzw. Vorlage für andere Teile der Organisation dienen können.
- Ein weiterer Analysebereich sind die **Kosten**. Derzeit hat das Unternehmen keine transparente Sicht darauf, welche Kosten der Beschaffungsprozess verursacht und an welchen Stellen sich diese reduzieren lassen.
- Der nächste Fokus liegt auf der **Automatisierung**. Obwohl das Team stolz auf die bereits erreichten Verbesserungen ist, stellt sich die Frage, ob es weitere Automatisierungspotenziale gibt und welche Einsparungen durch eine zusätzliche Automatisierung einzelner Prozessschritte realisiert werden könnten.
- Abschließend betrachtet das Projektteam den **methodischen Ansatz des Process-Mining** selbst. Ziel ist es zu bewerten, ob zukünftige Process-Mining-Projekte eigenständig durchgeführt werden können und welche Fähigkeiten und Kompetenzen dafür intern aufgebaut werden müssen.

Verfügbare Daten

Da es sich um ein Pilotprojekt handelt, werden keine technischen Integration aufgebaut. Stattdessen hat die IT-Abteilung von Heartbeat die relevanten Daten als CSV-Dateien exportiert und zur Verfügung gestellt:

- einen Export aus dem Beschaffungssystem,
- einen Export aus dem Finanzsystem,
- Angaben zu den Gehältern der Personen, die im Prozess Rollen wahrneh-

men,
- eine Zuordnung der einzelnen Vorgänge zu Produktkategorien.

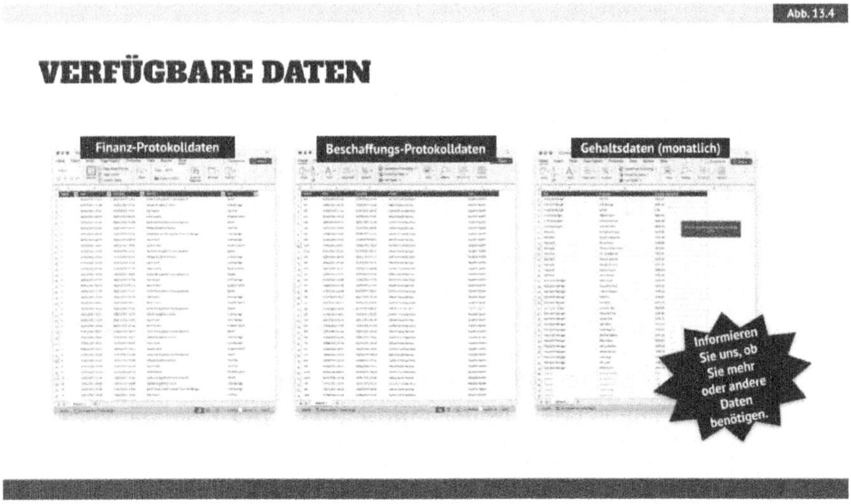

Abb. 13.4: Für das Projekt verfügbare Daten

Das Projekt

Wie bereits erwähnt, arbeitet Heartbeat mit einem sehr engen Zeitplan, der nicht verschoben werden kann. Ziel ist es, den Termin für das jährliche Planungsmeeting einzuhalten und dort entscheiden zu können, ob Process-Mining im nächsten Geschäftsjahr als Technologie im Unternehmen eingeführt werden soll.

Die Erwartung ist, dass das Projektteam einen Projektplan erstellt, der innerhalb des vorgegebenen Zeitrahmens umgesetzt wird und die in der nachfolgenden Übersicht genannten Ergebnisse liefert:

- Projektarbeitsumgebung eingerichtet

- Kick-off-Präsentation inklusive Präsentationsnotizen (z. B. Ziele, Rahmenbedingungen) sowie ein Übersichts-Prozessmodell
- Transformierte Daten sowie Notizen aus den Validierungs-Workshops
- Dashboards im Process-Mining-Tool und eine Präsentation der Analyseergebnisse
- Erweiterte Präsentation der Analyseergebnisse (inklusive konkreter Verbesserungsvorschläge und Darstellung des Business Case für mindestens eine Maßnahme mithilfe von Prozesssimulation)
- Präsentation der Ergebnisse des Pilotprojekts

Abb. 13.5: Projektplanstruktur

Darüber hinaus hat der Kunde drei Ansprechpersonen benannt, erwartet jedoch vom Projektteam, dass weitere benötigte Ressourcen identifiziert werden, um die Projektziele erfolgreich zu erreichen.

Heartbeat erwartet außerdem regelmäßige Statusmeetings und Workshops während der Projektlaufzeit. Die Koordination und Moderation dieser Termine soll durch das Projektteam übernommen werden.

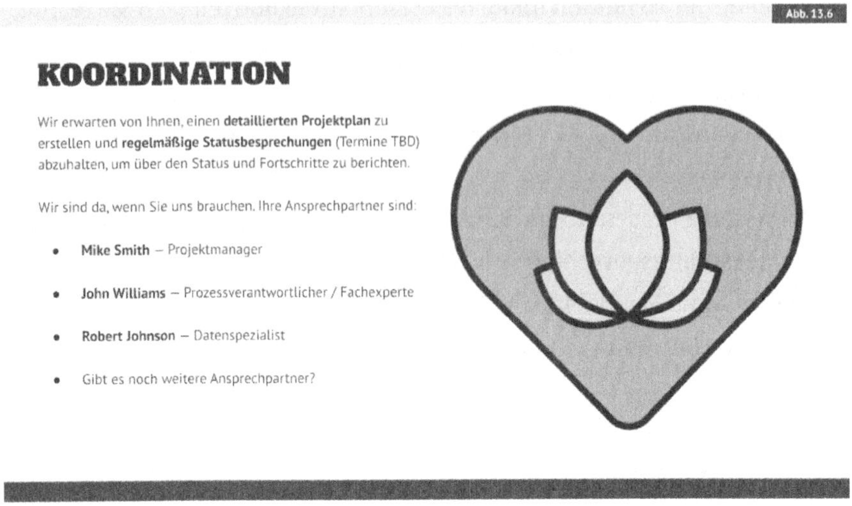

Abb. 13.6: Projektkoordination

Erkenntnisse des Beispielszenarios:

Dieses Kapitel behandelt die Schritte eins und zwei des Sechs-Schritte-Vorgehens. Die wichtigsten Erkenntnisse für das Projekt lassen sich wie folgt zusammenfassen:

- Heartbeat hat sehr konkrete Fragestellungen für die Prozessanalyse. Diese erfordern möglicherweise mehr Analysearten, als ein typisches Process-Mining-Werkzeug standardmäßig bietet. Das Projekt muss Antworten auf alle genannten Fragen liefern.
- Darüber hinaus fragt der Kunde nach zusätzlichen Service-Level-Vereinbarungen (SLAs), die in die Analyse aufgenommen werden könnten, und erwartet hierzu Orientierung sowie Branchenexpertise vom Projektteam. Das kann insbesondere dann herausfordernd sein, wenn Sie primär als Tool- oder Analyseexperte agieren. Ich empfehle jedoch, einen Blick auf Referenzrahmenwerke wie APQC[29] zu werfen, die bereits definierte Kennzahlen enthalten. Alternativ (oder

ergänzend) können Sie auch eine KI Ihrer Wahl um Vorschläge bitten. Sie werden überrascht sein, wie hochwertig sowohl die Kennzahlen als auch die Benchmarks ausfallen können, insbesondere, wenn sie auf Organisationen zugeschnitten sind, die dem Profil Ihres Kunden entsprechen.

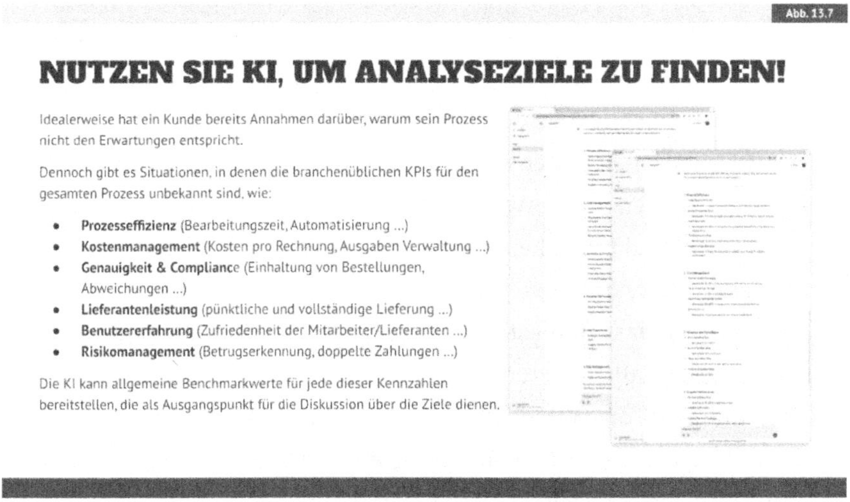

Abb. 13.7: Nutzen Sie KI für KPIs und Benchmarkvorschläge

- Heartbeat hat die bestmögliche Ausführung des Prozesses, in Bezug auf Kapazität und Durchlaufzeit, bei gleichzeitig hoher Lieferqualität und niedrigen Prozesskosten, als Kriterium für einen „idealen Prozess“ definiert. Dies kann Einfluss auf die Bewertung der identifizierten Verbesserungspotenziale haben.
- Der Prozess ist in BPMN modelliert (positiv), allerdings sehr vereinfacht. Nach dem initialen Import in das Process-Mining-Tool werden weitere Informationen verfügbar sein, sodass das Diagramm im Modellierung swerkzeug erweitert werden muss. Dabei ist zu berücksichtigen, dass

das Team davon überzeugt ist, den Prozess bereits so weit wie möglich optimiert zu haben. Dies kann zu einem persönlichen Spannungsfeld führen, wenn der Eindruck entsteht, dass Sie es „besser wissen". In der Folge könnten Widerstände gegenüber Ihrem Vorgehen, Ihren Ergebnissen und Empfehlungen entstehen. Gehen Sie daher bei der Kommunikation behutsam und respektvoll vor.

- Ein genauerer Blick auf die in der Arbeitspaketbeschreibung **(Statement of Work SOW)** definierten Projektergebnissen (Deliverables) sowie auf die Prozessstrukturvorlage zeigt, dass das Projekt **mindestens eine Simulation** liefern muss, auch wenn dies in der Auflistung der Projektziele nicht explizit erwähnt wurde.
- Der Zeitplan ist anspruchsvoll. Daher sollte die Anzahl der Iterationen begrenzt werden (idealerweise auf ein bis maximal zwei Durchläufe).
- In diesem Projekt wird keine technische Integration zu den Quellsystemen aufgebaut; stattdessen werden Datenexporte verwendet. Dadurch kann es sein, dass für bestimmte Analysen erforderliche Daten fehlen. Sollte dieser Fall eintreten, wird die aktuell nicht beantwortbare Fragestellung auf die Warteliste gesetzt und in einer späteren Iteration der Prozessanalyse erneut aufgegriffen. Kommunizieren Sie dies klar, frühzeitig und transparent gegenüber dem Kunden.
- Die Kommunikation mit dem Kunden ist entscheidend. Zwar wurden drei Ansprechpersonen benannt, diese decken jedoch nicht alle wesentlichen Rollen des Sechs-Schritte-Ansatzes ab. Es gilt daher, zu identifizieren, welche Rollen noch fehlen.
- Darüber hinaus erfordert der enge Zeitplan einen klar strukturierten Ablaufplan, der über die regulären Statusmeetings hinausgeht. Sie müssen den Kunden aktiv und eindeutig durch den gesamten Sechs-Schritte-Prozess führen und bewusst mehr kommunizieren als üblich. Wie in jedem Projekt ist das Management der beteiligten Personen fast wichtiger als rein sachliche Ergebnisse. Behalten Sie dabei stets im Blick: Eines Ihrer Ziele ist es, dass Heartbeat sich entscheidet, Process-Mining dauerhaft in den Analyse-Tool-Stack aufzunehmen und im nächsten Geschäftsjahr dafür Budget einzuplanen.

14

Ihre Mission (sollten Sie diese akzeptieren)

Wie Sie möglicherweise bereits gelesen haben, ist der Charakter dieses Buches sehr praxisorientiert. Ich würde mich freuen, wenn Sie die bereitgestellten Dateien nutzen und versuchen, die Ergebnisse selbst nachzuvollziehen. Vielleicht entdecken Sie dabei sogar etwas, das ich hier noch nicht erwähnt habe. Geben Sie mir gern Bescheid :-)

Doch welche Werkzeuge benötigen Sie dafür?

Die Abbildung unten gibt einen Überblick über die Fragestellungen von Heartbeat aus dem vorherigen Kapitel und ordnet sie den jeweils passenden Analysewerkzeugen zu:

- **Process-Mining-Tool:** Das Werkzeug, weswegen Sie dieses Buch vermutlich zur Hand genommen haben und das Sie für Ihre Organisation evaluieren.
- **Datenwerkzeug:** Erforderlich, um die Quelldaten aus den operativen Systemen in Tabellen zu transformieren, die in das Process-Mining-Tool importiert werden können. Die meisten Process-Mining-Tools bringen zwar grundlegende Funktionen zur Datentransformation mit, diese sind jedoch oft eingeschränkt. In nahezu allen Fällen ist eine gewisse Form der Programmierung notwendig. Diese gehört nicht zum

typischen Kompetenzprofil von Business-Analysten.

- **Modellierungswerkzeug:** Ein wichtiger Schritt zur Verbesserung des betrachteten Prozesses besteht darin, ihn sichtbar zu machen und in BPMN zu modellieren. Dadurch können Referenzprozesse für Konformitätsanalysen in das Mining-Tool hochgeladen werden. Gleichzeitig lassen sich entdeckte Prozesse aus dem Mining-Tool exportieren, um beispielsweise mit einem „80%-Prozess" zu starten, falls noch kein Diagramm vorliegt. Zudem können in diesen Werkzeugen grundlegende Analysen über Berichte und ähnliche Funktionen durchgeführt werden.
- **Simulationswerkzeug:** Simulationen können sowohl zur Analyse genutzt werden („Verhält sich der Prozess wirklich so, wenn ich eine andere Variable betrachte?") als auch zur Validierung von Verbesser ungsmaßnahmen („Erzielt die vorgeschlagene Änderung tatsächlich den berechneten Nutzen?").
- **Kollaborations-, Publikations- und Office-Werkzeuge:** Die üblichen Werkzeuge, die Sie vermutlich bereits in Ihrer Organisation einsetzen. Wie etwa eine Office-Suite (Google, Microsoft, LibreOffice usw.), ein Kollaborationstool zur Zusammenarbeit sowie ein Werkzeug zur Veröffentlichung von Ergebnissen.
  Für die beiden letztgenannten Kategorien empfehle ich Notion oder die Open-Source-Alternative Affine. Wir nutzen beide Formate für unseren Podcast, und auch im weiteren Verlauf dieses Buches werde ich Notion verwenden. Es bietet einen kostenlosen persönlichen Plan und, viel wichtiger, die Möglichkeit, Inhalte einfach als Webseite zu teilen.[30]

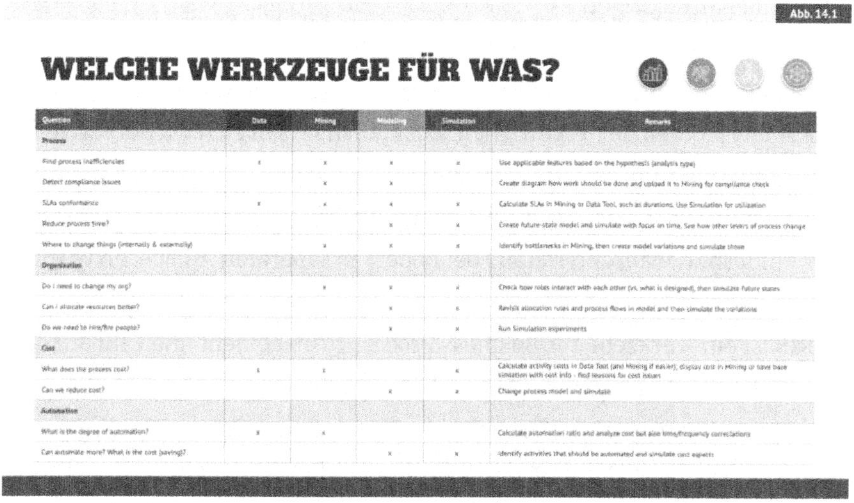

Abb. 14.1

WELCHE WERKZEUGE FÜR WAS?

Question	Data	Mining	Modeling	Simulation	Remarks
Process					
Find process inefficiencies	x	x	x	x	Use applicable features based on the hypothesis (analysis type)
Detect compliance issues		x	x		Create diagram how work should be done and upload it to Mining for compliance check
SLAs conformance	x	x	x	x	Calculate SLAs in Mining or Data Tool, such as durations. Use Simulation for utilization
Reduce process time?			x	x	Create future-state model and simulate with focus on time. See how other levers of process change
Where to change things (internally & externally)		x	x	x	Identify bottlenecks in Mining, then create model variations and simulate those
Organization					
Do I need to change my org?		x	x	x	Check how roles interact with each other (vs. what is designed), then simulate future states
Can I allocate resources better?			x	x	Revisit allocation rules and process flows in model and then simulate the variations
Do we need to hire/fire people?			x	x	Run Simulation experiments
Cost					
What does the process cost?	x	x		x	Calculate activity costs in Data Tool (and Mining if easier); display cost in Mining or save base simulation with cost info - find reasons for cost issues
Can we reduce cost?			x	x	Change process model and simulate
Automation					
What is the degree of automation?	x	x			Calculate automation ratio and analyze cost but also time/frequency correlations
Can automate more? What is the cost (saving)?			x	x	Identify activities that should be automated and simulate cost aspects

Abb. 14.1: Benötigte Tools für die Process-(Mining)-Analyse[31]

Analysewerkzeuge

Grundsätzlich gibt es nahezu unbegrenzte Kombinationsmöglichkeite n an Werkzeugen. In diesem Buch nutze ich jedoch die Produktpalette von **ARIS** für Mining, Modellierung und Simulation sowie **KNIME** für die Datenmodellierung.[32]

KNIME ist ein Open-Source-Werkzeug und kann unter knime.com heruntergeladen werden.[33] Es ermöglicht die Modellierung von Datentransformat ionen in einer grafischen Umgebung, indem Workflows aufgebaut werden, bei denen jeder Knoten genau eine Veränderung vornimmt. Das Tool zeigt mithilfe eines kleinen Ampelsymbols an, ob ein Knoten korrekt konfiguriert ist. Das ist eine große Unterstützung beim Debugging, insbesondere bei sehr umfangreichen Workflows. Undokumentierte, umfangreiche Workflows können schnell den Ruf eines kaum wartbaren „Biests“ erhalten, wie ich sie einmal scherzhaft genannt habe. In einem solchen Fall zögerte eine beteiligte Person, Änderungen vorzunehmen, aus Sorge, unbeabsichtigt etwas zu beschädigen. Diese Zurückhaltung kann die Dynamik eines Pilotprojekts spürbar beeinträchtigen.

Darüber hinaus „dokumentiert" sich KNIME selbst: Sie können jeden Schritt kommentieren, einzelne Abschnitte annotieren und unterschiedliche Analysebereiche hervorheben. Zusätzlich lassen sich wiederverwendbare Komponenten erstellen, in etwa vergleichbar mit der Subprozess-Funktionalität in BPMN. Dadurch bleiben Workflows auch für gelegentliche User gut lesbar, während Details bei Bedarf in separaten Ansichten vertieft werden können.[34]

ARIS ist ein Werkzeug für Business Process Management und zählt zu den ausgereiftesten Lösungen am Markt. Es bietet Funktionen für Modellierung, Dokumentenmanagement, Dashboards, Simulation, Automatisierung sowie Process- und Task-Mining. ARIS ist in drei Editionen verfügbar (Basic, Advanced und Enterprise). Auch wenn die Basic-Version von ARIS Process Mining im Vergleich zu den höheren Editionen gewisse Einschränkungen hat, lassen sich die meisten der hier beschriebenen Analysen dennoch umsetzen.

Sie können eine **90-tägige kostenlose Testversion von ARIS Process Mining** unter *aris-process-mining.com*[35] anfordern; diese lässt sich mehrfach verlängern. Die Modellierungs- und Simulationsfunktionen stehen allerdings nur in den höheren Editionen zur Verfügung, weshalb ich diese im Buch lediglich konzeptionell zeige.

Beide Werkzeuge bieten E-Learning-Kurse, mit denen Sie sich schnell einarbeiten können. Darüber hinaus ermöglichen sie Zertifizierungen (teilweise kostenfrei), die Sie Ihrem beruflichen Profil hinzufügen können.[36]

Selbstverständlich sind dies nur meine persönlichen Werkzeugentsche idungen. Mit etwas Recherche werden Sie zahlreiche Open-Source- oder kommerzielle Alternativen finden, die besser zu Ihrem Budget oder Ihren Rahmenbedingungen passen. Ich ermutige Sie dennoch, die bereitgestellten Beispieldateien zu nutzen und die Analysen mit den hier genannten Werkzeugen nachzuvollziehen.

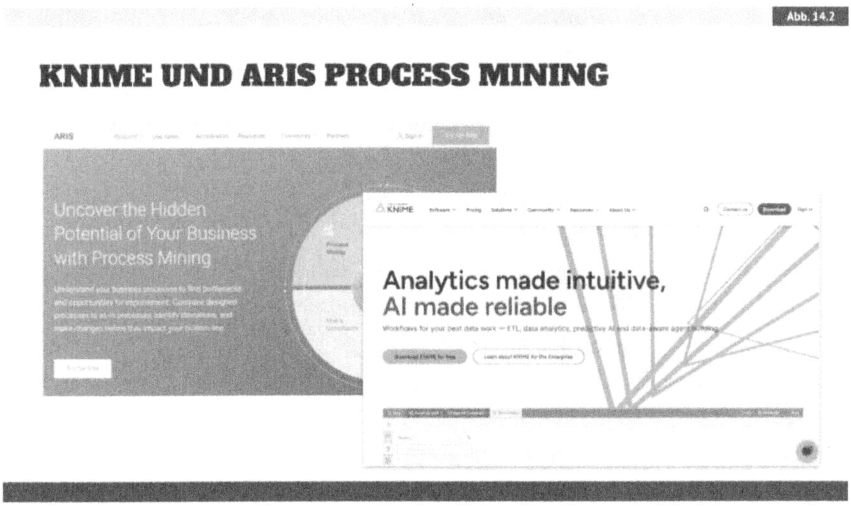

Abb. 14.2: Zwei in diesem Buch verwendeten Werkzeuge

Woher bekomme ich die benötigten Dateien?

Wie bereits erwähnt, gibt es eine begleitende Webseite unter **whatsyour baseline.com/heartbeat**, auf der Sie alle für dieses Buch verwendeten Dateien herunterladen können, ebenso wie die „Lösungen" zu den einzelnen Schritten des Sechs-Schritte-Ansatzes.

Sollten Sie etwas vermissen, melden Sie sich bitte bei mir. Ich schaue mir das dann gern an.

Fig. 14.3

PROCESS-MINING BEISPIELDATEIEN

whatsyourbaseline.com/heartbeat

Scannen Sie den QR-Code oder besuchen Sie whatsyourbaseline.com/heartbeat,[37] *um die benötigten Dateien herunterzuladen*

15

Datenmodellierung

Die Datenmodellierung ist der Schritt, der in Ihrem Projekt voraussichtlich den größten Zeitaufwand erfordert. Zu Beginn mag es so wirken, als handele es sich um eine einfache, einmalige Aufgabe. In der Praxis zeigt sich jedoch häufig, dass Sie sich mit der Datenmodellierung nahezu bis zum Ende des Projekts beschäftigen werden.

Warum Datenmodellierung für Process-Mining?

Die naheliegende Antwort lautet: Daten sind die Grundlage für Process-Mining als datengetriebene Analysemethode. Doch es gibt noch weitere wichtige Gründe, die über das reine Bereitstellen von Daten für Ihr bevorzugtes Tool hinausgehen:

- Sie möchten Ihre Daten möglicherweise **normalisieren**, indem Sie redundante Datensätze innerhalb einer Tabelle entfernen oder Spalten aus anderen Tabellen löschen, die dieselben Informationen enthalten. Ziel ist es, jede Information nur einmal vorzuhalten und diese dann über Beziehungen sinnvoll miteinander zu verknüpfen.
- Darüber hinaus kann es sinnvoll sein, die Daten zu **standardisieren**, um später belastbare Vergleiche zu ermöglichen. So können Sie beispielsweise Kennzahlen konsistent berechnen, etwa indem Sie Aktivitätskosten

auf einer gemeinsamen Skala wie „Kosten pro Minute“ abbilden.

- In vielen Fällen müssen auch **Datentypen** angepasst werden. Wenn Sie beispielsweise Durchlaufzeiten berechnen oder aus Zeitstempeln den Wochentag oder Monat extrahieren möchten (etwa zur Analyse der arbeitsintensivsten Tage), müssen die Eingabeformate in ein geeignetes Zeitformat überführt werden.
- Der zentrale Zweck der Datenmodellierung besteht jedoch darin, die Quelldaten, die aus unterschiedlichen Systemen und in verschiedenen Dateiformaten stammen können, in ein Format zu **transformieren**, das Ihr Process-Mining-Tool versteht und effizient verarbeiten kann.
- Zusätzlich kann es erforderlich sein, Analysen außerhalb des Process-Mining-Tools durchzuführen, etwa wenn bestimmte Funktionen dort nicht verfügbar sind (z. B. Faktorenanalyse). Auch in diesen Fällen sollten alle Berechnungen auf demselben konsistenten Datensatz basieren.
- Nicht zuletzt können Sie die Verständlichkeit Ihrer Daten erhöhen, indem Sie Spalten sprechend benennen oder Ausgabetabellen logisch sortieren, sodass sie leichter nachvollziehbar sind.

Unabhängig vom Vorgehen gilt: Sie sollten jede Veränderung an den Quelldaten begründen können. Transparente Transformationen ermöglichen es Ihnen, Stakeholder Schritt für Schritt durch Ihr Vorgehen zu führen und deren Zustimmung zu erhalten.

Die Datenmodellierung für Process-Mining lässt sich in vier klar abgegrenzte Aktivitäten gliedern:

- Bereinigung der Quelldaten
- Erstellung des initialen Aktivitätsprotokolls (inklusive Upload in das Process-Mining-Tool, um einen ersten visualisierten Prozess und Basiskennzahlen zu erhalten)
- Berechnung der für die Analyse benötigten Kennzahlen
- Export des Ereignisprotokolls

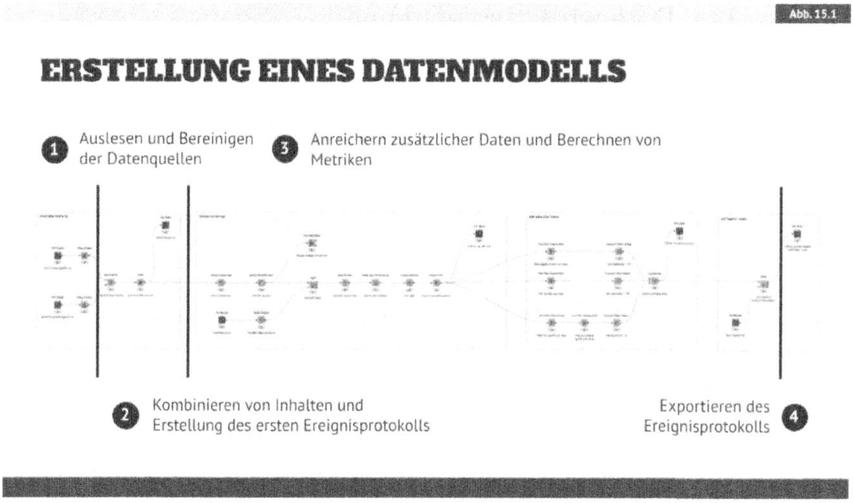

Abb. 15.1: Schritte zur Erstellung eines Datenmodells

Wie bereits erwähnt, können Sie hierfür grundsätzlich jedes beliebige Werkzeug einsetzen. Im weiteren Verlauf nutze ich jedoch KNIME, da es die notwendigen Denk- und Arbeitsschritte visuell ausgezeichnet darstellt. Ich empfehle visuelle Datenmodellierung ausdrücklich gegenüber reinem Programmieren. Einige Anbieterunternehmen haben inzwischen sogar eigene KNIME-Knoten entwickelt, um eine direkte Anbindung an ihre Process-Mining-Tools zu ermöglichen, aus meiner Sicht ein sehr zukunftsweisender Ansatz.

Datenbereinigung

Der erste Schritt, den Sie durchführen sollten, nachdem Sie festgelegt haben, welche Systemdaten Sie für die einzelnen Schritte des betrachteten Prozesses benötigen, ist die Datenbereinigung. Diese erfolgt in mehreren Bereichen, die Sie systematisch bearbeiten müssen.

Prozess- und Datenstruktur verstehen

Ich habe es weiter oben bereits mehrfach erwähnt, aber es kann nicht oft genug betont werden: Sie müssen die Daten für Ihr Process-Mining-Vorhaben wirklich verstehen. In der Praxis werden Sie dabei häufig auf redundante Informationen in Ihren Quelldateien stoßen, zum Beispiel dann, wenn Sie kein fallorientiertes System wie Salesforce einsetzen oder wenn Daten aus einem System in ein anderes repliziert werden.

Sie müssen festlegen, welche Tabelle die maßgebliche Datenquelle ist, und anschließend die doppelten Informationen aus anderen Tabellen entfernen.

Es kann sehr hilfreich sein, ein Diagramm zu erstellen, das die unterschiedlichen Datenobjekte und deren Attribute sowie die jeweiligen Ursprungssysteme darstellt. Ein solches Modell erleichtert es später erheblich, die Datenstruktur gegenüber Stakeholdern nachvollziehbar zu erklären.

Wenn Sie ein Process-Mining-Werkzeug einsetzen, das Teil einer umfassenderen BPM-Plattform ist, stehen Ihnen möglicherweise bereits integrierte Funktionen zur Datenmodellierung zur Verfügung. Abbildung 15.2 zeigt beispielhafte Datenmodelle, in denen zunächst die Datenobjekte und in einem zweiten Diagramm die zugehörigen Attribute dargestellt sind.

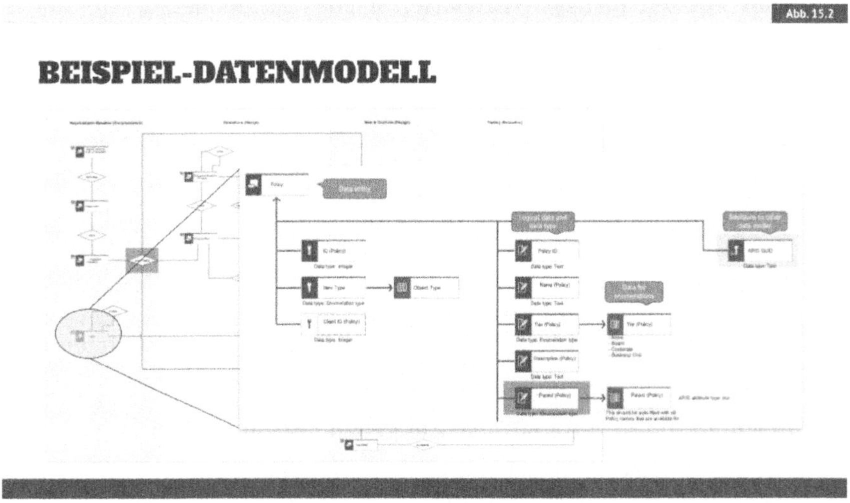

Abb. 15.2: Beispiel IE-Datenmodell, Entitäten, Attribute in einem Entity-Relationship-Modell

Typische Fragen an dieser Stelle sind unter anderem:

- **Welche Aktivitätsprotokolle stehen zur Verfügung, und welche Bibliotheken bzw. Zusatzinformationen werden benötigt**, beispielsweise zur Übersetzung von Abkürzungen in ausgeschriebene Begriffe, damit Analysten oder Stakeholder die Daten leichter nachvollziehen können?
- **Wie ist die Eingabestruktur aufgebaut?** Welche Tabelle ist die zentrale Aktivitätstabelle, und welche Tabellen sind ergänzende Hilfstabellen mit Zusatzinformationen, die später in das Gesamtdatenmodell integriert werden sollen (und welche Informationen daraus sind relevant)?
- **Ist es sinnvoll, einzelne Tabellen in mehrere Tabellen aufzuteilen, und an welchen Stellen müssen Tabellen verknüpft werden?** Sie können dies umsetzen, indem Sie den Knoten **Column Filter** in KNIME mehrfach verwenden: Nachdem Sie die Quelldatei eingelesen haben, erstellen Sie zwei Verarbeitungszweige, die jeweils nur die Spalten enthalten, die Sie für den definierten Zweck benötigen.
- **Sollten Sie Ihre IT-Kollegschaft um einen anderen, stärker optimierten**

Export aus den Quellsystemen bitten, der das Data Modeling vereinfacht und zugleich die Fehleranfälligkeit reduziert?

Datei- und andere Formate

In diesem Schritt prüfen Sie das Format, in dem Ihre Daten bereitgestellt werden.

- Liegt die Datenbasis in **Flat-Files** wie CSV- oder Excel-Dateien vor, oder müssen Sie eine Verbindung zu einer Datenbank herstellen, und ist eindeutig geklärt, welche Tabelle angebunden werden soll?
- Wenn Sie den Export aus dem Quellsystem erhalten, sollten Sie prüfen, ob die **Zeichenkodierung** bekannt ist (z. B. UTF-8 beim Einlesen einer CSV-Datei), damit beim Lesen der Inhalte keine Daten verloren gehen oder Zeichen fehlerhaft dargestellt werden.
- Darüber hinaus müssen Sie die Struktur festlegen, nach der Sie Ihre **Quelldateien organisieren**, sowie den **Speicherort** für die exportierten Dateien bestimmen. Die grundlegende Regel lautet, dass Quelldateien niemals verändert oder überschrieben werden. Stattdessen werden geänderte Daten stets in separaten Dateien abgelegt.
- **Ein weiterer Aspekt betrifft den Speicherort dieser Dateien.** Lokal oder auf einem gemeinsam genutzten Laufwerk, beispielsweise SharePoint. Ist sichergestellt, dass alle Beteiligten Zugriff auf die Daten haben und über die erforderlichen Berechtigungen verfügen? Muss Ihr Process-Mining-Tool auf die Dateien an einem festen Speicherort zugreifen, oder laden Sie geänderte Dateien jeweils manuell hoch?
  Wenn Sie in einer Multiuserumgebung einen gemeinsamen Speicherort verwenden und von lokalen Datenmodellierungswerkzeugen auf die Dateien lesen und schreiben möchten, sollten die Lese- und Schreibpfade im Tool als relative Pfade und nicht als feste („hart verdrahtete“) Pfade definiert werden.
- **Sind Ihre Spalten im richtigen Datenformat?** Wenn Sie beispielsweise eine CSV-Datei importieren, werden zunächst alle Spalten als reiner

Text („String“) eingelesen. Sie müssen daher für jede Spalte festlegen, welches das tatsächliche Datenformat ist, etwa „lokale Zeit“, „Integer“, „Double“ usw..[38] In KNIME können Sie hierfür unterschiedliche Knoten verwenden, beispielsweise die Knoten **String to Date & Time**, um Datentypen gezielt zu konvertieren.

Bitte berücksichtigen Sie zudem, dass viele Process-Mining-Tools für den manuellen Upload CSV-Dateien voraussetzen. In diesem Fall müssen Sie das Mapping der Datentypen im Mining-Tool erneut vornehmen. Dennoch ist es sinnvoll, bereits im Datenmodellierungs-Tool mit den korrekten Datentypen zu arbeiten, da Sie nur so Berechnungen durchführen können, deren Ergebnisse später als separate Spalten in Ihr Process-Mining-Tool übernommen werden.

- Darüber hinaus sollten Sie sicherstellen, dass **Spalten** in **unterschiedlichen Tabellen eindeutig benannt** sind, damit sie im Mining-Tool bei der Konfiguration von Dashboards oder Widgets nicht als Duplikate erscheinen. Andernfalls besteht die Gefahr, dass unklar ist, welche der gleichnamigen Spalten tatsächlich verwendet werden sollen. Das zuvor erstellte Datenmodell kann hierbei als hilfreiche Referenz dienen.

Benutzerfreundlichkeit

Ein Aspekt, der in der Praxis häufig problematisch ist, besteht darin, dass Spalten in Datenbeständen nicht in einer für Menschen verständlichen Weise benannt sind. Dies betrifft sowohl die Spaltenüberschriften als auch die Werte selbst. Um dies zu verbessern, empfehlen sich die folgenden Schritte:

- **Benennen Sie Spalten verständlich um**, etwa indem „LOC“ in „Location“ geändert wird. Hierfür können Sie den Knoten Column Renamer verwenden.
- **Prüfen Sie die Werte in den Spalten und führen Sie gezielte String-Ersetzungen durch**, um Sonderzeichen und Umlaute bei Bedarf zu entfernen oder zu vereinheitlichen. Dies lässt sich beispielsweise mit dem Knoten String Replacement umsetzen.

- **Verwenden Sie eine konsistente Groß- und Kleinschreibung** und standardisieren Sie diese sowohl für Spaltennamen als auch für Werte.
- **Erstellen Sie Bibliotheken als Lookup-Quelle für aussagekräftige, (menschen-)lesbare Bezeichnungen**, zum Beispiel um Produktcodes durch standardisierte Produktnamen zu ersetzen. Dies können Sie entweder in einer separaten Tabelle oder über den Knoten Table Creator in KNIME umsetzen und die Tabellen später über eine Verknüpfung zusammenführen, ergänzt um eine zusätzliche Spalte.
- **Entfernen Sie nicht mehr benötigte Spalten** (z. B. mit dem Knoten Column Filter) und **ordnen Sie die verbleibenden Spalten sinnvoll an**, sodass ihre Reihenfolge für Personen, die mit den Daten arbeiten, logisch nachvollziehbar ist (z. B. mit dem Knoten Column Resorter).

Fehlende Daten

Fehlende Daten können in unterschiedlichen Formen auftreten, etwa als tatsächlich fehlende Werte bzw. leere Zellen, als unerwünschte Zeichen oder als abgeschnittene Inhalte.

- **In der Praxis kann es vorkommen, dass ein Datensatz unvollständig ist, und Sie entscheiden müssen, wie damit umzugehen ist.** Müssen fehlende Werte bei Texten oder numerischen Feldern durch einen festen Standardwert ersetzt werden? Oder ist es sinnvoll, Datensätze mit fehlenden Werten vollständig herauszufiltern?
- **Darüber hinaus können unerwünschte Zeichen in den Daten enthalten sein**, beispielsweise führende oder nachgestellte Leerzeichen, Tabulatoren, Zeilenumbrüche oder doppelte Leerzeichen. Diese Artefakte können verhindern, dass Spalten in andere Datentypen konvertiert werden, und sollten daher bereinigt werden. KNIME stellt hierfür entsprechende Knoten zur Verfügung. Prüfen Sie jedoch sorgfältig, ob die Bereinigung korrekt erfolgt ist. Eine bewährte Vorgehensweise besteht darin, nicht alle Optionen im Knoten String Cleaner gleichzeitig zu aktivieren, sondern jede Bereinigungsmaßnahme schrittweise in separaten Knoten

umzusetzen und das Ergebnis jeweils zu kontrollieren. Ein langsames und systematisches Vorgehen zahlt sich langfristig aus.

- **Abgeschnittene Daten können ebenfalls auftreten.** Dies kann beabsichtigt sein, etwa wenn Werte mit einer begrenzten Zeichenlänge gespeichert werden, oder ein unbeabsichtigtes Artefakt der Exporteinstellungen des Quellsystems darstellen. Klären Sie in diesem Fall mit der IT, ob der Export korrekt konfiguriert ist. Sind die Daten tatsächlich gekürzt exportiert worden, können sie um (menschen-) lesbare Bezeichnungen ergänzt werden.
- **In bestimmten Fällen sind fehlende Daten fachlich zulässig.** Wenn Process-Mining-Aktivitäten beispielsweise mit Start- und Endzeitstempeln arbeiten, kann ein fehlender Endzeitstempel darauf hinweisen, dass sich der betreffende Fall noch in Bearbeitung befindet und der Export während der laufenden Aktivität erfolgt ist.
  Gleichzeitig sollten Sie überprüfen, ob diese Annahme zutrifft oder ob es für denselben Fall spätere Aktivitäten mit neueren Zeitstempeln gibt und der Endzeitstempel tatsächlich fehlt. In diesem Fall müssen Sie entscheiden, ob der Endzeitstempel durch den Startzeitstempel zuzüglich eines definierten Zeitintervalls („plus x Minuten") ersetzt wird, damit Berechnungen, die einen Endzeitstempel voraussetzen, nicht fehlschlagen.

Filtern

Abhängig vom Export aus den Quellsystemen erhalten Sie häufig nicht nur Tabellen, die nicht benötigt werden, sondern auch Spalten und Zeilenwerte, die für Ihre Analyse irrelevant sind. Durch den gezielten Einsatz von Filtern lassen sich diese Inhalte effizient bereinigen.

- Neben dem bereits e**rwähnten Entfernen und eindeutigen Benennen von Spalten** kann das **Filtern** auch dazu dienen, **unerwünschte Prozessschritte** aus dem Datensatz zu entfernen. Hierfür eignet sich der Knoten Row Filter, in dessen Konfiguration Kriterien wie Zeichenketten oder

Wildcards definiert werden können.

- Ein weiterer relevanter Knoten ist der Duplicate Row Filter. Er **entfernt** Zeilen, die anhand eines oder mehrerer Kriterien (z. B. Zeitstempel oder Textwerte) als **Duplikate** identifiziert werden. Sie können festlegen, welche Zeile beibehalten werden soll, etwa den ersten oder den letzten Eintrag. Dies ist insbesondere hilfreich bei der Berechnung von Durchlaufzeiten oder wenn eine Liste eindeutiger Werte benötigt wird, beispielsweise zur späteren Erstellung einer Bibliothek für Lookup-Zwecke.
- **Darüber hinaus sollten nominale Daten herausgefiltert werden**, wenn der Export statische Texte oder Kategorien enthält, die nicht zum eigentlichen Datensatz gehören, sondern vom Quellsystem lediglich zur besseren Lesbarkeit für Menschen ergänzt wurden.
- **Ein weiterer Anwendungsfall ist das Filtern statistischer Ausreißer.** Voraussetzung hierfür ist eine klare Definition der erwarteten und akzeptablen Wertebereiche. Dies kann Zeitstempel betreffen (z. B. alle Daten vor einem bestimmten Datum oder Durchlaufzeiten die größer als ein definierter Schwellenwert sind) oder fachliche Werte (z. B. Bestellungen mit weniger als einer bestimmten Anzahl von Positionen oder Standorte, die außerhalb des Betrachtungsbereichs der Process-Mining-Analyse liegen).

  Bitte beachten Sie, dass Filterungen auch später im Analyseprozess vorgenommen werden, insbesondere in Schritt 5 des beschriebenen Vorgehens. Der Unterschied besteht darin, dass in dieser Phase keine Daten entfernt werden sollten, die möglicherweise noch benötigt werden. Anders formuliert: Dient das Filtern im Process-Mining-Tool dazu, bestimmte Aspekte gezielt hervorzuheben, um Hypothesen zu überprüfen oder zu widerlegen, nicht jedoch dazu, die zugrunde liegende Datenbasis dauerhaft zu reduzieren?

Zeitangaben

Der Umgang mit Zeitdaten ist anspruchsvoll, da Berechnungen in der Regel nicht auf durchgängigen 24-Stunden-Arbeitstagen basieren, sondern auf definierten Arbeitszeiten, Feiertagen oder Zeiträumen, die bewusst nicht berücksichtigt werden sollen, etwa Wochenenden.

- **Grundlage aller Zeitberechnungen ist ein konsistentes Datums- und Zeitformat.** Verwenden Sie ein europäisches oder ein amerikanisches Format (dd-MM-yyyy vs. MM-dd-yyyy; 12-Stunden-Format AM/PM oder ein 24-Stunden-Format)? Welche Trennzeichen kommen zum Einsatz (Bindestriche, Punkte, Schrägstriche)?
  Für alle Zeitangaben im Datensatz sollte ein einheitliches Format verwendet werden. Zudem empfiehlt es sich, zu prüfen, welche Formate vom eingesetzten Process-Mining-Tool unterstützt werden. Die meisten Werkzeuge orientieren sich am ISO-8601-Standard, der auch zwischen Groß- und Kleinschreibung unterscheidet (z. B. „M" gegenüber „m").[39]
  Die Vereinheitlichung von Zeitformaten kann aufwendig sein und erfordert unter Umständen mehrere Verarbeitungsschritte, bei denen Zeitstempel zunächst in Strings umgewandelt, bearbeitet und anschließend wieder in Zeitformate zurückgeführt werden.
- **Idealerweise stehen für jede Aktivität separate Zeitstempel für Start und Ende zur Verfügung.** Falls dies nicht der Fall ist, bestehen Möglichkeiten, Endzeitstempel aus den vorhandenen Daten abzuleiten, was jedoch einen höheren methodischen Aufwand erfordert.
- **Bei der Arbeit mit Zeitdaten können negative Zeitwerte auftreten**, etwa wenn ein Endzeitstempel vor dem Startzeitstempel liegt oder wenn Berechnungen fehlerhaft sind. Im ersten Fall handelt es sich in der Regel um einen Datenfehler, bei dem entschieden werden muss, ob der Datensatz korrigiert oder entfernt wird. Im zweiten Fall ist die zugrunde liegende Berechnungslogik zu überprüfen.
- **Schließlich können auch in Zeitstempeln unerwartete Sonder- oder Nicht-UTF-Zeichen enthalten sein**, die zu fehlerhaften Ergebnissen

führen und daher gesondert bereinigt werden sollten.

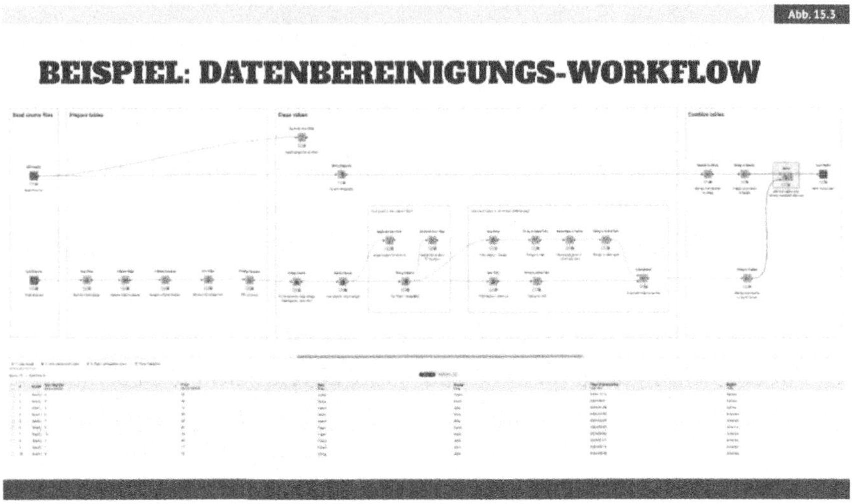

Abb. 15.3: Beispiel eines Datenbereinigungs-Workflows[40]

Dies sind lediglich einige Beispiele für typische Aufgaben bei der Datenbereinigung. **Für eine umfassendere Einführung in dieses Thema empfiehlt sich das Buch *A Beginner's Guide to Clean Data* von Benjamin Greve.** Der Autor greift die genannten Aspekte auf und geht darüber hinaus vertieft auf die notwendige Datenaufbereitung für weitere Anwendungsfälle ein, etwa für Machine Learning oder Textanalyse.[41]

Erstellen eines initialen Aktivitätsprotokolls

Sobald Sie die Struktur Ihrer Daten verstanden und die Tabellen bereinigt haben, ist es an der Zeit, ein erstes Aktivitätsprotokoll zu erstellen und dieses in Ihr Process-Mining-Tool zu laden.

Damit Process-Mining funktioniert, ist keine große Datenvielfalt erforderlich. Wie zuvor dargestellt, benötigen Sie lediglich wenige Kernelemente:

eine Case-ID, Aktivitätsnamen und mindestens einen Zeitstempel pro Instanz. Um dies umzusetzen, sind in der Regel mehrere Arbeitsschritte notwendig.

Zusammenführen von Datenquellen

Wenn Ihre Aktivitäten aus unterschiedlichen Datenquellen stammen (wie im Heartbeat-Beispiel), müssen Sie diese konsolidieren. Dabei sind zwei grundlegende Vorgehensweisen zu unterscheiden:

- Weisen Ihre Datentabellen die gleiche Struktur auf und sollen lediglich zusätzliche Zeilen aus einer Tabelle in eine andere übernommen werden, können Sie die Tabellen durch **Konkatenation** zusammenführen. Hierfür steht ein Concatenate-Knoten zur Verfügung.
  Gegebenenfalls müssen Sie in beiden Tabellen zusätzliche, zunächst leere Spalten anlegen, um eine konsistente Struktur herzustellen. In KNIME lässt sich dies beispielsweise mit dem Knoten Constant Value Column umsetzen.
- Wenn Werte aus einer Tabelle anhand eines gemeinsamen Schlüsselfelds einer anderen Tabelle **zugeordnet** werden müssen, etwa wie im Beispiel der Datenbereinigung, bei dem Preise über die Artikelnummer ergänzt wurden, bietet sich der Knoten Joiner an.
  Dieser Knoten ermöglicht unterschiedliche Join-Varianten, etwa das Zusammenführen ausschließlich übereinstimmender Zeilen, das Beibehalten von Zeilen aus nur einer Tabelle oder das Zusammenführen gleichnamiger Spalten. Funktional entspricht dies einem Join-Befehl aus SQL. Abhängig von den gewählten Einstellungen können neue Zeilen entstehen. Daher sollten Sie prüfen, wie viele Zeilen vor dem Join vorhanden waren und ob die resultierende Zeilenanzahl plausibel ist.
  Für diesen Schritt ist es nicht erforderlich, dass beide Tabellen identische Spalten besitzen. Standardmäßig werden alle Spalten übernommen, wobei Spalten aus der zweiten Tabelle entsprechend gekennzeichnet werden. Nicht benötigte Spalten können direkt im Konfigurationsdialog

des Knotens entfernt werden, sodass kein zusätzlicher Column Filter-Schritt erforderlich ist.

In der Praxis empfiehlt es sich dennoch, vorübergehend einen zusätzlichen Column Filter einzusetzen und aus der zusammengeführten Tabelle alle Spalten zu entfernen, die keine Case-IDs, Aktivitätsnamen oder Zeitstempel enthalten. Anschließend speichern Sie diese reduzierte Tabelle mit dem Knoten CSV Writer als CSV-Datei.

Diese Datei können Sie anschließend in Ihr Process-Mining-Tool hochladen, um zu prüfen, ob das grundlegende Aktivitätsprotokoll korrekt funktioniert.

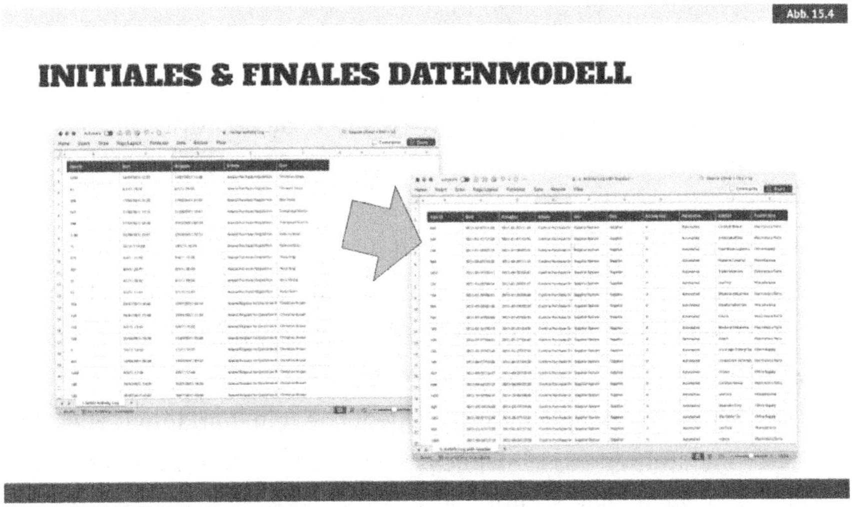

Abb. 15.4. Aufbereitetes Datenmodell zur Verwendung im Process-Mining-Tool

Aktivitäten

Was passiert jedoch, wenn Sie weitere Transformationen an Ihrem minimalen Datensatz vornehmen müssen, damit er Ihren fachlichen Anforderungen entspricht? In der Praxis treten dabei typischerweise mehrere Szenarien auf:

- **Es ist keine Case-ID im Datensatz vorhanden.** Dies stellt ein wesentliches Problem dar, da Process-Mining ohne Case-ID nicht möglich ist. Dennoch gibt es hierfür Lösungsansätze. Der einfachste Weg besteht darin, zu prüfen, ob das eingesetzte Tool die Case-ID automatisch erzeugen kann. Viele Werkzeuge unterscheiden zwischen einer Fall- und einer Aktivitätsperspektive, wobei in diesem Fall die Aktivitätsperspektive gewählt wird. Voraussetzung ist, dass in den unterschiedlichen Tabellen identische Spalten vorhanden sind. Existiert – wie zuvor beschrieben – eine Referenz auf eine andere Tabelle, kann daraus abgeleitet werden, dass es sich um denselben Fall handelt.[42] Das Tool vergibt in diesem Fall die Case-IDs automatisch.
- **In manchen Fällen sind Aktivitätsnamen nicht eindeutig sprechend**, da sie im Quellsystem zusätzliche Informationen enthalten, etwa den Namen eines Prozesses oder einer Phase innerhalb eines übergeordneten Prozesses. In solchen Situationen können Sie den Knoten Cell Splitter verwenden und ein Trennkriterium definieren, beispielsweise ein Trennzeichen wie einen Bindestrich oder eine feste Zeichenposition (z. B. „nach dem fünften Zeichen"). KNIME teilt den Zellinhalt dann auf mehrere Spalten auf. Anschließend können nicht benötigte Spalten entfernt werden.
- **Darüber hinaus können Sie die Knoten String Manipulation oder String Replacer einsetzen**, um bestimmte Begriffe gezielt durch andere zu ersetzen. Häufig ist es erforderlich, zusätzliche Filterungen vorzunehmen, in mehreren Verarbeitungszweigen zu arbeiten und diese nach der Transformation wieder zusammenzuführen. Ziel ist eine konsistente Benennung, sodass beispielsweise „Rechnung erstellen" und „Rechnungserstellung" als identische Aktivität behandelt werden.

  Diese Harmonisierung ist insbesondere für Konformitätsanalysen erforderlich, wenn das Process-Mining-Tool keine unterschiedlichen Aktivitätsnamen zwischen Referenzprozessmodell und Datensatz unterstützt. In diesem Fall müssen die Bezeichnungen bereits im Rahmen der

Datenmodellierung vereinheitlicht werden, damit die Konformitätsanalyse erkennt, dass ein bestimmter Schritt A im BPMN-Diagramm dem entsprechenden Schritt A im Datensatz entspricht.

Hochladen des initialen Aktivitätsprotokolls in das Process-Mining-Tool

Sobald Sie Ihr initiales Aktivitätsprotokoll erstellt und als CSV-Datei exportiert haben, können Sie es in das von Ihnen eingesetzte Process-Mining-Tool hochladen.

Der grundlegende Ablauf ist bei den meisten Werkzeugen ähnlich. Da in diesem Buch jedoch mit ARIS Process Mining gearbeitet wird, ist nachfolgend exemplarisch ein Screenshot des Datenbereichs zur Veranschaulichung dargestellt.

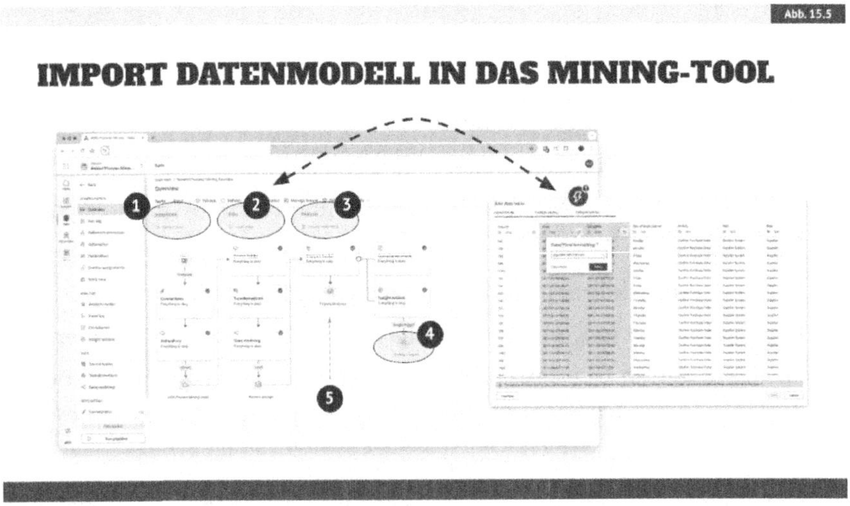

Abb. 15.5: Konfiguration der Spaltendatentypen in ARIS Process Mining

Ein Aspekt, den ich an ARIS Process Mining schätze, ist die übersichtliche Darstellung aller datenrelevanten Bereiche in einer einzigen grafischen

Übersicht. Diese Bereiche sind als Menüpunkte in der linken Navigationsleiste abgebildet (siehe Abbildung 15.5). Die Benutzeroberfläche ist klar strukturiert und zeigt zugleich den Status der einzelnen Schritte grafisch an, sodass unmittelbar erkennbar ist, ob ein Schritt erfolgreich war oder fehlgeschlagen ist.

1. **Integration:** ARIS Process Mining ermöglicht die direkte Anbindung an Quellsysteme. In diesem Bereich werden die bestehenden Verbindungen angezeigt sowie der Status der Datenextraktionen aus diesen Verbindungen.
2. **Daten:** In diesem Abschnitt wählen Sie die Quelltabellen aus; hier laden Sie auch Ihre CSV-Dateien hoch. Weiterhin können Transformationen in SQL-ähnlicher Syntax durchgeführt werden (in diesem Szenario nicht erforderlich, da KNIME verwendet wird) sowie die Datenmodellierung erfolgen. Der Begriff ist hier etwas irreführend: In diesem Schritt führen Sie unterschiedliche Quelltabellen zusammen und legen fest, welche der hochgeladenen Tabellen als Aktivitätsprotokoll verwendet wird.
3. **Analyse:** In diesem Bereich können verschiedene Analyseschritte durchgeführt werden, etwa die Berechnung zusätzlicher Felder innerhalb des Analysemodells von ARIS Process Mining (dies wird in einem späteren Abschnitt erläutert). Außerdem müssen Sie hier eine Neuberechnung des Datenmodells anstoßen, wenn Änderungen vorgenommen wurden.
4. **Analyse (Fortsetzung):** In diesem Bereich konfigurieren Sie die **Konformitätsanalyse**, also den Abgleich eines Referenzmodells im BPMN-Format mit dem Datensatz. Darüber hinaus können Trigger für eine Workflow-Engine definiert werden, etwa Schwellenwerte für die Dauer von Aktivitäten oder ganzer Prozessinstanzen. Auf diese Weise lässt sich, wie im Kapitel „Process-Mining im Solution-/Process-Lifecycle" beschrieben, mit laufenden Prozessen in den Laufzeitsystemen interagieren.
5. **Analyse (Fortsetzung 2):** Diese Markierung zeigt an, dass das Analysemodell ausgeführt sein muss (grünes Häkchen). Anschließend können

Sie zu den Analyseprojekten wechseln.

Beim Upload einer CSV-Datei in Schritt 2 werden alle Zahlen-, Datums- und Zeitfelder zunächst auf den Datentyp „String“ gesetzt. Sie müssen daher die Spalten Ihrer Datei(en) den korrekten Datentypen zuordnen. Bei Inkonsistenzen oder fehlerhaftem Mapping kennzeichnet **ARIS Process Mining** die betroffenen Spalten und Zellen farblich (rot), sodass unmittelbar ersichtlich ist, an welchen Stellen Anpassungen erforderlich sind. Zusätzlich sollten Sie prüfen, ob Warnhinweise darauf hindeuten, dass Datensätze während des Uploads herausgefiltert wurden, da diese Fälle ebenfalls analysiert und behoben werden müssen.

Anschließend laden Sie die Daten in einem separaten Schritt, damit **ARIS Process Mining** die hochgeladenen und zugeordneten Dateien verarbeitet. Abhängig von der Anzahl der Datensätze kann dieser Vorgang einige Zeit in Anspruch nehmen.

Nach Abschluss der Verarbeitung wechseln Sie in Ihr Analyseprojekt und erstellen eine **Process Explorer-Analyse** (eine standardisierte 1-Klick-Analyse). Prüfen Sie, ob ein Prozessdiagramm mit allen Fällen erzeugt wurde. Im Heartbeat-Beispiel sollten 608 Fälle verfügbar sein, wie in der rechten oberen Ecke des Werkzeugs dargestellt (siehe Abbildung 15.6).

Abb. 15.6

ERFOLGREICHER UPLOAD DES DATENMODELLS

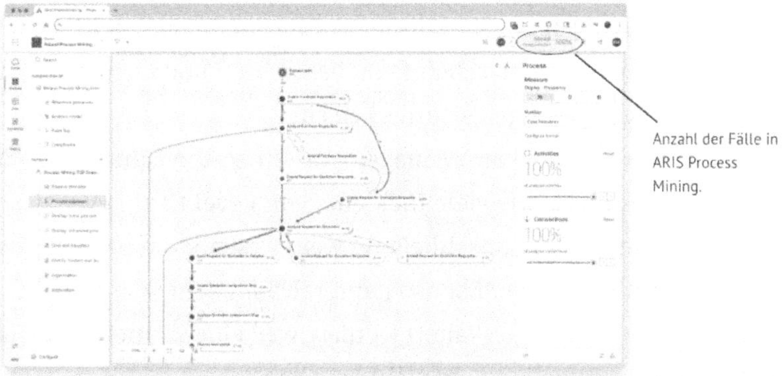

Abb. 15.6: Erfolgreicher Upload der Daten in das Process-Mining-Tool

Berechnung zusätzlicher Kennzahlen für die Analyse

Herzlichen Glückwunsch, Sie haben Ihr erstes Aktivitätsprotokoll erstellt, und das Tool funktioniert.

Allein dies liefert bereits erste Einblicke in den Prozess. In der Regel ist jedoch weitere Datenarbeit erforderlich, die meist zu mehreren Iterationen führt, in denen die Daten wiederholt angepasst und erneut hochgeladen werden.

Festlegung der Anforderungen für zusätzliche Analysen

Die wesentlichen Auslöser für zusätzliche Berechnungen sind die Hypothesen, die Sie in Schritt 1 des sechsstufigen Vorgehens identifiziert haben. Im Heartbeat-Beispiel sind diese übersichtlich auf der Folie mit den Projektzielen dargestellt. Dort wurde klar formuliert, welche Fragestellungen mit der Analyse beantwortet werden sollen. Ebenso hat der Kunde konkrete Service-Level-Agreements (SLAs) vorgegeben, die zu überprüfen sind, etwa die Auslastung bestimmter Rollen oder die Dauer zwischen zwei Prozessschritten, die nicht unmittelbar aufeinanderfolgen.

In dieser Phase empfiehlt es sich außerdem, gemeinsam mit den Prozessexperten (und gegebenenfalls unter Einbeziehung von KI-gestützten Analysen) typische Prozessabläufe zu betrachten und abzuleiten, welche zusätzlichen Berechnungen erforderlich sind.

So kann in einem Incident-Management-Prozess beispielsweise die Fragestellung entstehen, wie viele Incidents von Level 1 auf Level 2 eskaliert werden, wie viele davon anschließend weiter eskalieren und welche Fälle auf Level 2 gelöst werden. Ebenso kann relevant sein, wie viele Incidents erneut auf Level 2 zurückeskaliert werden, weil eine vermeintliche Lösung das zugrunde liegende Problem nicht behoben hat.

Zweifaktorenanalyse

Ein weiteres Beispiel ergibt sich, wenn zwischen zwei Faktoren ein Zusammenhang vermutet wird. In einem Projekt mit einer Bank haben wir die Prüfaktivitäten im Rahmen der Kreditvergabe (Due-Diligence-Aktivitäten) innerhalb von Projekten analysiert. Naheliegend ist die Annahme, dass für die Entscheidung über die Vergabe eines deutlich höheren Kreditbetrags mehr Aufwand betrieben wird als bei einem Standardkredit.

Zu diesem Zweck führten wir eine Zweifaktorenanalyse durch und betrachteten den Kreditbetrag im Verhältnis zu den Kosten, die im Rahmen der Prüf-Aktivitäten angefallen sind. Diese Kosten umfassten nicht nur interne Prozesskosten, sondern auch Ausgaben für externe Dienstleistungen, etwa für Gutachten zur Prüfung der baulichen Machbarkeit.

Zur Analyse dieser Zusammenhänge erstellten wir in KNIME Streudiagramme mithilfe der Scatter Plot-Knoten und untersuchten die Fälle gezielt auf Auffälligkeiten. Erwartet worden wäre ein Verlauf mit einer Steigung von etwa 45 Grad: Je höher der Kreditbetrag, desto höher der Aufwand. Stattdessen zeigten sich horizontale Linien, was auf klar abgegrenzte Kategorien von Prüfaktivitäten hindeutete, die weitgehend unabhängig von der Höhe des Kreditbetrags waren. Um die Kosten fallbezogen zu aggregieren, waren zahlreiche Berechnungsschritte erforderlich (Filter, Join, Math Knoten in KNIME).

Kurz gesagt: Es kann erforderlich sein, zusätzliche Analysen durchzuführen, die ausschließlich im Datenmodellierungswerkzeug stattfinden. Diese Analysen sind nur indirekt prozessbezogen, liefern jedoch den notwendigen fachlichen Kontext, um die im Process-Mining beobachteten Ergebnisse korrekt einzuordnen.

KPI-Berechnung

Zwei weitere Anwendungsfälle sind hervorzuheben:

- **Kostenberechnungen gehen häufig über einfache Aggregationen hinaus.** In manchen Fällen müssen Kosten beispielsweise nach Kategorien differenziert ermittelt werden. Hierfür können die Knoten Pivot oder Group By verwendet werden. Wenn eine bereits pivotierte Tabelle weiterverarbeitet werden soll, stellt KNIME zusätzlich einen Unpivot-Knoten zur Verfügung.
- Besonders anspruchsvoll ist die **Berechnung der Arbeitstage** bei zeitbezogenen Auswertungen. Service-Level-Agreements beziehen sich in der Regel auf Arbeitstage und nicht auf Kalendertage, während Process-Mining-Tools standardmäßig mit Kalendertagen rechnen.
  Wenn Sie Glück haben, unterstützt das eingesetzte Tool die Definition eines Arbeitskalenders, der diese Logik automatisch berücksichtigt. Andernfalls müssen Sie mit dem Knoten Date & Time Part Extractor arbeiten, um die Kalenderwoche der beiden relevanten Zeitstempel zu extrahieren und als numerischen Wert zu vergleichen. Durch die Differenz kann erkannt werden, ob mindestens ein Wochenende zwischen den beiden Zeitpunkten liegt. Anschließend berechnen Sie die Dauer zwischen den beiden Zeitstempeln in Tagen und ziehen die Wochenendtage (sowie gegebenenfalls zusätzliche Feiertage) ab.
  Ferner ist zu beachten, dass ein Vorgang, der beispielsweise am Donnerstagnachmittag beginnt und am Freitagmorgen endet, trotz einer

Dauer von weniger als 24 Stunden in KNIME als **0 Tage Durchlaufzeit** ausgewiesen werden kann. #seufz

Berechnungen im Process-Mining-Tool

Aus naheliegenden Gründen können Sie jederzeit zu Ihrem Datenmodell zurückkehren und Berechnungen dort durchführen. Dennoch lohnt es sich, die Funktionen des eingesetzten Process-Mining-Tools genauer zu betrachten.

Während viele Werkzeuge hierfür SQL oder andere Programmiersprachen erfordern, stellen einige Tools, wie **ARIS Process Mining,** zusätzliche, integrierte Assistenten bereit. Diese unterstützen Sie bei der Berechnung neuer Felder, die später beispielsweise in Dashboard-Widgets verwendet werden können. Dabei lassen sich drei Arten von Berechnungen unterscheiden:

- **Erstellung neuer Felder zur vereinfachten Aggregation von Daten**, die sich im Tool oft effizienter umsetzen lässt als im Datenmodellierungswerkzeug. Ein typisches Beispiel ist die Berechnung der Fallkosten, bei der die Kosten einzelner Aktivitäten auf Fall-Ebene aggregiert werden („Pull-up“). In ARIS Process Mining erfolgt dies über einen einfachen Dialog, was den Aufwand deutlich reduziert. Darüber hinaus stehen im Tool auch vordefinierte Funktionen zur Verfügung, etwa zur Erstellung von Case-IDs oder vergleichbaren strukturellen Elementen.

Abb. 15.7

FELDBERECHNUNG IM MINING-TOOL

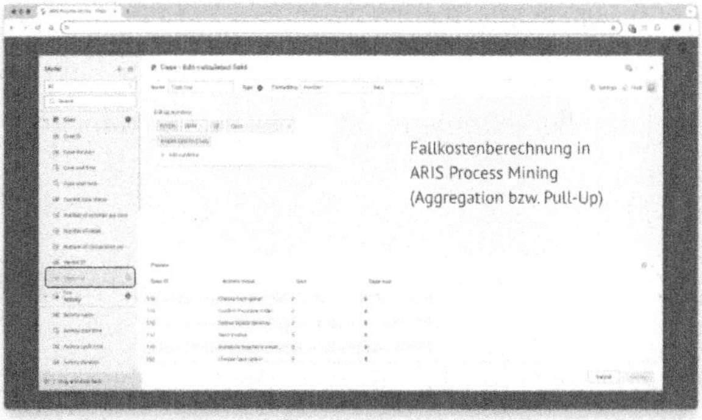

Abb. 15.7: Berechnung der Fallkosten in ARIS Process Mining

- **Die zweite Art von Berechnungen ist komplexer und nutzt eine Assistentenoberfläche**, mit der gezielt fachliche Fragestellungen umgesetzt werden können. Die Logik wird dabei über eine If-Then-Else-Struktur definiert, die schrittweise konfiguriert wird. Diese Oberfläche unterstützt jedoch nicht bei der inhaltlichen Herleitung der korrekten Logik. Insbesondere bei komplexeren Fragestellungen kann dies herausfordernd sein. Es empfiehlt sich daher, die für die Berechnung benötigten Elemente und Regeln vorab strukturiert zu notieren, bevor Sie mit der Konfiguration im Assistenten beginnen.
- **Darüber hinaus ist KI-Funktionalität in das Tool integriert.** Sie kann genutzt werden, um Codeausschnitte zu erzeugen, die anschließend in den Berechnungsassistenten übernommen werden. Dies kann den Implementierungsaufwand reduzieren, ersetzt jedoch nicht das Verständnis der zugrunde liegenden Logik.

Unabhängig vom gewählten Ansatz ist es erforderlich, sorgfältig zu dokumentieren, welche Berechnungen an welcher Stelle durchgeführt wurden.

Diese Dokumentation sollte Bestandteil der Projektdokumentation sein. Andernfalls besteht die Gefahr, dass spätere Änderungen am initialen Datenmodell in KNIME dazu führen, dass zwar neue Ereignisprotokolle fehlerfrei in das Process-Mining-Tool geladen werden, die dort definierten Berechnungen jedoch nicht mehr korrekt funktionieren. Eine Übersicht aller im Tool umgesetzten Berechnungen ist daher für Wartung und Fehlersuche von großem Wert.[43]

Bewährte Vorgehensweisen in der Datenmodellierung

Wie im vorherigen Abschnitt bereits angedeutet, gibt es darüber hinaus einige bewährte Vorgehensweisen, die Sie bei der Arbeit mit Datenmodellen konsequent anwenden sollten.

- **Strukturieren Sie Ihr Datenmodell in klar abgegrenzte Abschnitte.** Ein umfangreiches Datenmodell kann schnell unübersichtlich wirken, sodass der Gesamtzusammenhang aus dem Blick gerät. Um den Überblick zu behalten, empfiehlt es sich, die anstehenden Aufgaben in einer Checkliste festzuhalten und sich an der Struktur dieses Kapitels zu orientieren. Bearbeiten Sie jeweils ein Thema vollständig, bevor Sie zum nächsten übergehen. Auf diese Weise stellen Sie sicher, dass keine wesentlichen Schritte übersehen werden.
- **Erstellen Sie Unterlagen,** die die Berechnungen nachvollziehbar erklären. Wie bereits erwähnt, gab es in einem Projekt beispielsweise keinen expliziten Start- und Endzeitstempel je Aktivität. Stattdessen konnten unterschiedliche Berechnungsansätze hergeleitet und dem Kunden im Rahmen der Datenvalidierung vorgestellt werden. Eine einzelne Folie, die das zugrunde liegende Konzept und die verfügbaren Optionen erläuterte, erwies sich dabei als äußerst hilfreich.
- **Zählen Sie die Zeilen bei Joins und anderen Verarbeitungsschritt en,** bei denen mehrere Tabellen zusammengeführt oder Datensätze gefiltert werden. Abhängig von der Konfiguration der eingesetzten Knoten können zusätzliche Zeilen entstehen. KNIME zeigt die Anzahl der

Zeilen und Spalten in der Vorschau an. Es ist sinnvoll, diese Kennzahlen als Workflow-Annotation an der ausgehenden Verbindung zum nächsten Schritt zu dokumentieren, um sie jederzeit im Workflow sichtbar zu haben. Dies ist insbesondere dann hilfreich, wenn Sie filtern, Transformationen in mehreren Verarbeitungszweigen durchführen und diese anschließend wieder zusammenführen. Grundsätzlich sollten nach einem Join nicht mehr Zeilen vorhanden sein als zuvor; eine geringere Anzahl kann hingegen akzeptabel sein, wenn gezielt Datensätze herausgefiltert wurden.

- **Bereinigen Sie Ihr Datenmodell.** Wie bereits erwähnt, sollten zusammengehörige Schritte im Workflow logisch gruppiert und mit einer Workflow-Annotation (Rahmen) versehen werden, um kenntlich zu machen, dass diese Verarbeitungsschritte inhaltlich zusammengehören. Ein Beispiel hierfür ist in Abbildung 15.1 am Anfang dieses Kapitels dargestellt. Alternativ können Sie in KNIME auch Komponenten oder wiederverwendbare Metaknoten erstellen. Dies kann jedoch dazu führen, dass der Gesamtüberblick über den Ablauf des Workflows verloren geht. Wenn Sie KNIME jedoch als zentrales Werkzeug für die Datenmodellierung in Ihrer Organisation einsetzen und die Zusammenarbeit mit anderen fördern möchten, kann dieser Ansatz sinnvoll sein. In diesem Fall sollten Sie zusätzlich ein Versionsmanagement für gemeinsam genutzte Workflows etablieren, um Änderungen nachvollziehbar zu dokumentieren und abzusichern.[44]

Wesentliche Erkenntnisse aus dem Beispielprojekt

Die Datenmodellierung ist ein iterativer Prozess und gliedert sich in unserem Projekt in vier Phasen:

- Datenbereinigung und Erstellung des initialen Aktivitätsprotokolls
- Berechnung der Mitarbeiterkosten und Integration in den Hauptdatensatz
- Berechnung des Automatisierungsgrads (als zusätzlicher Analyseschritt

zu einem späteren Zeitpunkt)

- Anreicherung des Datensatzes um den Produktbereich, um kostenbezogene Verbesserungspotenziale zu identifizieren

Beachten Sie, dass Ihre Hypothesen den Umfang der erforderlichen Arbeiten bestimmen (zusätzlich zu den „Standard"-Kennzahlen, die Ihr Process-Mining-Tool automatisch berechnet). Für jede dieser Hypothesen sollten Sie eine belastbare Antwort liefern können.

Was Sie jedoch aktiv steuern können, ist die Anzahl der Iterationen am Datenmodell. Dadurch lassen sich zusätzliche Berechnungen bewusst in eine nachgelagerte Projektiteration verschieben, insbesondere wenn die verfügbare Zeit begrenzt ist. Ziel sollten kurze Durchlaufzeiten sein, um Dynamik aufzubauen, statt langwieriger Projekte mit begrenztem Mehrwert.

Ein weiterer wichtiger Schritt im Beispielprojekt war die gemeinsame Durchsicht des Datenmodells mit dem Kunden. Dadurch konnten die Beteiligten nachvollziehen, wie die Daten transformiert wurden, und das Modell offiziell freigeben. Wie bereits erwähnt, hilft dies, die typische Reaktion „Das sind nicht meine Daten" zu vermeiden, wenn erstmals ein komplexes Prozessdiagramm (Spaghetti-Diagramm) betrachtet wird.

Funktionen von KNIME wie Workflow-Annotationen, Komponenten und Knotenbeschreibungen im Sinne einer „selbsterklärenden Dokumentation" haben dabei wesentlich dazu beigetragen, die Transformationen und die dahinterliegenden Überlegungen transparent zu kommunizieren.

16

Erstellung eines Referenzprozesses

Die Erstellung des Datenmodells für Ihre Process-Mining-Vorhaben ist bereits ein wesentlicher Teil der Arbeit, jedoch noch nicht der abschließende Schritt. Bevor Sie mit der eigentlichen Analyse im Process-Mining-Tool beginnen, ist eine weitere vorbereitende Maßnahme erforderlich: **die Erstellung eines Referenzprozesses**. Dieser stellt die formale Beschreibung dar, wie Arbeit idealerweise ausgeführt werden sollte, um sie anschließend mit dem Datensatz vergleichen zu können und zu erkennen, wie die Arbeit tatsächlich erfolgt ist. Dabei zeigen sich häufig Abweichungen von der Wahrnehmung des Managements, was in der Praxis nicht selten zu neuen Erkenntnissen führt (auch für die Revision).

Darüber hinaus eröffnet die Modellierung eines Prozesses die Möglichkeit für eine erste Analyseform, die über viele Jahre hinweg die klassische Analysemethode darstellte.

Dieses Kapitel beschreibt zunächst alle Aktivitäten zur Erstellung eines Referenzprozesses anhand des Heartbeat-Beispiels. Anschließend wird darauf aufbauend die Modellierung von Soll-Prozessen sowie deren Simulation behandelt.[45]

Import eines (vom Kunden) bereitgestellten Prozesses in das Modellierungswerkzeug

Der erste Schritt besteht darin, entweder eine grobe Skizze des betrachteten Prozesses durch Interviews mit Prozessexperten oder moderierte Workshops zu einem formalen BPMN-Diagramm weiterzuentwickeln oder, wie in unserem Fall, eine vom Kunden bereitgestellte *.bpmn*-Datei in das eingesetzte Prozessmodellierungswerkzeug zu importieren. Bei Verwendung eines standardisierten Dateiformats verlief der Import erwartungsgemäß ohne Probleme.

In der Praxis ist dies jedoch nicht immer der Fall. Einige Anbieterunternehmen interpretieren den Standard in ihrer Implementierung unterschiedlich und ergänzen den Code um zusätzliche Tags, die vor dem Import entfernt werden müssen.[46]

Alternativ besteht die Möglichkeit, einen im Process-Mining entdeckten Prozess in das Modellierungswerkzeug zu exportieren, wenn kein bestehendes Diagramm vorliegt. In diesem Fall bietet es sich an, im Mining-Tool diejenigen Varianten auszuwählen, die zusammen etwa 80% aller Fälle abdecken. Dieser Wert ist bewusst pragmatisch gewählt; erfahrungsgemäß decken die ersten fünf bis zehn Varianten einen Großteil der Fälle ab, während die verbleibenden Varianten einen sogenannten langen Ausläufer mit Einzel- oder Sonderfällen bilden. Auch dieser Ansatz kann eine geeignete Grundlage für Prozessworkshops darstellen.

In unserem Projekt lag bereits ein vom Kunden erstelltes Prozessdiagramm vor. Abbildung 16.1 zeigt den importierten Prozess im oberen Bereich der Darstellung.

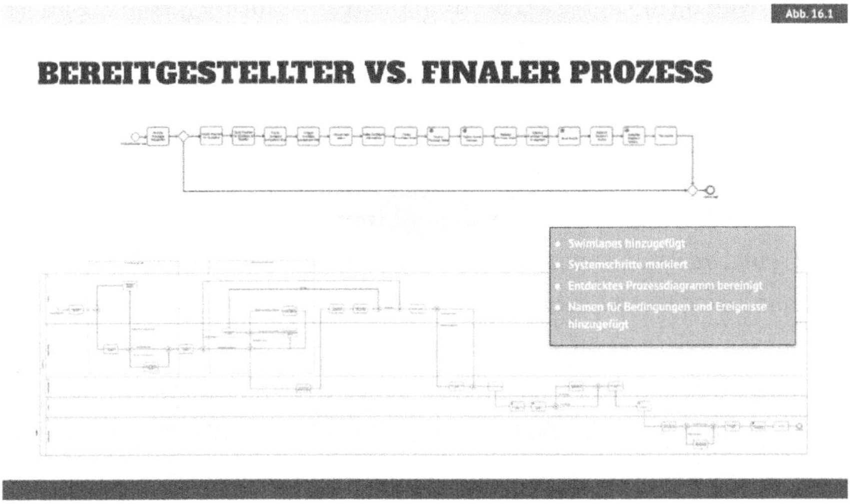

Abb. 16.1: Importierter Kundenprozess und Erweiterung

Das importierte Diagramm zeigt jedoch häufig **nur einen Teil des Gesamtbilds**. Auf Basis der Erkenntnisse aus der Datenmodellierung können Sie das Prozessmodell gezielt um zusätzliche Informationen erweitern:

- **Die auffälligste visuelle Ergänzung ist die Einführung von Schwimmbahnen (Swimlanes).** Diese werden typischerweise zur Abbildung von Rollen oder Anwendungen verwendet, wobei die entsprechenden Userinformationen im Datensatz enthalten sind. Nach dem Anlegen der Swimlanes ordnen Sie Ereignisse, Aufgaben und die Prozesslogik den jeweiligen Bahnen zu.
  Dabei zeigt sich häufig, dass der Prozess deutlich komplexer und verschachtelter wirkt als ursprünglich angenommen. Dies kann ein Hinweis darauf sein, dass der Prozess weniger klar strukturiert ist, als es zu Beginn des Projekts von den Prozesseignern dargestellt wurde.
- **Im zweiten Schritt kennzeichnen Sie automatisierte Prozessschritte**, die in der Regel durch sogenannte „Systemuser" ausgeführt werden. In unserem Szenario ist zu berücksichtigen, dass sowohl interne als auch externe Systemuser existieren, da Heartbeat externen Anbieter-

anwendungen Zugriff auf bestimmte Prozessschritte gewährt. Dies ist eher unüblich. Üblicherweise werden externe Interaktionen in BPMN als separate Pools mit Nachrichtenaustausch modelliert. Da mir jedoch kein Process-Mining-Tool bekannt ist, das das Pool-Konzept vollständig unterstützt, bleiben zwei praktikable Optionen: Entweder werden externe Schritte wie interne Prozessschritte behandelt, oder sie werden in einer separaten Swimlane modelliert. In unserem Beispiel wurden sie inline modelliert, da der Kunde nicht zwischen interner und externer Automatisierung differenziert hat. Eine spätere Analyse ist dennoch möglich, etwa durch Filterung nach unterschiedlichen Usertypen.

- **Der dritte Schritt besteht in der Bereinigung und strukturellen Optimierung des Diagramms**, mit dem Ziel, einen möglichst gut verständlichen Sequenzfluss zu erreichen. Dazu werden Swimlanes und weitere Modellelemente sinnvoll angeordnet. Wenn sich hierbei erhebliche Schwierigkeiten ergeben, kann dies ein erstes Anzeichen für konzeptionelle Schwächen oder ein nicht optimal gestaltetes Prozessdesign sein.
  Darüber hinaus ist zu beachten, dass viele von Fachbereichen erstellte Prozessdiagramme nicht den formalen Standards entsprechen, die von ausgebildeten Business-Analysten erwartet werden. Häufig werden BPMN-Regeln nicht korrekt angewendet. Ein typisches Beispiel ist die Fehlinterpretation von Gateways als „Entscheidungspunkte" im Sinne von Aktivitäten. Tatsächlich dient ein Gateway ausschließlich der Steuerung des Prozessflusses, nachdem eine Entscheidung bereits getroffen wurde. Die Entscheidung selbst muss in BPMN als Aufgabe modelliert werden. Stellen Sie sicher, dass Sie diese Aspekte bei der gemeinsamen Durchsicht des bereinigten Diagramms mit den Prozessve rantwortlichen erläutern.
- Darüber hinaus sollten Sie **die Bedingungen für Verzweigungen im Prozess eindeutig klären**. Diese Informationen waren im vom Kunden bereitgestellten Diagramm nicht enthalten und müssen daher mit den Prozessexperten abgestimmt werden. Auf dieser Grundlage erhalten Sie ein erstes Set von Geschäftsregeln, etwa Schwellenwerte wie „über $50" und „unter $50", die festlegen, welcher Pfad nach einem Gateway

gewählt wird.
Im Zuge dieser Abstimmung empfiehlt es sich außerdem zu erfragen, **wann diese Schwellenwerte definiert wurden**. In vielen Organisationen ist dies nicht bekannt, und nicht selten stammen solche Geschäftsregeln aus mehreren Jahrzehnten. Dies wirft die Frage auf, ob die Schwellenwerte heute noch angemessen sind oder ob sie zu niedrig angesetzt sind und dadurch unnötige Komplexität sowie zusätzliche Genehmigungsschritte im Prozess verursachen ($50 im Jahr 1980 entsprechen beispielsweise etwa $195 im Jahr 2025).

Nach der Erweiterung des Prozessdiagramms zeigt sich, dass sich der Prozess in vier klar unterscheidbare Phasen gliedert:

- Bedarfsmeldung
- Angebots- und Auftragserstellung
- Auftragsabwicklung
- Zahlungsabwicklung

Darüber hinaus zeigt sich, dass in den ersten beiden Prozessphasen ein erheblicher Austausch zwischen den beteiligten Rollen stattfindet, während die letzten beiden Phasen vergleichsweise geradlinig ablaufen.

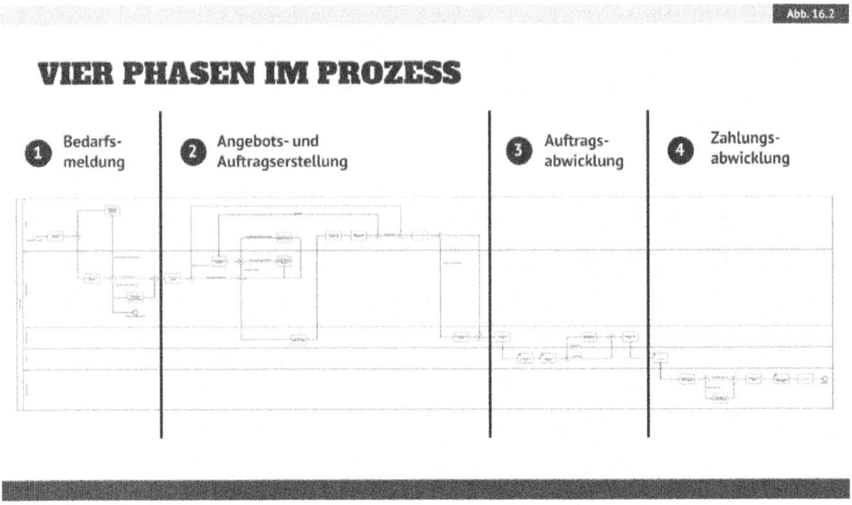

Abb. 16.2: Abgrenzung der unterschiedlichen Prozessphasen

Grundlegende Prozessanalyse

Nachdem Sie das Prozessmodell bereinigt haben, empfiehlt es sich, zunächst einige der im Tool enthaltenen Standardanalysen anzuwenden.[47] Dabei handelt es sich typischerweise um Auswertungen zur Ermittlung der Anzahl von Übergaben zwischen Rollen (je weniger, desto besser) oder zur Nutzung von Anwendungen und dem Wechsel zwischen diesen (auch hier gelten weniger Wechsel als günstiger).

Ziel ist es, das zu identifizieren, was im Lean-Kontext als **Wert** und **Verschwendung** bezeichnet wird:

- **Wert** bezeichnet das messbare geschäftliche Ergebnis eines Prozesses. Dies kann das unmittelbare Ergebnis für einen Kunden sein, etwa die Lösung eines konkreten Problems. Ebenso kann es sich um ein Zwischenergebnis innerhalb einer längeren Prozesskette handeln, das letztlich zu einem Kundenergebnis führt. Ein Beispiel hierfür ist die Erstellung einer Bestellung im Beschaffungsprozess (P2P), die erforderlich ist, um den ersten Prozessschritt abzuschließen und Lieferanten zur Lieferung eines Produkts oder zur Erbringung einer Dienstleistung zu veranlassen.

- **Verschwendung** umfasst alle Aktivitäten, die nicht zur Wertschöpfung beitragen, sondern lediglich ausgeführt werden, „weil sie schon immer so durchgeführt wurden". Im Lean-Ansatz existiert hierfür eine klar definierte Abgrenzung, deren vertiefte Betrachtung empfehlenswert ist.[48] Beispiele für Verschwendung sind unvollständige Prozessausführungen oder eine geringe Ergebnisqualität, die Nacharbeit erforderlich macht, die grundsätzlich vermeidbar wäre.
  Dabei ist zu beachten, dass dies nicht bedeutet, Aktivitäten wie Systemdokumentation oder regulatorisch vorgeschriebene Schritte pauschal aus Prozessen zu entfernen, nur weil ein Endkunde keinen unmittelbaren Nutzen daraus zieht. Diese Tätigkeiten schaffen ebenfalls Wert, richten sich jedoch an andere Stakeholder als den zahlenden Endkunden, etwa an zukünftige IT-Teams, die ein System weiterentwickeln müssen, oder an die Öffentlichkeit, die darauf vertraut, dass Prozesse regelkonform und ordnungsgemäß durchgeführt werden.

Abb. 16.3: Arten von Verschwendung im Lean-Kontext

Zu diesem Zeitpunkt verfügen Sie möglicherweise noch nicht über all diese Informationen. Dennoch empfiehlt es sich, diese Aspekte in Prozessworkshops mit dem Fachbereich zu diskutieren und entsprechende Notizen festzuhalten. Personen, die einen Prozess operativ ausführen, wissen in der Regel sehr genau, an welchen Stellen es zu Verzögerungen kommt oder wo Verbesserungsbedarf besteht. Diese Hinweise sollten Sie in Ihre Hypothesen aufnehmen und anschließend anhand der Daten überprüfen, um festzustellen, ob sich diese „Bauchgefühle“ im Datensatz bestätigen.

Nutzen Sie die Gespräche zudem, um **zusätzliche Kontextinformationen zum Prozess** zu sammeln. Ergänzend dazu sollten Sie die Analysefunktionen Ihres Modellierungswerkzeugs (z. B. Berichte, Abfragen) heranziehen, um eine grundlegende Analyse durchzuführen.

Diese kann unter anderem die folgenden Bereiche umfassen:

- **Prozess:** Anzahl der Prozesse und Aufgaben, organisatorische Änderungen, Systemwechsel, interne und externe Übergaben, Genehmigungen und Kontrollpunkte, Schwachstellen sowie Prozesslücken.
- **Anwendungen:** Anzahl der eingesetzten Werkzeuge, funktionale Überschneidungen, eindeutige Werkzeugkombinationen, technische Schnittstellen sowie Workflows und Integrationen.
- **Organisation:** Anzahl der Organisationseinheiten und Rollen sowie mögliche Konsolidierungen infolge von Prozessverbesserungen.
- **Daten:** Projektergebnisse, Informationsübergaben sowie Überschneidungen von Daten und Ergebnissen entlang des Prozesses.
- **Risiken und Kontrollen:** Anzahl identifizierter Risiken und Kontrollen, Anteil der Risiken, die einem Kontrollrahmen zugeordnet sind, sowie der Grad der Risikominderung durch definierte Kontrollen.

Abschließend empfiehlt es sich, jene Bereiche erneut zu betrachten, in denen die Bereinigung des importierten Prozessmodells besonders schwierig war, und diese ebenfalls mit dem Fachbereich zu besprechen. In unserem Beispiel – dargestellt in Abbildung 16.4 – sind zwei Genehmigungen vorgesehen (eine für die Bedarfsmeldung und eine für das Angebot), die jedoch uneinheitlich gehandhabt werden. Dies kann auf ein potenzielles Compliance-Risiko hinweisen.

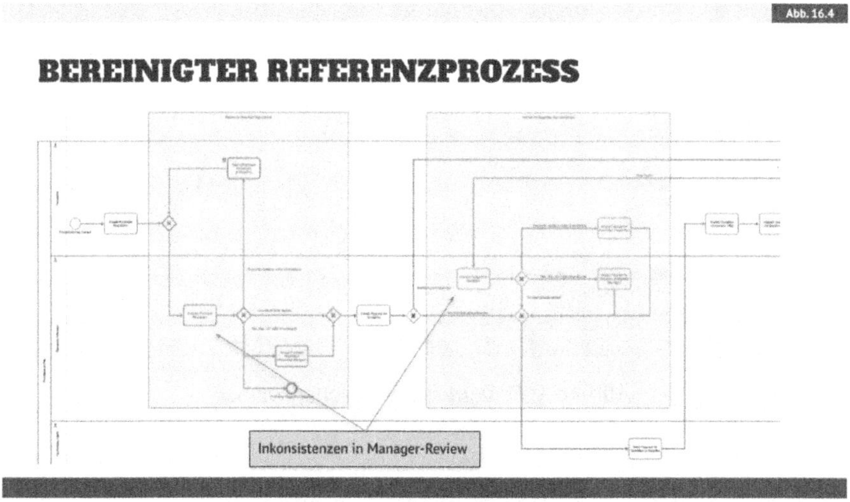

Abb. 16.4: Uneinheitliches Prozessmuster mit potenziellen Compliance-Risiken

Aus diesen Aktivitäten ergeben sich zwei wesentliche Ergebnisse

- Sie gewinnen ein klares Verständnis des Ist-Prozesses, und
- Sie identifizieren bereits erste Bereiche mit Verbesserungspotenzial.

Erstellung des Soll-Prozesses

Der nächste Schritt kann, abhängig von den zusätzlichen Analysen, die Sie später in Schritt 5 des sechsstufigen Vorgehens durchführen, mehrere Iterationen erfordern. Ziel ist es, einen **erweiterten Referenzprozess** zu erstellen, der die in Workshops erarbeiteten Verbesserungen sowie die daraus abgeleiteten Vorschläge in einem separaten Prozessdiagramm abbildet.

Abbildung 16.5 zeigt hierzu beispielhaft die optimierten Genehmigungsschritte im Angebotsprozess.

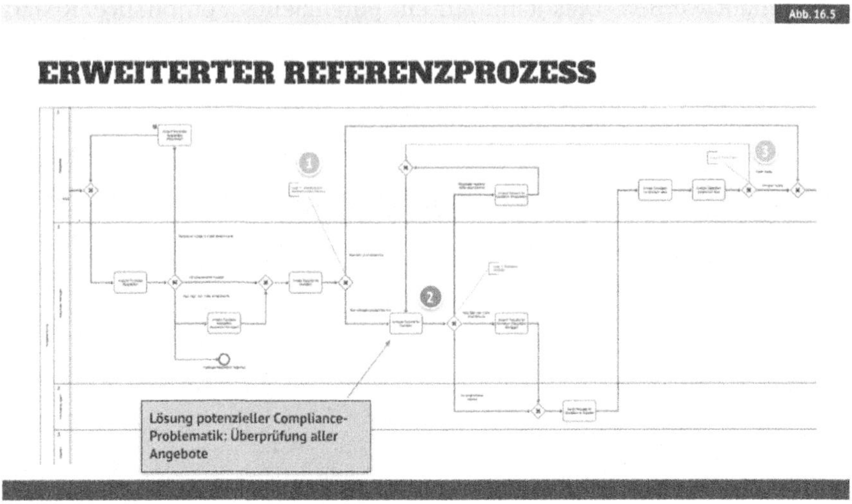

Abb. 16.5: Erweiterter Referenzprozess

Dies ermöglicht es Ihnen, die **Konformitätsanalyse** im Rahmen des sechsstufigen Vorgehens zweimal durchzuführen, in Schritt 5 und in Schritt 6:

- Wie die Arbeit zu Projektbeginn ausgeführt werden sollte (das bereinigte Modell ohne Verbesserungen) und wie konform die tatsächliche Ausführung im Vergleich zu diesem Prozess war, als Bestandteil von Schritt 5.
- Wie die Arbeit künftig ausgeführt werden sollte. Auf dieser Basis können Sie in Schritt 6 bewerten, ob sich die Konformität im Vergleich verbessert.

Auf die Konformitätsanalyse wird im nächsten Kapitel detailliert eingegangen. Bitte beachten Sie jedoch bereits an dieser Stelle, dass die BPMN-Diagramme in das Process-Mining-Tool hochgeladen und die Aktivitäten aus dem Ereignisprotokoll den jeweiligen Prozessschritten im Diagramm zugeordnet werden müssen.

Die konkreten Schritte unterscheiden sich je nach eingesetztem Werkzeug. In der ARIS-Plattform erfolgt dies sehr unkompliziert, indem der Prozess per Knopfdruck an Process-Mining übergeben und anschließend die Zuordnung der Prozessschritte im Datenmodell vorgenommen wird.

Erweiterung des BPMN-Diagramms für die Simulation

Eine Analysemethode, die Sie in Process-Mining-Projekten berücksichtigen sollten, ist die Simulation.[49] Je nach eingesetztem Werkzeug stehen unterschiedliche Simulationsarten zur Verfügung. Empfehlenswert ist ein Simulationswerkzeug, das außerhalb des eigentlichen Process-Mining-Tools angesiedelt ist, jedoch auf die dort erhobenen und berechneten Daten zugreifen kann.

Abhängig vom jeweiligen Anbieterunternehmen kann dieser Datenaustausch weitgehend automatisiert erfolgen oder eine manuelle Datenübertragung erfordern. In beiden Fällen sollte der zusätzliche Aufwand jedoch überschaubar bleiben und keinen wesentlichen Zeitverzug verursachen.

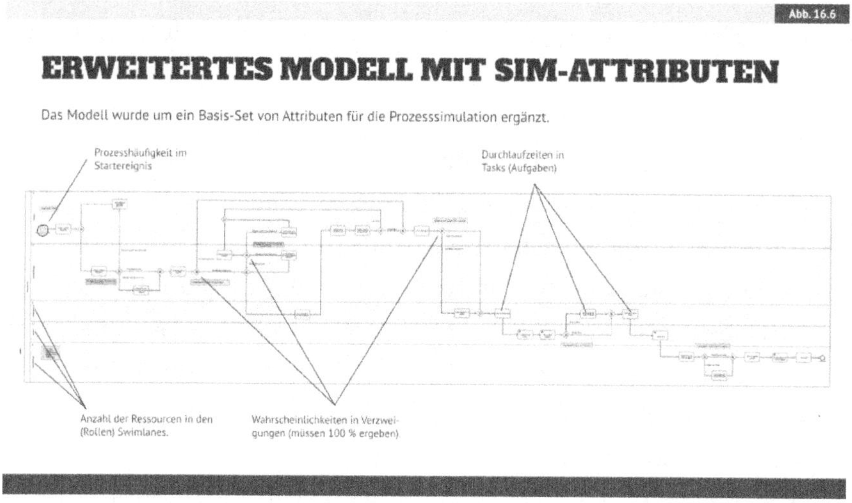

Abb. 16.6: Zusätzliche Informationen im Diagramm für die Prozesssimulation

Bei der Vorbereitung Ihres Simulationsmodells sollten Sie mindestens die folgenden Attribute ergänzen, um aussagekräftige Ergebnisse zu erzielen:[50]

- **Frequenzangaben** für die Startereignisse: Wie häufig wird der Prozess ausgelöst? Täglich, 10x pro Tag, 50x pro Stunde oder 10.000x pro Monat.
- **Aufgabendauer:** Hier sind sehr detaillierte Modellierungen möglich. In einem Produktionsprozess kann dies beispielsweise Rüstzeiten zur Vorbereitung einer Maschine, die eigentliche Bearbeitungszeit sowie Wartezeiten (etwa zum Trocknen von Lack) umfassen. Für eine erste Simulation empfiehlt es sich jedoch, ausschließlich mit der durchschnittlichen Bearbeitungszeit zu arbeiten.
- **Wahrscheinlichkeiten bei Verzweigungen:** Sie müssen dem Simulationswerkzeug vorgeben, welcher Anteil der Prozessinstanzen welchen Pfad nimmt. Achten Sie darauf, dass sich die angegebenen Wahrscheinlichkeiten insgesamt zu 100% summieren.
- **Ressourcen:** In den meisten Fällen handelt es sich hierbei um Rollen bzw. Personen. Zusätzlich können jedoch auch technische oder andere Ressourcen mit relevanten Attributen berücksichtigt werden. Für Rollen empfiehlt es sich, mindestens folgende Informationen zu hinterlegen: Anzahl der Personen je Rolle, Kosten für produktive Zeit sowie Kosten für Leerlaufzeiten (die bei Büroarbeitsplätzen häufig identisch sind). Diese Angaben sollten als Stundenwerte erfasst werden. Die Simulation berechnet daraus sowohl die Auslastung der Rollen in Prozent (um zu erkennen, ob ausreichend Kapazitäten vorhanden sind) als auch die Kosten für die tatsächlich geleistete Arbeit.
  Technische Ressourcen lassen sich sinnvoll als separate Swimlanes modellieren. Die Kosten können als „durchschnittliche Gesamtkosten" direkt an den jeweiligen Aufgaben hinterlegt werden. Das Simulationswerkzeug ermittelt die Kosten, indem es die Kosten pro Aufgabe mit der Anzahl der Ausführungen multipliziert.
- **Arbeitszeitmodell:** Standardmäßig geht das Simulationswerkzeug davon aus, dass 24 Stunden pro Tag verfügbar sind. Dies entspricht in der Regel nicht der Realität. Daher sollten Sie ein Arbeitszeitmodell konfigurieren. Für den Einstieg reicht häufig ein einfaches Modell, wie ein „8-Stunden-Arbeitstag". Alternativ können komplexere Zeitpläne definiert werden, die sich an realen Kalendern orientieren und Wochenenden

sowie Feiertage berücksichtigen. Wenn Teilzeitrollen existieren (z. B. im Einzelhandel), kann es erforderlich sein, das Prozessmodell anzupassen und Verzweigungen einzuführen, um unterschiedliche Kapazitäten von Vollzeit- und Teilzeitkräften korrekt abzubilden.

Simulationsanalyse

Wie bereits erwähnt, können Sie bei der Konfiguration einer Simulation sehr stark ins Detail gehen. Es empfiehlt sich, sich mit dieser Technologie vertraut zu machen. Für den Einstieg gilt jedoch: Halten Sie die Simulation bewusst einfach.

Darüber hinaus können Sie die Simulationsergebnisse analysieren – sowohl für einzelne Simulationsläufe als auch im Vergleich mehrerer Läufe, nachdem Sie Änderungen am zugrunde liegenden Modell vorgenommen haben.

Für eine **Einzelanalyse** können Sie die Ergebnisse mit den definierten SLAs und Ihren Erwartungen an die Prozessausführung vergleichen. Dabei betrachten Sie unter anderem die nachfolgend genannten Kriterien. Zusätzlich lassen sich weitere Auswertungen erstellen, etwa Diagramme zur Identifikation von Engpässen. Diese können beispielsweise entstehen, indem Bearbeitungszeiten und dynamische Wartezeiten je Prozessschritt in Balkendiagrammen dargestellt werden. Solche Engpässe sind in aggregierten Gesamtergebnissen nicht immer unmittelbar sichtbar.

Auf dieser Grundlage können Sie gezielt Anpassungen am Prozessmodell vornehmen, etwa die Anzahl der Mitarbeitenden in einer Rolle erhöhen und prüfen, ob sich der identifizierte Engpass dadurch auflöst.

Aus naheliegenden Gründen handelt es sich hierbei um eine stark prozessspezifische Analyse, die sich von Prozess zu Prozess unterscheidet. Eine vollständige Abdeckung aller möglichen Aspekte ist daher an dieser Stelle nicht möglich. Die Dokumentation des jeweils eingesetzten Simulationswerkzeugs gibt jedoch in der Regel Hinweise darauf, welche Kennzahlen und Muster besonders relevant sind. Häufig handelt es sich dabei um eine Teilmenge der Aspekte, die im nächsten Schritt des sechsstufigen Vorgehens betrachtet werden.

Für die **Gesamtbewertung** empfiehlt es sich, zunächst eine Basissimulation für den aktuell modellierten Ist-Zustand durchzuführen. Anschließend führen Sie weitere Simulationen für die definierten Soll-Zustände durch, die entweder in Schritt 4 des Vorgehens oder später in Schritt 6 im Rahmen der Ausarbeitung konkreter Verbesserungsmaßnahmen entstehen.

Insgesamt ist es sinnvoll, die Ergebnisse jedes Simulationslaufs strukturiert in einer Tabelle zu erfassen und miteinander zu vergleichen, um die beste Variante zu identifizieren. Typische Kennzahlen sind dabei unter anderem:

- **Kapazität:** Wie viele Prozessinstanzen wurden innerhalb des Simulationszeitraums gestartet, und wie viele davon wurden abgeschlossen?
- **Zeit:** Wie hoch ist die durchschnittliche Durchlaufzeit des Prozesses insgesamt sowie der einzelnen Aktivitäten? Gibt es Unterschiede zwischen den Simulationen, wenn ein kalenderbasiertes Arbeitszeitmodell verwendet wird (z. B. Maschinen, die rund um die Uhr betrieben werden können)?
- **Kosten:** Gesamtkosten des Prozesses (unter Berücksichtigung personeller und technischer Ressourcen). Berechnen Sie zusätzlich die Kosten je Aktivität, insbesondere wenn Sie erwägen, einzelne Schritte oder größere Teile des Prozesses zu automatisieren, etwa durch den Einsatz agentenbasierter KI.
- **Auslastung:** Verhältnis der aktiven Bearbeitungszeit von Rollen zur verfügbaren Arbeitszeit. Diese Kennzahl unterstützt die bedarfsgerechte Dimensionierung der Personen je Rolle. Einige Simulationswerkzeuge stellen diese Berechnung bereits bereit und liefern für jedes simulierte Modell empfohlene Spannbreiten für die Anzahl der Personen pro Rolle.
- **Engpässe:** Qualitative Bewertung der Stellen, an denen der Prozess Engpässe aufweist. Dokumentieren Sie, an welchen Punkten diese auftreten und wie häufig sie beobachtet werden.

Zentrale Erkenntnisse aus dem Beispielprojekt

Die Erstellung eines formalen Prozessmodells auf Basis einer Skizze aus Schritt 1 oder das Importieren und Bereinigen eines vom Kunden bereitgestellten BPMN-Diagramms ist weit mehr als ein rein formaler Vorbereitungsschritt für die Konformitätsanalyse in Schritt 5 des sechsstufigen Vorgehens.

Bereits in dieser Phase konnten erste Analyseergebnisse gewonnen werden, die auf konkrete Verbesserungspotenziale hinweisen:

- **Der erste zentrale Befund ist, dass der Prozess weniger klar strukturiert ist, als vom Kunden zunächst angenommen.** Die Schwierigkeiten bei der Bereinigung des BPMN-Diagramms, insbesondere im Bereich der beiden Prüf- und Genehmigungsschritte (Bedarfsmeldung und Angebot), haben Inkonsistenzen offengelegt. Diese können im ungünstigsten Fall regulatorische Auswirkungen haben oder zumindest auf Vereinfach ungspotenziale und eine Überprüfung der Regeln für Prüfungen und Genehmigungen hinweisen. In jedem Fall erscheint eine Anpassung des Soll-Prozesses sinnvoll.
- **Ein weiterer wichtiger Aspekt ist die Intensivierung des Austauschs mit den Prozessexperten.** Durch die gemeinsame Durchsicht des Prozessmodells konnten zusätzliche Erkenntnisse gewonnen werden, die häufig außerhalb formaler Strategie- oder Lenkungsgremien entstehen. In solchen Gesprächen äußern sich Prozessexperten oft offener, was ausdrücklich wünschenswert ist. Zudem entsteht Vertrauen, wodurch Sie nicht nur als externe beratende Person, sondern als konstruktive Gesprächsperson wahrgenommen werden. Dies erleichtert die Akzeptanz der späteren Analyseergebnisse und fördert einen sachlichen Umgang mit den daraus abgeleiteten Maßnahmen.
  Halten Sie solche Hinweise unbedingt fest, auch wenn sie nicht unmittelbar zum aktuellen Diskussionsthema passen. Möglicherweise erkennen Sie später Muster, die sich nicht direkt aus den Process-Mining-Visualisierungen ergeben. Diese können sowohl prozessualer als auch

organisatorischer Natur sein, etwa ein mangelndes Vertrauensverhältnis zwischen Fachbereichen und Management, das gezielte Maßnahmen erfordert.

- **Darüber hinaus lassen sich mit den Analysefunktionen des Modellieru ngswerkzeugs grundlegende Auswertungen durchführen**, die weitere Veränderungsideen liefern können. Im Beispielprojekt wies die hohe Anzahl an Übergaben auf strukturelle Herausforderungen in den ersten beiden Prozessphasen hin.
  Gleichzeitig zeigte sich, dass die eingesetzten Anwendungen insgesamt effizient genutzt werden, da nur zwei zentrale Systeme beteiligt sind, die klar den jeweiligen Prozessphasen zugeordnet sind. Die Anzahl der Systemwechsel bestätigte diese Einschätzung.
- **Die Simulation als weiterführende Analysetechnik trägt wesentlich zu einem vertieften Prozessverständnis bei.** Durch die Ergänzung von Zeitplänen, Ressourcen- und Kosteninformationen lässt sich der Prozess realitätsnäher bewerten. Die Simulation des Ist-Zustands dient dabei als belastbare Referenz für zukünftige Prozessänderungen. Die modellierten Soll-Zustände können anschließend separat simuliert und miteinander verglichen werden, um zentrale Kennzahlen gegenüberzustellen und zu bewerten, ob die vorgeschlagenen Maßnahmen tatsächlich eine messbare Wirkung entfalten.

17

Prozessanalyse

Wir verfügen bereits über einige Analyseergebnisse, doch dieses Kapitel enthält die zentralen Analysen, die man typischerweise von einem Process-Mining-Tool erwartet. Allerdings können die unterschiedlichen Analysearten für neue User zunächst verwirrend sein.

Ein strukturierter Analyseansatz lässt sich sinnvoll in drei Schritte gliedern:

- Ein fundiertes Verständnis des Prozesses, des „Gesamtbildes“ sowie seiner wesentlichen Charakteristika entwickeln
- Eine übergeordnete Analyse durchführen
- Auf Grundlage der in Schritt 1 formulierten Hypothesen sowie der bereits geführten Gespräche eine vertiefende Analyse vornehmen

Wie bereits erwähnt, sollten Sie zudem einen zentralen Ort vorsehen, an dem Analyseergebnisse und erste Ideen für Erkenntnisse systematisch festgehalten werden. Für dieses Buch wurde dafür beispielhaft eine Seite in Notion angelegt, auf der ausgewählte Beobachtungen und Überlegungen dokumentiert sind.

Die detaillierten Ergebnisse sollten auf einer gemeinsam genutzten Seite gesammelt werden (beispielsweise in Notion, wie Abbildung 17.1 zeigt), sodass alle Beteiligten Beiträge ergänzen können. Diese Seite dient zugleich dazu, **Verbesserungsideen zu sammeln und vorzubereiten**, die im nächsten Schritt des sechsstufigen Vorgehens priorisiert und bewertet werden.

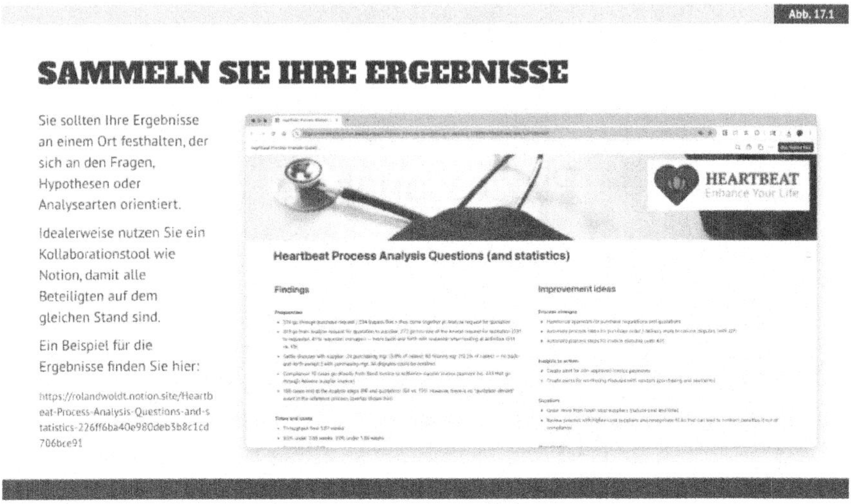

Abb. 17.1: Notion-Seite zur Sammlung von Erkenntnissen und Ideen[51]

Eine weitere sinnvolle Vorgehensweise ist die Erstellung eines **Ishikawa-(Ursache-Wirkungs-)Diagramms**,[52] das sich an den Fragestellungen des Kunden orientiert. Unabhängig vom gewählten Instrument ist es entscheidend, die Analyse **strukturiert** durchzuführen und nicht ungerichtet vorzugehen. Ohne klare Fokussierung und methodisches Vorgehen ist die Wahrscheinlichkeit gering, belastbare Erkenntnisse und konkrete Verbesserungsideen zu identifizieren.

Beachten Sie zudem, dass auch dieser Schritt, wie die vorangegangenen, iterativ angelegt ist. Es kann erforderlich sein, zu früheren Analysen zurückzukehren und einzelne Aspekte weiter zu vertiefen, um Fragen zu beantworten, die sich an anderer Stelle ergeben.

Zur Einhaltung des Projektzeitplans und mit dem Ziel, innerhalb kurzer Projektlaufzeiten von vier bis fünf Wochen messbaren Mehrwert zu schaffen, sollte die Anzahl der Iterationen bewusst begrenzt werden.

Themen, die nicht unmittelbar bearbeitet werden können, lassen sich in einer Warteliste festhalten und in einer nachfolgenden Projektiteration gezielt aufgreifen.

Verständnis des im Scope befindlichen Prozesses

Wie im vorherigen Kapitel dargestellt, besteht der betrachtete Prozess aus vier klar abgegrenzten Phasen (Bedarfsmeldung, Angebots- und Auftragserstellung, Auftragsabwicklung sowie Zahlungsabwicklung; siehe Abbildung 16.2). Darüber hinaus gibt es weitere Aspekte, die Sie für ein umfassendes Prozessverständnis berücksichtigen sollten:

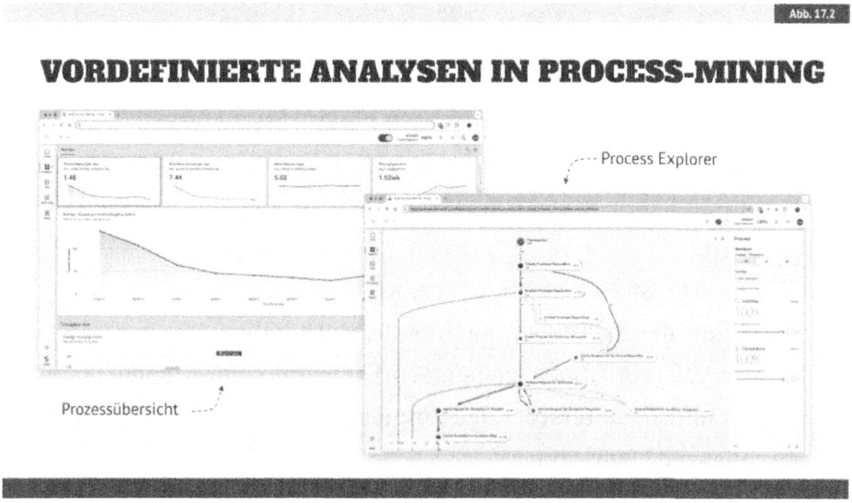

Abb. 17.2: Standard-„Apps“ in Process-Mining-Tools

- **Was sind die wesentlichen Merkmale des Prozesses?** Hierzu können Sie die Standardauswertungen Ihres Process-Mining-Tools heranziehen, um einen ersten Überblick über Struktur, Varianten, Durchlaufzeiten und zentrale Auffälligkeiten zu gewinnen.

Dies vermittelt Ihnen ein gutes Verständnis des „Was ist passiert“. Falls Ihr Tool hierfür keine vorgefertigte Auswertung bereitstellt, empfiehlt es sich, eine standardisierte Darstellung selbst zu erstellen.

- **Die zweite zentrale Visualisierung ist der sogenannte „Process Explorer“**, der als typische Darstellung eines Process-Mining-Tools gilt. Nutzen Sie ihn in dieser Phase zunächst, um ein Gefühl für den Prozess zu entwickeln, indem Sie die Parameter für die Anzahl der Aktivitäten und Verbindungen anpassen. Werden diese weit geöffnet, steigt die Wahrscheinlichkeit, dass das bekannte „Spaghetti-Diagramm“ entsteht. Ziel ist es, zu verstehen, wie komplex die Aktivitäten in den einzelnen vier Prozessphasen sind und wie viele Schleifen im Prozess auftreten. Daraus gewinnen Sie eine erste Orientierung, welche Bereiche Sie in der vertieften Analyse priorisieren sollten, um die Fragestellungen des Kunden gezielt zu beantworten.
- **Darüber hinaus können Sie die KI-Funktionen Ihres Werkzeugs nutzen**, um gezielt nach Auffälligkeiten im Prozess zu fragen. Dies kann zusätzliche Hinweise liefern, die Sie in Ihre Liste der zu untersuchenden Aspekte aufnehmen, etwa ungewöhnlich hohe Volumina oder auffällige Zeitwerte.
  Gleichzeitig ist zu beachten, dass KI-Werkzeuge zum Zeitpunkt der Erstellung dieses Textes noch keine vollständige Analyse ersetzen können. Die von ihnen gelieferten Hinweise sollten daher kritisch geprüft und als unterstützende Impulse verstanden werden, nicht als abschließende Bewertung.

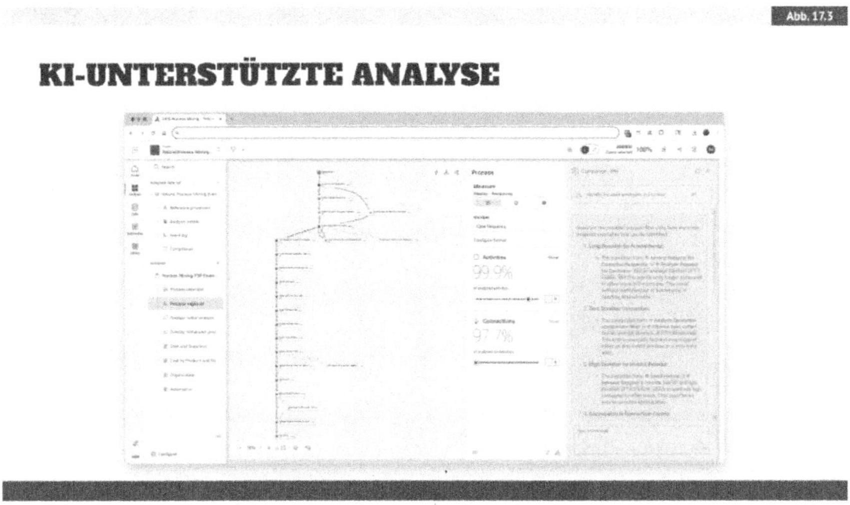

Abb. 17.3: KI-gestützte Analysefunktionen in Process-Mining-Tools

Übergeordnete Prozessanalyse

Beginnen wir mit einer vertieften Betrachtung der Analyseverfahren, die typischerweise in Process-Mining-Tools integriert sind: welche Aufgaben sie erfüllen, welche Erkenntnisse sich daraus gewinnen lassen und welche nachgelagerten Analyseschritte sich daraus häufig ergeben.

Ziel der übergeordneten Prozessanalyse ist es, zentrale Erkenntnisse und Trends zu identifizieren, auch wenn für eine detaillierte Analyse nicht immer ausreichend Zeit zur Verfügung steht. Eine gründliche Untersuchung ist zwar grundsätzlich vorzuziehen, in der Praxis müssen jedoch mitunter Ergebnisse unter Zeitdruck geliefert werden.

Abbildung 17.4 zeigt die Aktivitäten der übergeordneten Analyse in einer Gesamtübersicht. Wie dargestellt, erfordern die verschiedenen Analysearten den Einsatz mehrerer Werkzeuge und beschränken sich nicht ausschließlich auf das Process-Mining-Tool selbst.

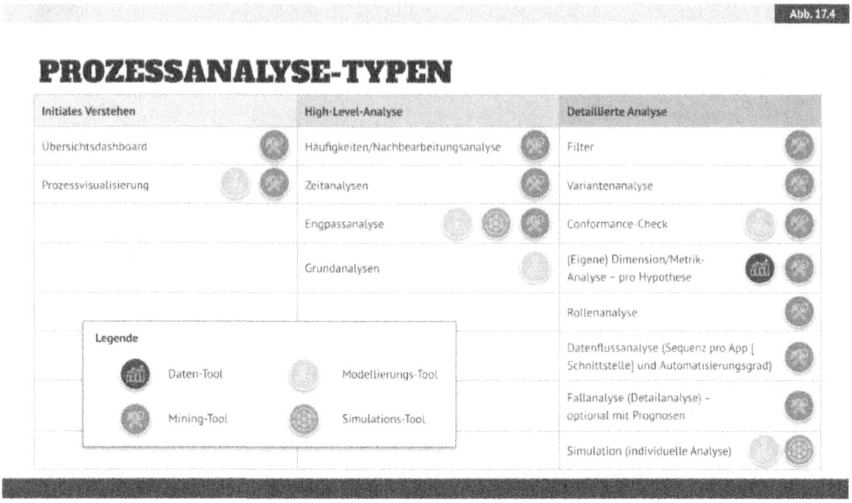

Abb. 17.4: Überblick über die Analysearten der Prozessanalyse

- **Die erste Analyseform ist die Frequenzanalyse.**

  Diese führen Sie im Process Explorer durch, wie in Abbildung 17.2 dargestellt. Sie beantwortet die zentrale Frage: **„Wie häufig tritt dieser Vorgang auf?"**

  Dargestellt wird die Häufigkeit der Fälle, die einzelnen Aktivitäten sowie die unterschiedlichen Pfade des entdeckten Prozesses durchlaufen. Dadurch lassen sich der Standardpfad (Happy Path) sowie Schleifen erkennen, die je nach Kontext erwünscht oder unerwünscht sein können. Im zuvor erstellten Prozessmodell zeigen sich diese als alternative Pfade nach einem Gateway. Besonders relevant ist die Frage, ob sich bestimmte Muster erkennen lassen oder ob Pfade genutzt werden, die nicht den definierten Vorgaben entsprechen, etwa die Zahlung einer Rechnung ohne vorherige Genehmigung, was auf ein Konformitätsrisiko hindeutet. In den Werkzeugen können Sie von der Fallansicht zur Aktivitätsansicht wechseln. Dort sehen Sie, wie häufig eine bestimmte Aktivität ausgelöst wurde. Liegt diese Anzahl über der Zahl der Fälle, die diese Aktivität durchlaufen haben, deutet dies auf Nacharbeit hin. Dies ist in der

Regel unerwünscht. Entsprechende Stellen sollten daher dokumentiert werden, um die Ursachen im Rahmen der vertieften Analyse gezielt zu untersuchen.

- **Die nächste Analyse erfolgt ebenfalls im Process Explorer und betrifft die Zeitanalyse.** Sie beantwortet die zentrale Frage: **„Wie lange dauert es?“** Abhängig vom Datensatz können Sie sowohl die Zeit zwischen zwei Prozessschritten als auch die Dauer einzelner Aktivitäten analysieren. Dabei stehen unterschiedliche Kennzahlen zur Verfügung, etwa Durchschnitt, Median, Minimum, Maximum usw. Diese Werte sind insbesondere dann hilfreich, wenn Sie später Zwei- oder Dreifaktorenanalysen durchführen möchten. (In unserem Datensatz könnte es beispielsweise sinnvoll sein zu untersuchen, welche Lieferanten nicht nur die höchsten Kosten verursachen, sondern zugleich die längsten Durchlaufzeiten aufweisen, um mögliche Zusammenhänge zu erkennen.) Analog zur Frequenzanalyse sollten Sie die Aktivitäten und Pfade mit den längsten Laufzeiten identifizieren und dokumentieren, um Ansatzpunkte für eine weiterführende Analyse zu gewinnen.
- **Eng mit Zeit- und Frequenzanalysen verknüpft ist die Identifikation von Engpässen.** Einige Process-Mining-Tools bieten Animationsfunktionen, mit denen sich der Prozess schrittweise „abspielen“ lässt. Dabei werden einzelne Fälle entlang des entdeckten Prozessmodells visualisiert und verbleiben entsprechend den Zeitstempeln im Datensatz an den jeweiligen Prozessschritten. Dies vermittelt einen anschaulichen Eindruck davon, an welchen Stellen sich der Prozess verlangsamt oder zum Stillstand kommt. Solche Visualisierungen helfen, Engpässe intuitiv zu erkennen und gezielt weiter zu untersuchen.
- **Eine effektivere Methode zur Identifikation von Engpässen ist jedoch der Einsatz von Simulationen.** Die Simulation wurde bereits im vorherigen Kapitel beschrieben. Sie können dabei Kennzahlen aus dem Process-Mining übernehmen, in Ihr Simulationsmodell integrieren und zunächst eine Basissimulation durchführen. Das Simulationswerkzeug erzeugt daraufhin Auswertungen, die Engpässe deutlich sichtbar machen. Diese lassen sich direkt auf dem Prozessdiagramm überlagern und heben klar

hervor, an welchen Stellen Probleme auftreten.

- **Abschließend können Sie die Ergebnisse der grundlegenden Analyse heranziehen**, die im vorherigen Kapitel beschrieben wurde. Die auf dem Prozessdiagramm basierenden Auswertungen liefern unter anderem Informationen zu Systemwechseln oder zum Umfang von Übergaben zwischen Rollen. Beide Aspekte sollten – wenn möglich – reduziert werden und können Hinweise darauf geben, an welchen Stellen zukünftige Anpassungen sinnvoll sind.

Abbildung 17.5 zeigt das Prozessdiagramm mit direkt auf der Prozesskarte hervorgehobenen Erkenntnissen. Diese Visualisierung ergänzt Ihre strukturierte Sammlung von Analyseergebnissen in einem zentralen Dokumentationswerkzeug (beispielsweise Notion).

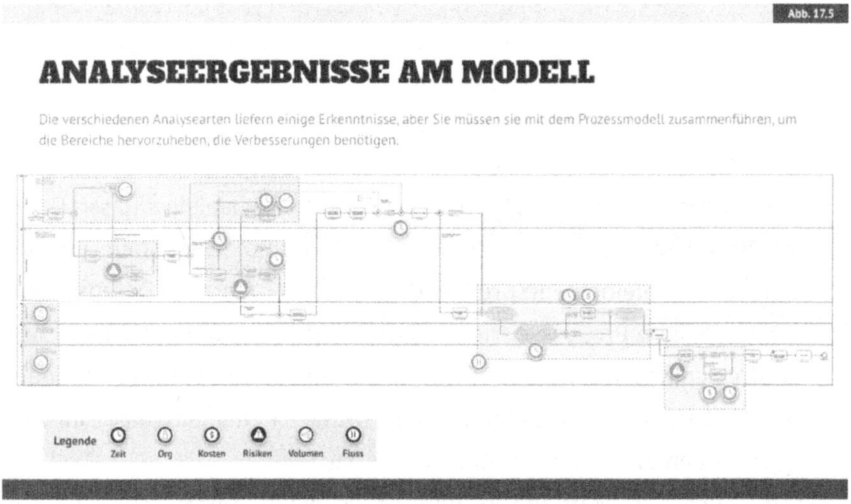

Abb. 17.5: Analyseergebnisse am Prozessmodell

Detaillierte Prozessanalyse

Wir erreichen nun den Punkt, an dem die in Schritt 1 des sechsstufigen Vorgehens formulierten Hypothesen gezielt überprüft werden. Dazu zählen beispielsweise Fragestellungen, ob definierte SLAs eingehalten werden oder ob die organisatorische Ausgestaltung für Volumen und Ausführung des Prozesses geeignet ist. Das Ziel ist hierbei zweigeteilt:

- Zum einen sollen die **Hypothesen bestätigt oder widerlegt werden**, indem unterschiedliche Aspekte betrachtet werden, etwa wo der Prozess gut funktioniert und wo Engpässe auftreten (das „Was ist passiert").
- Zum anderen, und das erscheint mir persönlich noch wichtiger, wird jedoch immer wieder „vergessen", gilt es, die **Ursachen für eine unerwünschte Prozessleistung zu identifizieren**. Dabei kann sich zeigen, dass diese Ursachen nicht zwangsläufig prozessbedingt sind, sondern ihren Ursprung beispielsweise in Verträgen, physischen Rahmenbedingungen, regulatorischen Vorgaben oder ähnlichen Faktoren haben.

In diesem Zusammenhang ist es entscheidend, wiederholt die Frage **„Warum ist das passiert?"** zu stellen, bis die eigentliche Ursache erkannt ist. Die eingesetzten Werkzeuge unterstützen Sie dabei, ersetzen jedoch nicht dieses analytische Hinterfragen. Sie stellen weder automatisch die richtigen Fragen, noch liefern sie eigenständig die Antworten.

Aus diesem Grund haben Lean- und Six-Sigma-Ansätze ihren besonderen Wert: Sie fokussieren sich auf die relevanten Fragestellungen und versuchen, diese mithilfe von Daten zu untermauern. Gleichzeitig besteht jedoch die Gefahr, sich in Detailbetrachtungen zu verlieren und den Gesamtzusammenhang aus dem Blick zu verlieren.

Die nachfolgenden Analyseformen unterstützen Sie dabei, diese beiden Zielsetzungen systematisch zu adressieren.

- Der erste Aspekt wirkt zunächst wie eine reine Werkzeugfunktion, ist jedoch zentral für die analytische Argumentation im Process-Mining-

Tool: **Filter.**

Alle Process-Mining-Werkzeuge ermöglichen die Definition von Filtern, etwa durch die Auswahl einer Kennzahl in einem Dashboard, einer Aktivität oder einer Verbindung im Explorer. Das Tool berücksichtigt anschließend nur noch jene Daten, die der getroffenen Auswahl entsprechen.

Beim Einsatz von Filtern sollten Sie eine **klare Namenskonvention** etablieren, die den Analysekontext eindeutig widerspiegelt. Eine Bezeichnung wie „Fälle nach OrgEinheit A" ist deutlich weniger aussagekräftig als etwa „Eskalationen – Software-Incidents – OrgEinheit A", wenn es darum geht, nachvollziehbar darzustellen, warum technische Incidents in bestimmten Bereichen gut funktionieren und in anderen nicht. Die Benennung der Filter sollte daher konsequent an der jeweils betrachteten Hypothese ausgerichtet sein.

- Die nächste relevante Analyseform ist die **Variantenanalyse.** Sie untersucht die Verteilung der Fälle im Datensatz und beantwortet unter anderem die Frage, ob der Großteil der Fälle wenigen Varianten folgt oder ob eine sehr hohe Variantenvielfalt ohne erkennbare Muster vorliegt.

  In vielen Process-Mining-Projekten zeigt sich, dass etwa 80% aller Fälle auf die ersten fünf bis zehn Varianten entfallen und sich anschließend ein langer Ausläufer mit seltenen Sonderfällen ergibt. Aus nachvollziehbaren Gründen ist eine geringe Anzahl von Varianten wünschenswert, da sie darauf hindeutet, dass ein Prozess konsistent befolgt wird und nicht situativ variiert.

  Gleichzeitig sollten die einzelnen Varianten detailliert betrachtet werden:

  Wie ist der konkrete Prozessablauf innerhalb einer Variante? Wie häufig tritt sie auf? Wie lange dauert ihre Ausführung? Gibt es weitere Einflussfaktoren, etwa organisatorische Einheiten oder regionale Unterschiede? Und falls eine Variante nur in bestimmten Teilen der Organisation auftritt, stellt sich die Frage nach den zugrunde liegenden Ursachen.

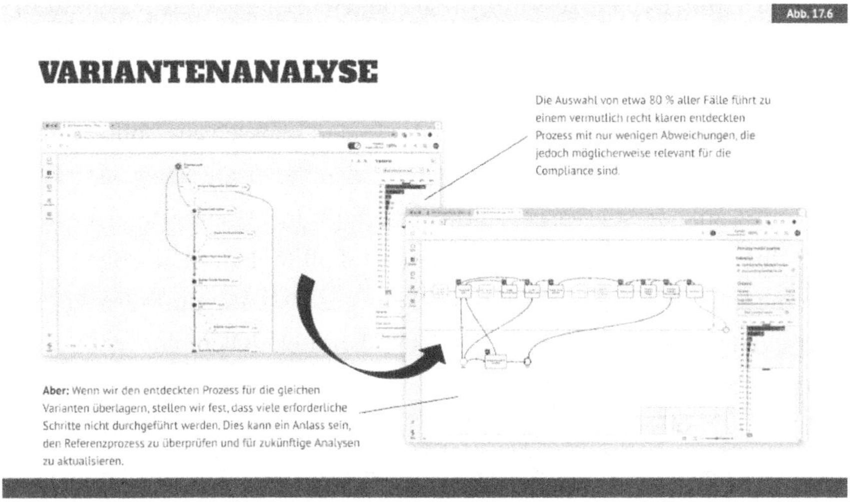

Abb. 17.6: Variantenanalyse und Prüfung fehlender Prozessschritte (mögliche Compliance-Abweichung)

- Im Kontext der Einhaltung eines definierten Prozesses ist die **Konformitätsanalyse** ein zentraler Anwendungsfall. Sie beantwortet die Frage, ob die Ausführenden den Prozess so umsetzen, wie er im Prozessmodell festgelegt wurde.
  Wie bereits im vorherigen Kapitel erläutert, stellt sich insbesondere im Kontext von Risiko- und Compliance-Management sowie Audits (Revisionen) zunächst die Frage, ob ein Prozess formal definiert ist. Dies umfasst ein Prozessdiagramm, das um Risiken und Kontrollen aus den entsprechenden Katalogen ergänzt und an regulatorische Anforderungen ausgerichtet ist. Die zweite, entscheidende Frage lautet, ob dieser definierte Prozess in der Praxis tatsächlich eingehalten wird. Genau hier entfaltet Process-Mining seine besondere Stärke. Sie können das BPMN-Diagramm des Soll-Prozesses in das Process-Mining-Tool hochladen und mit den Ereignisdaten vergleichen. Das Tool ermittelt dabei nicht nur den Grad der Konformität, auf Wunsch auch über Zeiträume hinweg, sondern weist zudem konkret auf Abweichungen

vom definierten Prozess hin. Diese können beispielsweise falsche Start- oder Endereignisse oder eine nicht zulässige Reihenfolge von Aktivitäten betreffen (etwa wenn eine Rechnung vor der Genehmigung bezahlt wird). Treten Abweichungen bei Start- oder Endereignissen auf, sollte geprüft werden, ob diese möglicherweise durch den Datensatz selbst verursacht sind. Denkbar ist etwa ein zeitlicher Schnitt im Datenbestand, bei dem frühe Prozessschritte im Ereignisprotokoll fehlen. In solchen Fällen empfiehlt es sich, die betroffenen Fälle gezielt herauszufiltern. Ebenso ist zu berücksichtigen, dass das Ereignisprotokoll laufende, noch nicht abgeschlossene Fälle enthalten kann.
Einige Werkzeuge stellen darüber hinaus erweiterte Kennzahlen bereit, etwa einen Fitness-Score, der partielle Konformität abbildet und nicht lediglich zwischen „konform“ und „nicht konform“ unterscheidet. Teilweise werden auch detaillierte Listen konkreter Abweichungen mit statistischen Angaben zur Häufigkeit ihres Auftretens bereitgestellt. Diese Informationen ermöglichen eine vertiefte Analyse, um Muster oder spezifische Bereiche zu identifizieren, in denen Abweichungen gehäuft auftreten. Auf dieser Basis können gezielt zusätzliche Kontrollen oder Schulungsmaßnahmen als mögliche Gegenmaßnahmen abgeleitet und in Schritt 6 des sechsstufigen Vorgehens berücksichtigt werden.

- Der nächste Analysetyp ist stark hypothesengetrieben und zielt darauf ab, **Kennzahlen über mehrere Dimensionen hinweg zu analysieren und miteinander in Beziehung zu setzen**. Zwar stellen Process-Mining-Tools die einzelnen Kennzahlen bereit, erlauben jedoch nicht immer einfache zweidimensionale Auswertungen, etwa in Form eines Streudiagramms (geschweige denn eine dreidimensionale Darstellung mit Blasendiagrammen zur Abbildung einer dritten Dimension).
  Um solche Analysen durchzuführen, kann es erforderlich sein, zum Datensatz zurückzukehren und die Daten so aufzubereiten, dass sie in einem Visualisierungsknoten – beispielsweise in KNIME – dargestellt werden können.
  Im Beispiel aus Abbildung 17.7 zeigt das Streudiagramm die Häufigkeit der Fälle in Relation zu ihrer Durchlaufzeit. Der analytische Mehrwert

entsteht durch die Ergänzung zweier Referenzlinien:
Zum einen die Grenze für erfolgreich abgeschlossene Fälle, zum anderen die gemäß SLA akzeptable Durchlaufzeit. Dadurch entstehen vier Quadranten, die jeweils unterschiedliche Handlungsoptionen nahelegen und mit unterschiedlichen Maßnahmen adressiert werden können, wie nachfolgend dargestellt.[53]

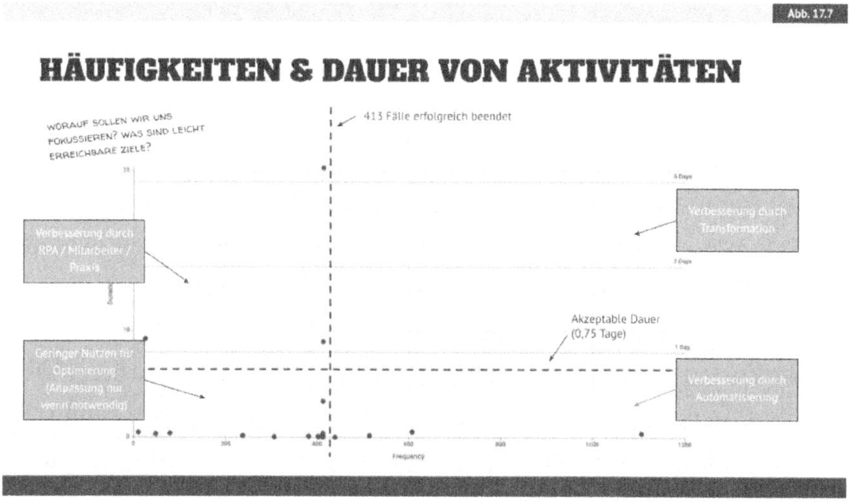

Abb. 17.7: Streudiagramm zur Häufigkeit von Fällen und deren Durchlaufzeit

- Eine weitere Analyse betrachtet die **Interaktion zwischen Personen, Rollen oder Organisationseinheiten**, insbesondere um festzustellen, ob Probleme aus mangelnder Abstimmung oder fehlender Kommunikation resultieren.
  Dies lässt sich umsetzen, indem Sie die Daten in ein separates Analyseprojekt innerhalb Ihres Process-Mining-Tools laden und dort nicht die Prozessaktivitäten, sondern User, Rollen oder Organisationseinheiten als Aktivitäten definieren. Auf diese Weise können Interaktionsmuster

sichtbar gemacht und potenzielle organisatorische Bruchstellen identifiziert werden.

Die resultierende Darstellung im Explorer zeigt nun Häufigkeiten und Zeitdauern der Interaktionen innerhalb des Prozesses.

Dadurch lassen sich besonders häufig eingebundene sowie weniger stark involvierte Personen oder Rollen identifizieren. Diese Erkenntnisse liefern wertvolle Hinweise darauf, welche Ergebnisse bei der späteren **Berechnung der Auslastung** von Rollen oder Personen zu erwarten sind. Entsprechende Berechnungen können entweder auf Basis der Daten oder mithilfe eines Simulationswerkzeugs durchgeführt werden. Letzteres ermöglicht zusätzlich, Annahmen zu verändern und Simulationen erneut auszuführen, um den Einfluss einer höheren Personalkapazität auf den Prozess zu bewerten. Dies ist insbesondere im Rahmen der Validierung von Verbesserungspotenzialen im nächsten Kapitel relevant.

Eine weitere organisationsbezogene Analyse betrifft die **Kostenbetrachtung von Rollen und Personen**. Simulationen ermöglichen es, produktive Zeiten und Leerlaufzeiten zu unterscheiden und sowohl die Kosten der aktiven Arbeit als auch die Gesamtkosten zu berechnen. Letztere umfassen neben Personalkosten auch Kosten für technische Ressourcen oder Maschinen sowie Vorbereitungs- und Wartezeiten, die ebenfalls vergütet werden.

- Ein weiterer Analysefokus liegt auf dem **Automatisierungsgrad und dem Datenfluss.** Dabei stellt sich die Frage nach dem Verhältnis zwischen manuellen und automatisierten Prozessschritten. Zudem ist zu prüfen, ob Systeme isoliert genutzt werden oder ob fehlende Integrationen bestehen. Besonders kritisch sind manuelle Datenübertragungen zwischen Systemen, bei denen Informationen durch Personen aus einem System in ein anderes eingegeben werden. Diese Vorgehensweise ist fehleranfällig und kann zu Folgeproblemen in nachgelagerten Prozessschritten führen.
- Sobald der relevante Untersuchungsgegenstand identifiziert ist, empfiehlt sich eine **detaillierte Fallanalyse.**

Analysieren Sie den Ablauf einer Gruppe von Fällen, die Ihren Kriterien entsprechen, sowie die einzelnen Fälle innerhalb dieser Gruppe. Untersuchen Sie, ob die Prozesse identisch verlaufen sind, ob sie ähnliche Durchlaufzeiten hatten oder unterschiedliche Pfade genommen haben und ob Eskalationen oder andere Auffälligkeiten aufgetreten sind.

Einige Werkzeuge nutzen zudem **maschinelles Lernen**, um für noch laufende Fälle Prognosen zu treffen, etwa mit welcher Wahrscheinlichkeit ein bestimmter Pfad eingeschlagen wird und wann der Fall voraussichtlich abgeschlossen ist. Diese Informationen können genutzt werden, um automatisierte Hinweise oder Warnmeldungen auszulösen. Auf diese Weise lassen sich Maßnahmen ergreifen, bevor definierte Schwellenwerte überschritten werden, und laufende Prozesse können proaktiv beeinflusst werden.[54]

- Abschließend können Sie das **Simulationswerkzeug auch für die Prozessanalyse einsetzen**, wie zuvor beschrieben. Es liefert Kennzahlen zu Kosten, Auslastung und weiteren Aspekten, die Sie exportieren und in einem dedizierten Datenwerkzeug für weiterführende Analysen verwenden können. Darüber hinaus visualisiert die Simulation die Engpässe im Prozess, die sich direkt auf das Prozessdiagramm überlagern lassen.

  Der eigentliche Mehrwert der Simulation liegt jedoch in ihren **Prognosemöglichkeiten**, auf die im Kapitel zu den Verbesserungs potenzialen näher eingegangen wird.

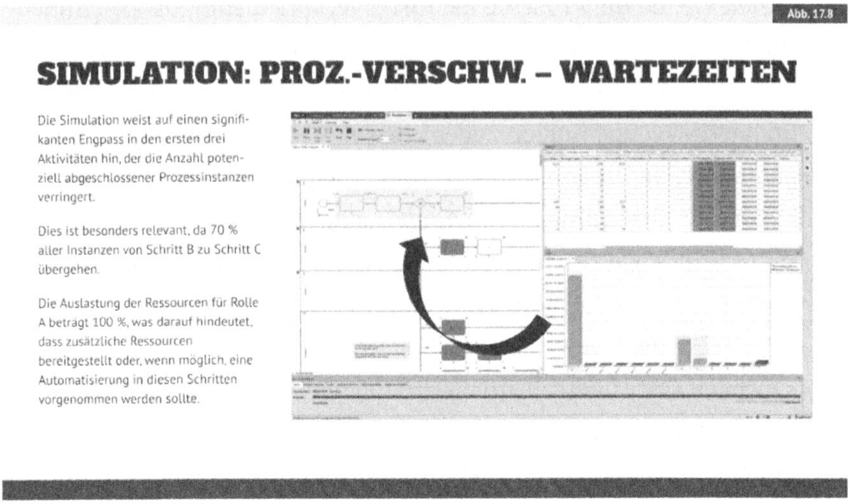

Abb. 17.8: Simulationsergebnis und Visualisierung

Wie dargestellt, trägt eine Prozessanalyse entlang dieser drei Schritte dazu bei, die Ergebnisse schrittweise zu verfeinern. Gleichzeitig erlaubt dieser Ansatz eine flexible Tiefe der Analyse, abhängig davon, wie viel Zeit im jeweiligen Projekt zur Verfügung steht.

Der entscheidende Punkt jeder Analyse besteht jedoch nicht allein darin, das „Was ist passiert" sichtbar zu machen („Sehen Sie, wie schlecht dieser Prozess funktioniert"), sondern konsequent die „Warum"-Frage zu stellen, bis die tatsächlichen Ursachen für die unzureichende Prozessleistung identifiziert sind. Ein Process-Mining-Tool ist hierfür ein geeignetes Instrument, da es datenbasiert arbeitet. Es ersetzt jedoch nicht die Kombination mit weiteren Analysen und Werkzeugen sowie den Austausch mit Fachbereichen, um den notwendigen fachlichen Kontext zu verstehen.

Nur so stellen Sie sicher, dass die im letzten Schritt des Vorgehens identifizierten Verbesserungspotenziale **praxisnah und nachvollziehbar** sind und nicht als theoretische, realitätsferne Vorschläge wahrgenommen oder verworfen werden.

Zentrale Erkenntnisse aus dem Beispielprojekt

Der Beispieldatensatz und die Analysen, die mit den vier eingesetzten Werkzeugen durchgeführt wurden, haben mehrere Bereiche mit Verbesserungspotenzial aufgezeigt:

- Betrachtet man den Prozess selbst, fallen insbesondere jene Bereiche auf, die sowohl hohe Volumina als auch lange Durchlaufzeiten aufweisen. Dazu zählt vor allem das wiederholte Hin und Her bei der Genehmigung von Bedarfsmeldungen und Angeboten, insbesondere unter Beteiligung der anfordernden Rolle. Dies deutet entweder auf einen Schulungsbedarf hin (unklare Anforderungen seitens der Anfordernden) oder auf unvollständige bzw. unzureichende Informationen, die Rückfragen durch die genehmigende Stelle erforderlich machen.
- In der Analyse des Referenzmodells zeigte sich bereits ein potenzielles Compliance-Risiko im Zusammenhang mit Genehmigungen. Die Daten deuten zudem auf eine weitere mögliche Abweichung hin: In einigen Fällen wird die Genehmigung von Bestellungen für die Zahlung umgangen, indem direkt vom Rechnungseingang zur Zahlung übergegangen wird.
- Ein wesentlicher Befund betrifft die Interaktion mit Lieferanten. Diese führt zu langen Bearbeitungszeiten und erfordert in vielen Fällen die Klärung von Streitfällen durch den Einkauf sowie das Finanzmanagement. Auffällig ist zudem eine Korrelation zwischen höherpreisigen Lieferanten, der Anzahl von Streitfällen und den dadurch entstehenden Kosten. Dies spricht für eine Überprüfung und gegebenenfalls Neuverhandlung der SLAs oder für eine grundsätzliche Anpassung der Beschaffungsstrategie, etwa durch eine stärkere Verlagerung von Volumina zu kostengünstigeren Lieferanten.
- Durch den Einsatz von Simulation wurden sowohl diese Situation als auch der Engpass bei der Erstellung von Bedarfsmeldungen besonders deutlich sichtbar.
- Beim Blick auf die **Kostenstruktur** stach insbesondere die Lieferantensituation hervor. Die Unterschiede zwischen den im Durchschnitt höher-

preisigen und den kostengünstigeren Lieferanten waren signifikant. Die Verteilung der Produkte lag bei etwa 25%, 20% und 55%. Die durchschnittlichen Fallkosten reichten von $165 für Büromaterial bis zu $215 für elektronische Komponenten. Allein durch eine Verlagerung zu kostengünstigeren Lieferanten ließen sich nicht nur Kosteneinsparungen von rund 14–19% gegenüber dem Durchschnitt erzielen, sondern zugleich eine Verkürzung der Durchlaufzeit um etwa 36% im Vergleich zur durchschnittlichen Falldauer.

Insgesamt zeigte sich zudem eine klare Korrelation zwischen der Anzahl der Bestellungen und den Fallkosten. Dies deutet darauf hin, dass keine außergewöhnlichen Einzelfälle vorliegen, die diese Beziehung verzerren würden. Gleichzeitig bedeutet dies jedoch, dass die identifizierten Probleme systemischer Natur sind und unmittelbar aus der Prozessausführung resultieren.

- Darüber hinaus wurde eine relativ hohe Anzahl von Varianten festgestellt (98). Dass jedoch 19 Varianten rund 80% aller Fälle abdecken, weist auf einen hohen Anteil manueller Nacharbeit sowie auf möglichen Mangel an Prozesswissen oder uneinheitliche Daten im Prozess hin.
- Diese Einschätzung wird durch weitere Kennzahlen gestützt: Im Durchschnitt entsprechen die vom Finanzmanagement ausgeführten Aufgaben 130% der Fallanzahl, während die vom Einkauf ausgeführten Aufgaben sogar 254% der Anzahl der Fälle betragen – also 154% mehr, als bei einem reibungslosen Ablauf zu erwarten wäre. Auffällig ist jedoch, dass innerhalb der 80%-Gruppe der häufigsten Fälle keine Streitfälle durch den Einkauf zu klären sind. Dies deutet darauf hin, dass dort die Konditionen mit den Lieferanten bereits vor der Erstellung der Bestellung sorgfältig abgestimmt werden.
- Der **Automatisierungsgrad** ist insgesamt relativ niedrig. Lediglich 18% aller Aktivitäten; einschließlich der Schritte in angebundenen Lieferantensystemen; sind automatisiert. Eine Erhöhung dieses Anteils würde nicht nur die Datenkonsistenz und das Workflow-Management verbessern, sondern auch die Durchlaufzeiten verkürzen und den Umfang der Nacharbeit reduzieren.

Darüber hinaus wurden im Projekt mehrere SLAs definiert, die überprüft werden sollten:

- Die Dauer zwischen „Bestellanforderung erstellen" und „Bestellanforderung prüfen" sollte einen Tag nicht überschreiten. Die Process-Mining-Analyse zeigt einen Durchschnitt von 17,3 Stunden; dieser SLA wird eingehalten.
- Die Dauer zwischen „Angebotsanfrage prüfen" und „Bestellung anlegen" sollte sieben Tage nicht überschreiten. Die Analyse weist jedoch einen Durchschnitt von 1,84 Wochen aus; dieser SLA wird somit verfehlt.
- Die Rolle des Finanzmanagements sollte maximal etwa 1% ihrer Arbeitszeit in diesem Prozess aufwenden, da weitere Aufgaben anfallen. Die berechnete Auslastung liegt im Durchschnitt bei 4,55%; auch dieser SLA wird nicht eingehalten.[55]

Im Zusammenhang mit der Auslastung zeigte die Analyse zudem eine deutliche Überlastung der Rolle im Einkauf (rund 145% Auslastung). Dies trägt unmittelbar zu den langen Durchlaufzeiten bei, etwa bei der Klärung von Streitfällen mit Lieferanten. Da entsprechende Streitfälle jedoch auch im Zusammenhang mit der Rechnungszahlung auftreten und überwiegend dieselben Lieferanten betreffen, deutet dies darauf hin, dass eine grundsätzliche Klärung der Zusammenarbeit zwischen Heartbeat und diesen Anbietern erforderlich ist.

18

Exkurs: Dashboards & Storytelling

Dieses Kapitel wirkt auf den ersten Blick etwas ungewöhnlich, da es keinen eigenständigen Schritt im sechsstufigen Vorgehen, sondern Teil der Darstellung der in Schritt 5 durchgeführten Prozessanalyse ist. Aus praktischer Sicht ist dieser Einschub dennoch sinnvoll. Zahlreiche Dashboards verfehlen ihre zentrale Aufgabe, relevante Erkenntnisse klar und zielgerichtet zu vermitteln. Da Process-Mining-Tools speziell für die Erstellung von Dashboards konzipiert sind, erscheint eine gesonderte Betrachtung dieses Themas gerechtfertigt.

Dashboards versus Berichte oder Präsentationen

Präsentationen gehören zum beruflichen Alltag. Selbst unsere Kinder lernen bereits in der Schule den Umgang mit Präsentationssoftware und übernehmen dabei, zu meinem Leidwesen, auch die dort bevorzugte Form des „Präsentierens" in Stichpunkten.

Im Kontext von Process-Mining bringt diese Form der Ergebnisvermittlung jedoch erhebliche Nachteile mit sich:

- **Präsentationen oder schriftliche Berichte stellen Momentaufnahmen dar.** Sie bilden Erkenntnisse und Empfehlungen zu einem bestimmten Zeitpunkt ab, aktualisieren sich nicht automatisch und werden häufig schnell vergessen, oftmals noch während der Präsentation selbst. Dieses Phänomen wird nicht selten als „Überforderung durch Präsentationen (Death by Powerpoint)" beschrieben.[56]

- **Das Stichpunktformat verleitet dazu, Ergebnisse ungefiltert aufzulisten.** Die schiere Menge an Daten führt dabei häufig nicht zu einer Verdichtung von Informationen oder zu belastbarem Wissen. Stattdessen werden einzelne „beste Fakten" präsentiert, während die zentralen Fragen (Warum? Wer? Wie? Wo? Wann?) unbeantwortet bleiben.
- Das Publikum verliert schnell die Aufmerksamkeit oder beginnt, in der gängigen Geschäftsterminologie, zu Multitasken. Inhalte werden zwar wahrgenommen, jedoch weder verstanden noch nachhaltig behalten. Selbst wenn die Präsentation im Nachgang verteilt wird und die Empfänger den Inhalt mithilfe von KI auf wenige Stichpunkte zusammenfassen, gehen Kontext und wesentliche Detailinformationen in der Regel verloren.
- **Da das Präsentationsformat so weit verbreitet ist, wird häufig keine zusammenhängende Geschichte erzählt.**
  Stattdessen werden Fakten aufgelistet, ohne zu erläutern, wie sich Zusammenhänge entwickeln oder welche Dynamiken hinter den dargestellten Ergebnissen stehen.

Dashboards bieten im Vergleich zu klassischen Berichten oder Präsentationen eine Reihe wesentlicher Vorteile:

- **Sie sind stets aktuell**, sofern eine Verbindung zur Datenquelle im Process-Mining-Tool besteht. Dadurch lassen sich Veränderungen von Kennzahlen über die Zeit hinweg nachvollziehen, und es wird sichtbar, ob vorgeschlagene Maßnahmen tatsächlich zu den erwarteten Verbesserungen geführt haben.
- **Sie ermöglichen eine interaktive Analyse.** Anwendende können gezielt in Detailansichten wechseln, filtern oder zusätzliche Informationen dynamisch einblenden. Dies fördert nicht nur ein tieferes Verständnis der Zusammenhänge, sondern erhöht auch die Einbindung der User und

die Wahrscheinlichkeit, weitere relevante Erkenntnisse zu gewinnen.

Beim Erstellen von Dashboards gibt es jedoch auch einige Aspekte zu beachten. Diese bilden den Schwerpunkt dieses Kapitels:

- Dashboards können schlecht gestaltet sein und keine nachvollziehbare Geschichte vermitteln.
- Die zusätzliche Trennung zwischen Analyse-Dashboards und speziell für Stakeholder aufbereiteten Dashboards wird häufig nicht vorgenommen.
- Dashboards und ihre einzelnen Elemente sind nicht klar strukturiert oder es werden ungeeignete Visualisierungen eingesetzt.
- Die grafische Aufbereitung der einzelnen Elemente ist nicht optimal umgesetzt (oder wird durch das Werkzeug eingeschränkt), was die Verständlichkeit für die User erschwert.

Zur Klarstellung: In bestimmten Situationen ist es sinnvoll, einen Bericht zu erstellen und den Aufwand für ein ausführliches Analysedokument zu investieren.[57] Ein Bericht ist jedoch nicht dafür gedacht, in einer Präsentation vorgetragen zu werden, bei der die präsentierende Person im Mittelpunkt steht. Vielmehr ist er zur Verteilung oder Veröffentlichung vorgesehen und sollte in einer konzentrierten, ungestörten Lesephase rezipiert werden.

Darüber hinaus sollten Berichte den Anspruch haben, zeitlos zu sein und auch dann noch relevante Erkenntnisse zu liefern, wenn sie erst Monate oder Jahre nach ihrer Erstellung gelesen werden.

Konzeption und Aufbau von Dashboards

Eine der ersten Fragen, die in Process-Mining-Projekten häufig gestellt wird, lautet: **„Welche Dashboards soll ich erstellen?“** Diese Frage ist leicht gestellt, aber nicht immer einfach zu beantworten. Die folgenden Überlegungen können bei der Entscheidung helfen:

- **Zunächst sollten Sie klären, wer die Zielgruppe des Dashboards ist.** Zu

Beginn sind dies in der Regel nicht die Stakeholder, sondern Sie selbst. Der Grund ist einfach: Zu diesem Zeitpunkt ist noch nicht klar, welche Erkenntnisse sich ergeben werden. Es geht zunächst um Exploration, Untersuchung und das Verständnis der Daten.

- **Darüber hinaus können in Ihrer Organisation bereits Standards definiert sein**, die festlegen, welche Inhalte grundsätzlich dargestellt werden sollen. Einige Werkzeuge stellen vorkonfigurierte Dashboards bereit, die organisationsweit als Standard adaptiert wurden. Abbildung 18.1 zeigt beispielsweise eine typische „Prozessübersicht“, die Fallinformationen darstellt und einen ersten Eindruck von Volumen und Performance des betrachteten Prozesses über die Zeit vermittelt.

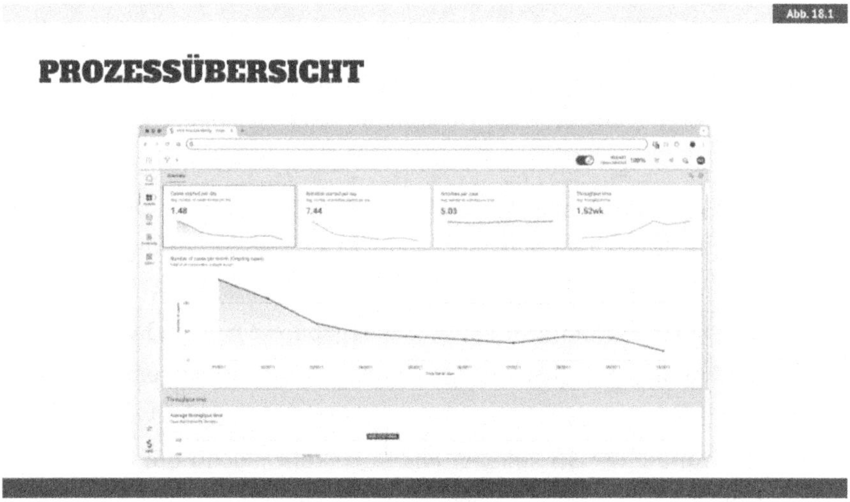

Abb. 18.1: Prozessübersichts-Dashboard

- Als Nächstes sollten Sie die **Hypothesen betrachten**, die Sie gemeinsam mit dem Kunden in den vorherigen Schritten – insbesondere in Schritt 1 und Schritt 4 – identifiziert haben. Ziel ist es, alle dabei aufgeworfenen

Fragestellungen zu beantworten. In der Praxis bietet es sich an, **für jedes Themenfeld ein eigenes Dashboard** zu erstellen. Abbildung 13.3 in einem früheren Kapitel zeigt beispielhaft einige der Fragen, die dabei auftreten können.

- **Halten Sie Dashboards bewusst einfach:** Ein Dashboard sollte jeweils eine zentrale Fragestellung oder einen klar abgegrenzten Untersuchungsbereich adressieren. Verzichten Sie darauf, komplexe Dashboards mit zahlreichen Filteroptionen oder unterschiedlichen Bereichen für verschiedene Anwendungsfälle oder Hypothesen zu erstellen. Ein **Dashboard pro Fragestellung** ist in der Regel ausreichend und erhöht die Verständlichkeit erheblich.
- **In manchen Fällen reicht ein einzelnes Dashboard nicht aus**, um eine Fragestellung vollständig zu beantworten oder eine Hypothese zu validieren. In solchen Situationen sollten Sie nicht zögern, zusätzliche Dashboards zu erstellen, die einzelne Aspekte gezielt vertiefen. Ich empfehle, **eine klare Benennungskonvention für Dashboards** zu entwickeln, aus der hervorgeht, welchem Themenbereich sie zugeordnet sind. Im Heartbeat-Beispiel könnten dies Bezeichnungen wie **„Organisation – …“** oder **„Automatisierung – …“** sein, entsprechend den fünf Themenfeldern, die für den Kunden von Interesse sind.
- Nachdem die explorativen Analyse-Dashboards erstellt wurden, sollte bewusst über die **Kommunikation der Ergebnisse nachgedacht werden**. In der Praxis wird dieser Schritt häufig ausgelassen, etwa mit der Begründung, dass „keine Zeit mehr bleibt“ oder man „keine Details verlieren möchte“. In solchen Fällen besteht jedoch die Gefahr, die Stakeholder nicht mitzunehmen, da die Dashboards aus der Perspektive der Analyse erstellt wurden und nicht aus Sicht der Zielgruppe. Sie spiegeln dann eher den eigenen Erkenntnisprozess wider als eine klar strukturierte Ergebnisdarstellung.

Scheuen Sie sich daher nicht, **zusätzliche Dashboards** zu erstellen. Nach meiner Erfahrung reagieren Kunden nicht negativ auf eine größere Anzahl von Dashboards, solange die **Struktur nachvollziehbar** ist und sie gezielt auf die für sie relevanten Aspekte zugreifen können. Eine konsistente Benennungskonvention und deren konsequente Anwendung über mehrere Projekte hinweg tragen wesentlich dazu bei.

Struktur und erzählerischer Aufbau von Dashboards

Im vorherigen Abschnitt wurde erläutert, dass zwischen einem **Arbeits-Dashboard** und einem **Präsentations-Dashboard** für Stakeholder zu unterscheiden ist. Im Folgenden wird der zweite Typ näher betrachtet.

Zunächst sollten Sie Ihr Analyseprojekt kritisch prüfen und sich fragen, ob sich alle dort enthaltenen Detailarbeiten auch für Personen eignen, die kein Interesse an den analytischen Zwischenschritten haben oder das Dashboard primär für den operativen Betrieb und das laufende Monitoring des Prozesses nutzen sollen. In den meisten Fällen ist dies nicht gegeben. Entsprechend ist häufig ein separates Set von Dashboards erforderlich, das in der Regel in einem eigenen Process-Mining-Projekt auf Basis desselben Datensatzes aufgebaut wird.

In diesem zusätzlichen Projekt – oder in mehreren Projekten, abhängig von Anzahl und Zielsetzung der jeweiligen Stakeholdergruppen – sollten Sie gezielt festlegen, welche Inhalte für die jeweilige Zielgruppe relevant sind.

- Im **Projektkontext** präsentieren Sie in der Regel vor dem oberen Management. Dieses interessiert sich zwar grundsätzlich dafür, wie Sie vorgegangen sind (das lässt sich in wenigen Folien zusammenfassen), im Mittelpunkt stehen jedoch die Ergebnisse sowie die Frage, wie der Prozess angepasst werden kann, um effizienter, kostengünstiger oder stabiler zu funktionieren. Für diese Art von Dashboard ist es akzeptabel, bei Bedarf in einzelne Bereiche zu vertiefen, um die zugrunde liegenden Ergebnisse nachzuvollziehen.
- **Im Szenario des Regelbetriebs bzw. des laufenden Monitorings nach einer Implementierung** liegt der Fokus darauf, die wichtigsten KPIs schnell und klar darzustellen. Die Informationen sollen unmittelbar erfassbar, relevant und leicht verständlich sein.

- **Darüber hinaus kann es erforderlich sein, den Prozess aktiv zu steuern.** In diesem Fall bietet sich die Erstellung eines sogenannten „Meta-Dashboards" an, das beispielsweise Eskalationen oder Fälle mit erhöhtem Risiko sichtbar macht. Die Zielgruppe hierfür sind nicht die operativ Ausführenden, sondern das Prozessmanagement oder die Prozessveran twortlichen, die bereits die nächsten Iterationen zur Weiterentwicklung des Prozesses planen.

In allen Fällen sollten Sie sich bewusst machen, welche Geschichte ein Dashboard erzählen soll und welche Handlungen daraus abgeleitet werden sollen. Geht es um eine unmittelbare Reaktion, empfiehlt sich kein überladenes Dashboard, sondern eine reduzierte Darstellung mit klar etablierten Symbolen. Ein anschauliches Beispiel ist die Verkehrsampel: Während die Bedeutung eines roten Signals keiner Erklärung bedarf, würde eine komplexe Symbolik zusätzlichen Interpretationsaufwand erzeugen.

Darüber hinaus ist zu berücksichtigen, dass dasselbe Symbol je nach Kontext unterschiedliche Bedeutungen haben kann. Um den Lernaufwand für die User gering zu halten, ist daher eine konsistente Verwendung von Symbolen entscheidend. Falls in Ihrer Organisation bislang keine entsprechenden Standards existieren, bietet es sich an, eine zentrale Symbolbibliothek für Dashboards zu etablieren, diese zu dokumentieren und organisationsweit zu kommunizieren.

Nachdem Sie festgelegt haben, welche Dashboards erforderlich sind, sollten Sie den Fokus auf die Gestaltung der einzelnen Dashboards legen.

- Der erste Schritt besteht darin, festzulegen, welche Geschichte das Dashboard erzählen soll. In Abbildung 18.2 ist ein Analyse-Dashboard dargestellt, das so aufgebaut ist, dass es den User gezielt durch die Inhalte führt: Zunächst wird auf der linken Seite der relevante Themenbereich ausgewählt, anschließend werden auf der rechten Bildschirmhälfte schrittweise weitere Informationen eingeblendet. In diesem Bereich werden zunächst allgemeine KPIs angezeigt. Diese dienen der Einordnung und ermöglichen Vergleiche – entweder innerhalb des Dashboards, zwischen verschiedenen Dashboards oder auch projektübergreifend. Darunter folgen zwei weitere Elemente, mit denen zusätzliche Aspekte ausgewählt werden können. Diese steuern die Anzeige der Detailinformationen auf der untersten Ebene, falls dieses Detaillierungsniveau erforderlich ist.

Wird eine andere Auswahl getroffen, bleibt die grundsätzliche Struktur des Dashboards unverändert. Dies reduziert den Aufwand für die erneute Orientierung, vermittelt ein Gefühl von Vertrautheit und erhöht die Akzeptanz bei den Usern. Wenn Sie entsprechendes Feedback erhalten, empfiehlt es sich, eine vergleichbare Struktur auch in anderen Dashboards zu verwenden, um diesen Effekt gezielt zu verstärken.

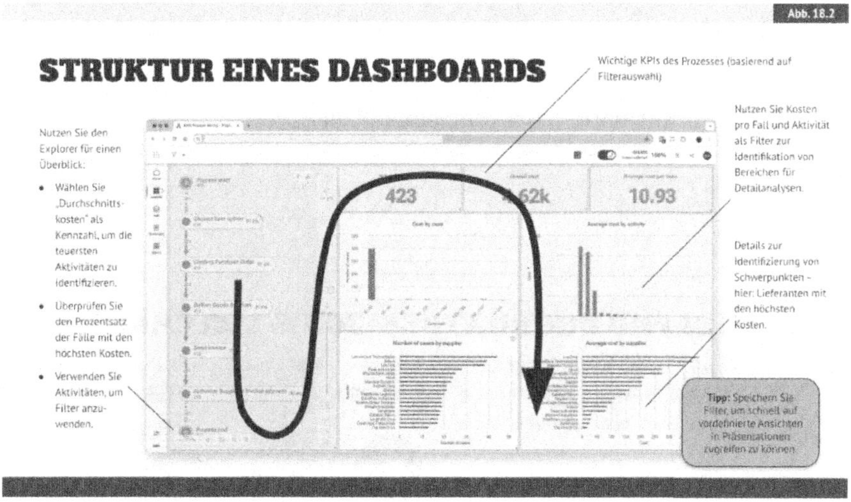

Abb. 18.2: Userführung durch ein Analyse-Dashboard

- Ein weiteres Beispiel für diese schrittweise Offenlegung von Informationen zeigt Abbildung 18.3. Hier wird das Konzept „oberhalb und unterhalb der Falz" angewendet. Dieser Begriff stammt aus der Zeit, in der Menschen ihre Nachrichten aus gedruckten Zeitungen bezogen, die an Zeitungskiosken erhältlich waren. Um Platz zu sparen, wurden die Zeitungen gefaltet, und die Redaktionen mussten sicherstellen, dass die wichtigsten Informationen „oberhalb der Falz“ sichtbar waren, damit die Leserschaft eher ihre Zeitung kaufte als die der Konkurrenz.

Dieses Prinzip lässt sich unmittelbar auf Dashboards übertragen: Verstecken Sie die Kernaussagen nicht im unteren Bereich der Seite (Don’t bury the lead)[58] und zwingen Sie die User nicht zum Scrollen (in der Praxis geschieht dies häufig nicht). Platzieren Sie stattdessen die zentralen Aussagen gut sichtbar im oberen Bereich des Dashboards.

Dazu zählen insbesondere die wesentlichen KPIs, zentrale Auswahlmöglichkeiten (wie im Beispiel unten die Produktkategorien) sowie Vergleichsdarstellungen, die Unterschiede auf Basis der jeweiligen Auswahl verdeutlichen.

Unterhalb der Falz können ergänzende, weniger zentrale Informationen angeordnet werden, etwa Zeitreihendiagramme oder filterbare Tabellen mit Detailinformationen zu einzelnen Fällen.

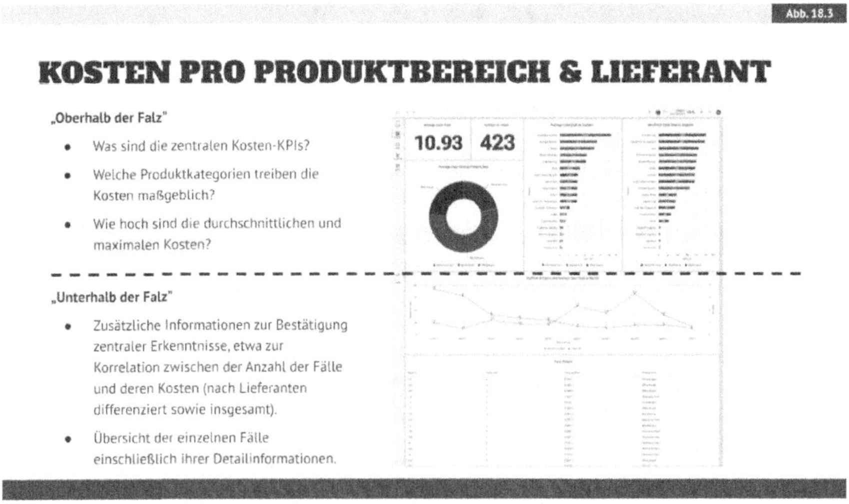

Abb. 18.3: Informationshierarchie

- Abschließend bieten einige Werkzeuge die Möglichkeit, Überschriften, Texte oder grafische Elemente einzubinden. Nutzen Sie diese gezielt, um den Bildschirm in klar abgegrenzte Bereiche zu strukturieren und den Usern zusätzliche Orientierung zur inhaltlichen Gliederung zu geben. Eine konsistente grafische Gestaltung, insbesondere bei Symbolen, kann dabei helfen, Hierarchien oder Fortschritte zu verdeutlichen, sofern dies zur Verständlichkeit des Dashboards beiträgt.

Die zentrale Erkenntnis für die Gestaltung von Dashboards lautet: **Dashboards müssen konsequent auf ihre Zielgruppe und deren Informationsbedarf ausgerichtet sein.** Entwickeln Sie eine klare Geschichte, die das Dashboard transportieren soll, und definieren Sie eine Informationshierarchie, die diese Geschichte unterstützt und nachvollziehbar macht.

Dashboard-Gestaltung

Die Gestaltung ist häufig das Erste, woran gedacht wird, wenn es um Dashboards geht: das Platzieren möglichst auffälliger Visualisierungen, um Kompetenz zu demonstrieren. In der Praxis zeigt sich jedoch gerade in diesem Bereich häufig eine geringe visuelle Sorgfalt. Dashboards wirken dann im besten Fall unprofessionell, im schlimmsten Fall verwirrend und schwer verständlich.

Auswahl der geeigneten Dashboard-Komponenten

Im Folgenden wird betrachtet, welcher Widget- bzw. Diagrammtyp für welchen Zweck geeignet ist. An dieser Stelle sei ausdrücklich auf die Grafik in Abbildung 18.4 sowie auf die zugrunde liegende Struktur verwiesen, die von Mike Yi entwickelt wurde und eine sehr hilfreiche Orientierung bietet.[59]

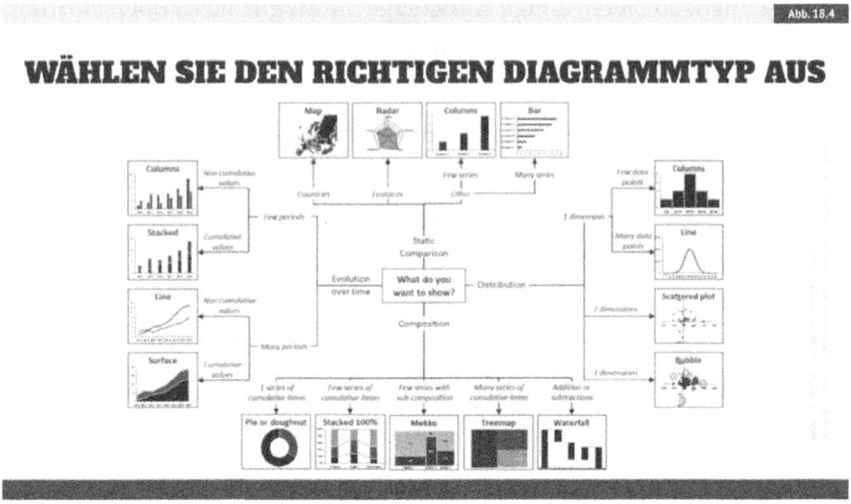

Abb. 18.4: Auswahl des geeigneten Diagrammtyps

Wie wählen Sie nun den geeigneten Widget- bzw. Diagrammtyp aus? Sind nicht alle Darstellungen im Grunde gleich?

Das ist offensichtlich nicht der Fall. Wie Abbildung 18.4 zeigt, sollte sich die Auswahl konsequent daran orientieren, welche Aussage Sie vermitteln möchten:

- **Statischer Vergleich:** Hierbei wird ein einzelner Aspekt dargestellt und mit anderen Informationen gleicher Art in Beziehung gesetzt. Dies ist der am häufigsten verwendete Diagrammtyp. Abhängig vom dargestellten Inhalt kommen unterschiedliche Visualisierungen infrage, etwa Karten, Radar- bzw. Spinnendiagramme sowie Säulen- oder Balkendiagramme. Beachten Sie, dass zwischen Säulen- und Balkendiagrammen ein semantischer Unterschied besteht. Nicht alle Werkzeuge berücksichtigen diesen konsequent; häufig lässt sich der Diagrammtyp durch eine einfache Option umschalten.
- **Verteilungen:** Diese Darstellungen zeigen, wie sich Informationen über eine oder mehrere Dimensionen verteilen. Üblicherweise stellen Werkzeuge eindimensionale Verteilungen mithilfe von Säulen- oder

Liniendiagrammen dar, beispielsweise zur Visualisierung zeitlicher Entwicklungen.
In vielen Fällen liegen die relevanten Erkenntnisse jedoch in den Beziehungen zwischen mehreren Merkmalen. Dafür eignen sich Streudiagramme für zwei Dimensionen oder Blasendiagramme für drei Dimensionen, wobei die Größe der Blase die dritte Dimension repräsentiert.

- **Zusammensetzung:** Diese Diagrammtypen stellen Informationen im Kontext der Gesamtheit dar. Typische Beispiele sind Kreis- bzw. Donut-Diagramme oder gestapelte Säulendiagramme. Darüber hinaus existieren spezialisierte Darstellungen wie Mekko-, Treemap- oder Wasserfalldiagramme, je nach Fragestellung. Wasserfalldiagramme eignen sich insbesondere zur Darstellung kumulativer Effekte oder zur schrittweisen Zerlegung eines Gesamtwerts.
  Zu beachten ist, dass sich diese Diagrammtypen nicht für die Darstellung exakter Absolutwerte eignen. Menschen können Flächen nur eingeschränkt vergleichen. Ein einfaches Beispiel verdeutlicht dies: Der Unterschied zwischen 29% und 30% ist in einem Donut-Diagramm kaum zuverlässig erkennbar.
- **Zeitliche Entwicklung:** Diese Darstellungsform zeigt Veränderungen über die Zeit. Dabei sollten Sie die Länge des betrachteten Zeitraums berücksichtigen und entscheiden, ob einzelne Werte oder kumulierte Entwicklungen dargestellt werden sollen. Geeignete Visualisierungen sind erneut Säulendiagramme (gestapelt oder nicht gestapelt), Liniendiagramme sowie deren kumulative Variante, das Flächendiagramm.

Abhängig vom eingesetzten Werkzeug stehen möglicherweise weitere Diagrammtypen zur Verfügung. Die zentrale Botschaft bleibt jedoch: Wählen Sie die Visualisierung stets auf Grundlage der beabsichtigten Aussage und nicht umgekehrt. Vermeiden Sie es, Inhalte ohne klare inhaltliche Zielsetzung auf dem Dashboard zu platzieren.

Formatierung von Dashboard-Komponenten

Abschließend sollten Sie sich der Formatierung der einzelnen Widgets widmen. Ein Blick auf die Diagramme in Abbildung 18.5 verdeutlicht dies: Beide stellen dieselben Daten dar. Die linke Darstellung verwendet jedoch die Standardformatierung des Dashboard-Werkzeugs, während die rechte gezielt aufbereitet wurde und eine klare Aussage transportiert.

Die Kernaussage ist unmittelbar erkennbar: Die meisten Aktivitäten weisen eine vergleichbare Ausführungszeit auf, während vier Aktivitäten deutlich hervorstechen und sukzessive mehr Zeit in Anspruch nehmen. Dafür ist es nicht erforderlich, die Aktivitätsnamen oder weitere Texte im Detail lesen zu können. Die visuelle Gestaltung allein vermittelt die wesentliche Information.

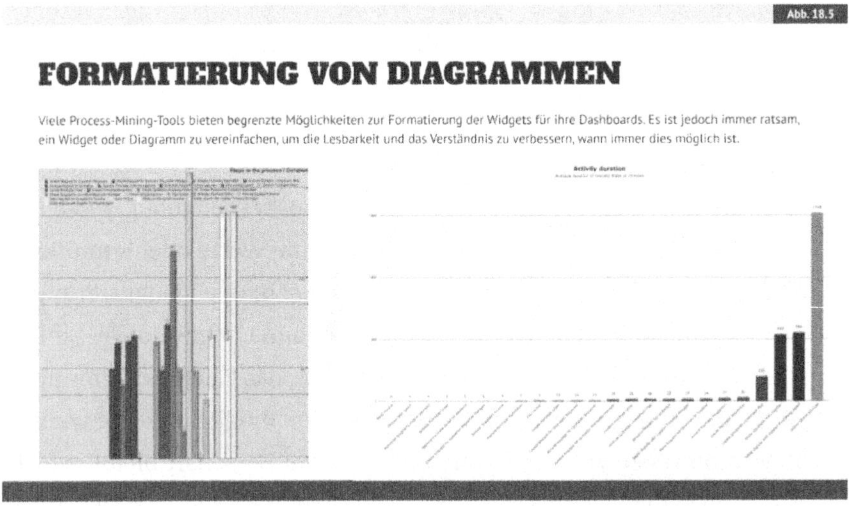

Abb. 18.5: Formatierung von Dashboard-Diagrammen

Im Folgenden finden Sie einige Hinweise zur Formatierung von Widgets. Leider sind viele Process-Mining-Werkzeuge in diesem Bereich funktional eingeschränkt, auch wenn sie eine große Auswahl an Farben bieten:

- **Skalen konsistent halten**, um die Aussage der Daten nicht zu verzerren. Im linken Beispiel wird eine logarithmische Skala verwendet, während das rechte Diagramm die Rohdaten zeigt. Erst dort wird deutlich, dass vier Aktivitäten signifikant höhere Werte aufweisen.

  Vermeiden Sie zudem, nur einen Ausschnitt der Daten darzustellen und Bereiche ohne starke Veränderungen auszublenden. Ein bekanntes Beispiel sind Wechselkurs- oder Aktiencharts, bei denen kleine absolute Änderungen durch eine verkürzte Skala überbetont wirken. Eine Veränderung von $1,10 auf $1,11 ist zwar messbar, im Gesamtzusammenhang jedoch vergleichsweise gering.
- **Titel und Untertitel ergänzen**, um klar zu erläutern, was im Diagramm dargestellt wird. Einige Werkzeuge ermöglichen zusätzlich die Einbindung von Tooltips. Diese eignen sich als dritte Informationsebene, um bei Bedarf weitere Details bereitzustellen, ohne die Hauptdarstellung zu überladen.
- **Entfernen Sie alle nicht erforderlichen Elemente**, wie etwa Gitternetzlinien. Falls diese dennoch benötigt werden, gestalten Sie sie in einer deutlich helleren Farbe als den Standard (beispielsweise in einem dezenten Grau). Nutzen Sie zudem bewusst freie weiße Flächen, um die Darstellung zu entlasten und die Lesbarkeit zu erhöhen.
- **Richten Sie die Formatierung konsequent an der erzählten Geschichte aus.** Heben Sie gezielt die Aspekte hervor, auf die Sie aufmerksam machen möchten, etwa durch eine Akzentfarbe oder – wie im obigen Beispiel – durch eine abgestufte Farbsequenz, die eine Entwicklung oder Progression verdeutlicht. Alle übrigen, für die Aussage weniger relevanten Informationen sollten in einer einheitlichen, zurückhaltenden Farbgebung dargestellt werden, die keine unnötige Aufmerksamkeit erzeugt.
- Ein weiteres Beispiel sind **Schwellenwerte**: Färben Sie nicht ganze Flächen in Ampelfarben ein. Markieren Sie stattdessen die Schwellenlinien gezielt und ergänzen Sie diese gegebenenfalls durch Symbole zur besseren Einordnung. Auch hier gilt: Freie weiße Flächen unterstützen die Klarheit der Darstellung.

Fazit

Dashboards sind der geeignete Weg, wenn die Ergebnisse eines Process-Mining-Projekts über die reine Projektabschlusspräsentation hinaus Bestand haben sollen. Die folgenden Leitlinien können dabei als Orientierung dienen:

- **Gestalten Sie Dashboards konsequent aus Sicht der Stakeholder.** In den meisten Fällen sind Sie selbst nicht die primäre Zielgruppe, auch wenn Sie Dashboards zunächst für Analysezwecke erstellen. Entscheidend ist, welchen Nutzen die adressierten User daraus ziehen sollen. Klären Sie daher, welche Handlung oder Entscheidung das Dashboard auslösen soll, nachdem es betrachtet wurde. In bestimmten Situationen kann ein schriftliches Dokument, das gezielt verteilt wird, die geeignetere Form der Kommunikation sein.
- **Definieren Sie eine klare Informationshierarchie und erzählen Sie eine nachvollziehbare Geschichte.** Führen Sie die User strukturiert durch das Dashboard und geben Sie ihnen ausreichend Gelegenheit, die gewonnenen Erkenntnisse einzuordnen und anzuwenden. Wiederholung ist dabei hilfreich, und ein Dashboard pro Thema ist in der Regel ausreichend.
- **Wählen Sie Visualisierungen passend zur Aussage**, etwa für Vergleiche oder zeitliche Entwicklungen, und formatieren Sie diese so, dass alle nicht notwendigen Elemente entfernt werden. Der Trend zu reduziertem, funktionalem Design hat die Verständlichkeit von Dashboards verbessert. Widerstehen Sie der Versuchung, gestalterische Effekte allein aus ästhetischen Gründen einzusetzen.
  Setzen Sie stattdessen auf eine klare, sachliche Darstellung, die die Kernaussage unmittelbar vermittelt, ohne dass die User erst interpretieren müssen, was die wesentliche Erkenntnis ist.

19

Identifikation von Verbesserungspotentialen

Wir nähern uns damit dem letzten Schritt des Projekts: der Identifikation und Begründung von Verbesserungspotenzialen.

Zu diesem Zeitpunkt dürfte bereits weitgehend klar sein, wo diese Potenziale liegen. Wenn Sie die Ergebnisse der unterschiedlichen Analysearten zusammenführen und auf die Prozessdarstellung übertragen, wird deutlich, welche Maßnahmen naheliegend sind und mit geringem Aufwand umgesetzt werden können, welche Verbesserungen klar umrissen sind, jedoch eine gewisse Planung erfordern, und welche Ansatzpunkte zunächst weiter untersucht werden müssen, bevor sie konkret formuliert und zur Umsetzung freigegeben werden können.

In diesem Schritt wird zunächst eine erste Sammlung von Handlungsempfehlungen erstellt, die anschließend gemeinsam mit den Stakeholdern priorisiert wird. Für die wesentlichen Maßnahmen wird darauf aufbauend ein Business Case ausgearbeitet, bevor die Freigabe zur Umsetzung eingeholt wird.

Nach der Implementierung der Verbesserungen können Sie selbstverständlich erneut eine Process-Mining-Analyse durchführen, um zu überprüfen, ob die erwarteten Effekte eingetreten sind oder ob weitere Anpassungen erforderlich sind.

Erste Liste von Handlungsempfehlungen

Auf Basis Ihrer Analyseergebnisse sollten Sie bereits eine Vorstellung davon haben, wie die identifizierten Probleme adressiert werden können.

Es empfiehlt sich, die Verbesserungspotenziale an den Themenfeldern auszurichten, die zu Beginn des Projekts gemeinsam mit den Stakeholdern festgelegt wurden. Dies gilt insbesondere für die erste Abstimmung der Untersuchungsziele.

Abbildung 19.1 zeigt eine Übersicht der für Heartbeat identifizierten Ideen.

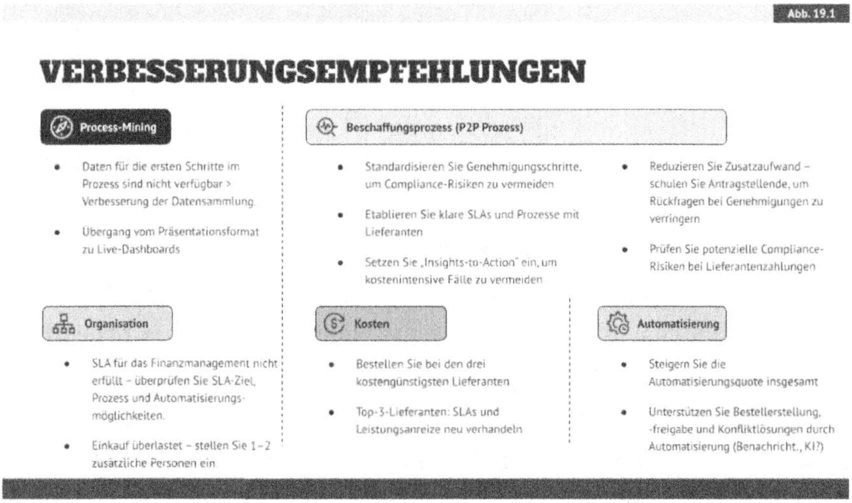

Abb. 19.1: Verbesserungspotenziale in Bezug auf die Fragestellungen

Hier wird klar, wie breit die identifizierten Ideen thematisch gestreut sind. Daher empfiehlt es sich, eine strukturierte Übersicht zu erstellen, die die Maßnahmen nach inhaltlichem Fokus und nach Umsetzungsaufwand ordnet. Dies erleichtert die spätere Priorisierung erheblich. Abbildung 17.1 zu Beginn von Kapitel 17 zeigte bereits die im Projekt verwendete Notion-Seite zur Dokumentation der Analyseergebnisse. Auf der rechten Seite dieser Übersicht sind die daraus abgeleiteten Verbesserungsideen bereits erkennbar.

Ein zentraler Schritt besteht darin, den Umsetzungsaufwand realistisch einzuschätzen.

1. Einige Maßnahmen lassen sich vergleichsweise **einfach und mit geringem Aufwand realisieren**. Beispiele aus dem vorliegenden Projekt sind die Konfiguration von Schwellenwerten im Process-Mining-Tool, um bei Bedarf automatische Hinweise auszulösen. Das betrifft etwa Regelverstöße wie Zahlungen ohne Genehmigung oder Fälle, die einer Klärung bedürfen und die vereinbarten Servicezeiten zu überschreiten drohen.
2. Darüber hinaus gibt es Verbesserungspotenziale, bei denen bereits ein **gutes Verständnis des erforderlichen Aufwands besteht**, für die jedoch noch kein Business Case ausgearbeitet wurde. Ein Beispiel hierfür ist die Harmonisierung der Genehmigungen für Bestellanforderungen und Angebote. Die fachliche Anpassung des Prozesses lässt sich klar beschreiben, und die beteiligten Rollen können auf die neuen Regeln geschult werden. Die Einführung unterstützender Technologie würde jedoch über diese Stufe hinausgehen und gegebenenfalls einem weitergehenden Umsetzungsansatz zugeordnet werden. Für Maßnahmen dieser Art besteht der nächste Schritt in der Ausarbeitung eines Business Case, wie im folgenden Abschnitt beschrieben.
3. Daneben existieren **weniger klar definierte Ideen**, die zunächst weiterer Untersuchung bedürfen. In diesen Fällen ist zu prüfen, ob die Maßnahmen grundsätzlich umsetzbar sind oder ob bestehende Standards, die Anwendungs- oder Risikolandschaft oder sogar die übergeordnete Strategie angepasst werden müssen. Für solche Ansätze sollte bewusst eine vorgelagerte Analysephase eingeplant werden, um sie auf ein Niveau zu bringen, das die Erstellung eines belastbaren Business Cases ermöglicht.
   Ein Beispiel ist die Überprüfung der Service-Level-Vereinbarungen für die Rolle der Finanzmanager im Zusammenhang mit deren weiteren Aufgaben. Dies kann in einer Neudefinition der Rolle und gegebenenfalls in der Bereitstellung zusätzlicher Kapazitäten münden.

Durch diese Strukturierung wird die Gesamtliste deutlich verständlicher. Zudem lassen sich der Nutzen und der Reifegrad der einzelnen Maßnahmen differenziert darstellen, was eine fundierte Priorisierung erleichtert.

Entwicklung von Business Cases

Während sich die Nutzenargumente für Maßnahmen der ersten Kategorie in der Regel leicht beschreiben lassen, erfordern die Maßnahmen der zweiten Kategorie, die im kurz- bis mittelfristigen Zeithorizont umgesetzt werden sollen, meist einen deutlich höheren Analyseaufwand.

Das Vorgehen gliedert sich dabei in zwei Schritte.

- Zunächst erfolgt eine Bewertung der Idee im Hinblick auf die zentralen Stellregler des Prozesses. Dabei knüpfen Sie an die Frage an, die bereits zu Beginn des Projekts mit den Stakeholdern diskutiert wurde: Wie sieht aus ihrer Sicht der ideale Prozess aus? Ziel ist es, eine schnelle qualitative Einschätzung vorzunehmen, in welchen Bereichen die jeweilige Maßnahme Wirkung entfaltet. In den Beispielen dieses Abschnitts wurden hierfür sechs Regler definiert. Die Auswirkung der jeweiligen Idee auf diese Regler wird mithilfe einer einfachen Ampellogik visualisiert. Das Ergebnis dieser Einschätzung entscheidet darüber, ob eine Idee verworfen wird, weil sie nicht zum angestrebten Prozessbild passt, oder welche relative Priorität sie innerhalb der Gesamtliste einnimmt.
- Für die drei bis fünf am höchsten priorisierten Maßnahmen, die zwar weitergehende Berechnungen oder Abstimmungen erfordern, aber grundsätzlich zum definierten Reglerprofil passen, folgt im zweiten Schritt eine detailliertere Betrachtung von Kosten und Nutzen. Ziel ist es, zu beurteilen, ob der erwartete Mehrwert den erforderlichen Aufwand rechtfertigt. In diesem Zusammenhang kann es auch vorkommen, dass neue oder angepasste Ideen entstehen, wenn sich zeigt, dass der ursprüngliche Ansatz die definierten Schwellenwerte nicht erreicht.

Im Folgenden werden drei Beispiele aus dem betrachteten Szenario vorgestellt.

Verbesserung der Auslastung (Datenmodellierung)

Wie bereits beschrieben, bestand ein Projektauftrag darin, die Auslastung der Rolle der Finanzmanager zu überprüfen. Diese Analyse ließ sich jedoch ohne zusätzlichen Aufwand in KNIME auf alle Rollen ausweiten. Auf dieser Basis konnte eine Gesamtübersicht erstellt werden, wie sie in Abbildung 19.2 dargestellt ist.

Abb. 19.2

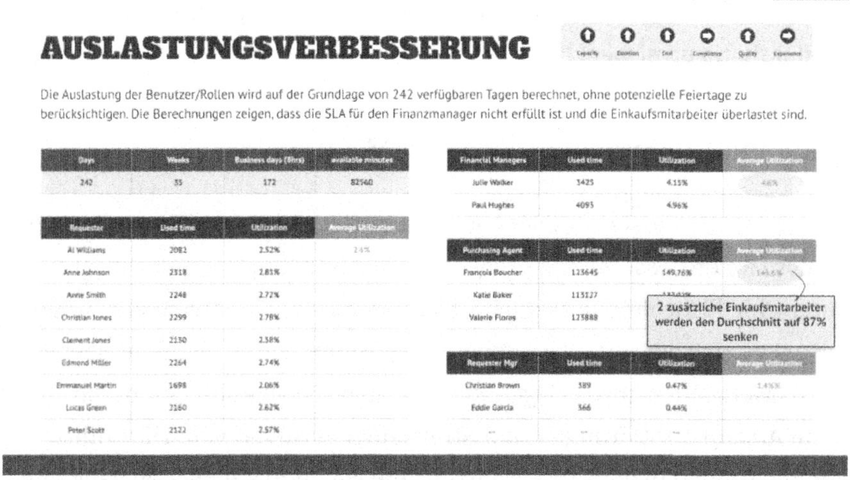

Abb. 19.2: Handlungsempfehlung auf Basis des Datenmodells

Wie die Auswertung zeigt, wurde die Servicevereinbarung für die Rolle im Finanzmanagement nicht eingehalten. Die gemessene Auslastung liegt bei 4,6% und damit deutlich über dem angestrebten Zielwert von 1%. Gleichzeitig ist die Rolle im Einkauf erheblich überlastet und weist eine durchschnittliche Auslastung von 145,6% auf.

Unter der Annahme, dass auch nach der Umsetzung weiterer Maßnahmen wie Schulungen, Gesprächen mit den Lieferanten und der erneuten

Qualifizierung von Usern weiterhin eine Überlastung besteht, ist der Aufbau zusätzlicher Kapazitäten erforderlich. In Bezug auf die definierten Stellregler wirkt sich diese Maßnahme positiv auf Kapazität, Durchlaufzeiten und Qualität aus, geht jedoch mit höheren Kosten einher.

Die konkrete Aufgabe besteht darin, die erforderliche Anzahl zusätzlicher Ressourcen zu bestimmen. In diesem Fall würden zwei zusätzliche Stellen im Einkauf die Auslastung auf ein normales Niveau von rund 87 Prozent pro Person senken und zugleich ausreichend Spielraum für Abwesenheiten, Schulungen oder andere nicht operative Tätigkeiten schaffen. Neben den laufenden Personalkosten sind dabei auch zusätzliche Aufwände zu berücksichtigen, etwa für die Rekrutierung und Auswahl geeigneter Fachkräfte sowie für deren Einarbeitung und fachliche Begleitung, bevor sie ihre volle Produktivität erreichen.

Lieferantenanpassungen (Process-Mining)

Die nächste Verbesserungsidee basiert überwiegend auf den Ergebnissen der Analyse im Process-Mining-Tool. Durch die Erstellung von Dashboards für unterschiedliche Produktbereiche, Lieferanten und die berechneten Fallkosten zeigte sich deutlich, dass höherpreisige Lieferanten nicht nur über dem Wettbewerbs-Preisniveau lagen, sondern zugleich eine überdurchschnittlich hohe Anzahl an Klärungen und Streitfällen verursachten. Dies führte zu Verzögerungen in der Prozessausführung sowie zu steigenden Fallkosten und trug zusätzlich zur erhöhten Auslastung der zuvor genannten Rollen bei.

Die Ursachen hierfür können vielfältig sein. Möglich sind eine gewisse Nachlässigkeit auf Seiten der Lieferanten ("So haben wir es schon immer gemacht"), unzureichende Datenqualität oder unklare Erwartungen und Zuständigkeiten zwischen den beteiligten Parteien. In jedem Fall ist eine vertiefende Analyse erforderlich. Gleichzeitig zeigt der Vergleich von Kosten und Durchlaufzeiten zwischen höherpreisigen und günstigeren Lieferanten, dass durch eine stärkere Bündelung von Bestellungen bei den kostengünstigeren Anbieterunternehmen erhebliche Einsparungen bei Zeit und Kosten realisiert werden könnten. Abbildung 19.3 stellt die zugrunde liegenden Berechnungen für dieses Szenario dar.

Abb. 19.3

LIEFERANTENANPASSUNG

Die Verlagerung der Bestellungen zu den günstigeren Lieferanten in jedem Produktbereich wird die Kosten erheblich senken. Zudem erwarten wir eine Verbesserung der Durchlaufzeiten um 36 % (4,65 Tage).

Weiterhin sollte ein Gespräch mit den teureren Lieferanten geführt werden, um die Ursachen der Verzögerungen zu klären.

Product Area	Product Area Distrib.	Avg Cost	Avg Cost High Price	Avg Cost Low Price	Cost Savings (from Avg)	In Percent
Office Supply	24.3%	$164.76	$177.32	$141.66	$23.10	14.0%
Electronic Parts	21.3%	$214.74	$232.29	$173.78	$40.96	19.1%
Miscellanous	54.4%	$192.52	$247.78	$163.21	$29.31	15.2%

Average cost overall: $4,673.39

Expected percentage of cost savings (if product area distribution is the same): 16%

Expected average cost overall: $728.27

Abb. 19.3: Handlungsempfehlung auf Basis der Process-Mining-Analyse

Bei Betrachtung der Prozessregler ergeben sich für dieses Szenario keine negativen Effekte, sondern ausschließlich Verbesserungen. Dadurch stellt diese Maßnahme ein besonders attraktives Verbesserungspotenzial dar.

Die nachhaltige Lösung des zugrunde liegenden Problems ist jedoch nicht trivial. Kurz- bis mittelfristig können eine gemeinsame Überprüfung des Prozesses mit den Lieferanten, die klare Definition und Abstimmung von Servicevereinbarungen sowie der Einsatz von Hinweisen und Eskalationen Entlastung schaffen. Ergänzend kann eine Anpassung der internen Beschaffungsrichtlinien dazu beitragen, bevorzugt bei geeigneten Lieferanten zu bestellen.

Langfristig erfordert dieses Themenfeld jedoch eine weitergehende Auseinandersetzung. Dazu zählen die Überprüfung der Lieferantenstrategie insgesamt sowie der mögliche Einsatz von Automatisierung, um Datenfehler zu reduzieren. Dies kann etwa durch den Einsatz von AI-Agenten erreicht werden, die sicherstellen, dass alle relevanten Informationen vollständig, korrekt und tagesaktuell vorliegen. Diese Aspekte bedürfen weiterer Analyse und Planung und sollten daher als eigenständige Punkte in der Liste der Verbesserungspotenziale geführt werden.

Prozessanpassungen (Process-Mining, Modellierung, Simulation)

Zur Ableitung der erforderlichen Prozessänderungen reicht eine reine Process-Mining-Analyse nicht aus. Die bisherige übergeordnete Bewertung der identifizierten Ideen fällt jedoch insgesamt sehr positiv aus.

Auch wenn mit Automatisierung, Einführung und Schulung ein gewisser Aufwand verbunden ist, ist das Potenzial überzeugend: Kosten und Durchlaufzeiten lassen sich reduzieren, während Kapazität, Qualität und Regelkonformität verbessert werden. Abbildung 19.4 zeigt die identifizierten Bereiche für Prozessverbesserungen.

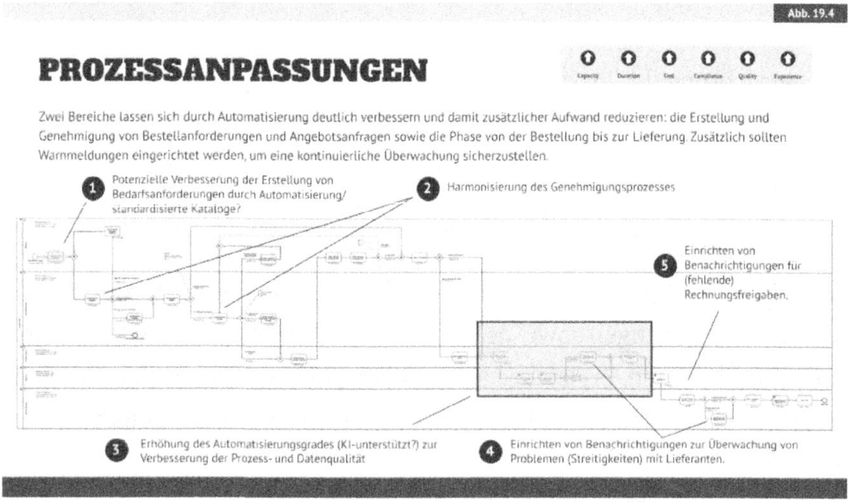

Abb. 19.4: Vorgeschlagene Prozessänderungen

Einige Prozessanpassungen lassen sich kurzfristig umsetzen und sind bereits in der Maßnahmenliste enthalten, etwa die Einrichtung von Hinweisen oder die Harmonisierung von Genehmigungsschritten. Für weitergehende Automatisierungen, die zwangsläufig mit Änderungen im Prozessablauf sowie mit Auswirkungen auf die Anwendungslandschaft oder bestehende Standards verbunden sind, ist jedoch eine vertiefende Analyse erforderlich.

Dies sollte konsequent zur Entwicklung einer Lösungsarchitektur führen. Ausgangspunkt ist dabei die Abbildung der geplanten Prozessänderungen, gefolgt von der Simulation der zukünftigen Prozesszustände. Abhängig von der Ausgestaltung der Maßnahmen können unterschiedliche Zielzustände entstehen, die jeweils mit unterschiedlichen Kosten verbunden sind, etwa in Bezug auf die Anzahl der User, den Einsatz technischer Ressourcen oder den Betrieb von AI-Agenten. Simulationen eignen sich gut, um die für die Prozessregler relevanten Kennzahlen wie Kapazität oder Durchlaufzeit vorab zu prognostizieren.

Es empfiehlt sich, die geplanten Prozessänderungen in mehrere eigenständige Maßnahmen zu gliedern. Dadurch lassen sie sich getrennt bewerten, priorisieren und umsetzen. Auf diese Weise kann der Nutzen jeder Maßnahme unabhängig bestimmt werden. Selbst eine isolierte Verbesserung stellt dabei einen Mehrwert dar und ist einem umfassenden Ansatz vorzuziehen, der letztlich nicht umgesetzt wird und keinen Nutzen erzeugt.

Erstellung einer Übersichts-Roadmap

Auch wenn Sie die einzelnen Ideen im Rahmen separater Gespräche mit den jeweiligen Stakeholdern vertiefen, ist nicht davon auszugehen, dass alle Beteiligten sämtliche Details aller identifizierten Verbesserungspotenziale im Blick haben.

Daher ist es sinnvoll, die Maßnahmen in einem nächsten Schritt in eine übergeordnete Roadmap zu überführen. Diese stellt alle Vorhaben als Projekte auf einer zeitlichen Achse dar und macht zugleich deutlich, wer jeweils verantwortlich ist und wie die einzelnen Projekte zueinander in Beziehung stehen. Die Detailausarbeitung der einzelnen Projekte umfasst dabei den erwarteten Nutzen, die entstehenden Kosten sowie den erforderlichen

Umsetzungsaufwand.

Abbildung 19.5 zeigt beispielhaft die im betrachteten Szenario identifizierten Projekte in einer solchen Roadmap.

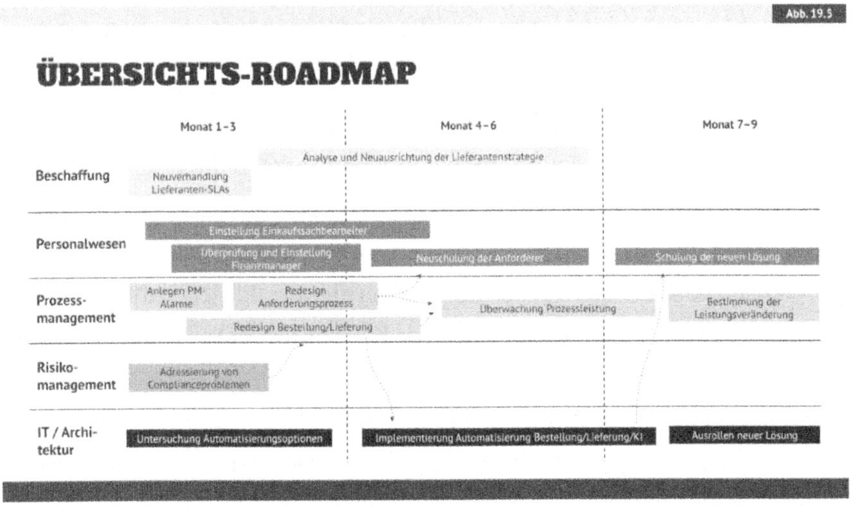

Abb. 19.5: Beispiel einer Übersichts-Roadmap

Aus naheliegenden Gründen sollten Sie die übergeordneten Inhalte der Roadmap vorab mit den Stakeholdern abstimmen. Ziel ist es, gemeinsam Prioritäten festzulegen und zu klären, welche Auswirkungen diese auf Zeitplan und Abhängigkeiten haben, bevor es zur abschließenden Präsentation der Projektergebnisse kommt, deren Höhepunkt die Vorstellung der Roadmap bildet.

Zu diesem Zeitpunkt sollten keine offenen Punkte mehr bestehen, die zu grundlegenden Hindernissen führen könnten. Das gemeinsame Treffen mit allen beteiligten Stakeholdern erfüllt dabei mehrere Zwecke:

- Zunächst dient es dem **formalen Abschluss des Process-Analysis-Projekts** und der Einholung der Zustimmung zu den Analyseergebnissen. Die Ergebnispräsentation markiert den Projektabschluss und sollte transparent darstellen, welche Aktivitäten durchgeführt wurden, welche Ergebnisse erzielt und wie die formulierten Fragen und Hypothesen beantwortet wurden. Neue Anforderungen oder zusätzliche Ideen werden in einer gesonderten Sammlung dokumentiert.

- Darüber hinaus werden die **Verbesserungsvorhaben der Roadmap** diskutiert. An dieser Stelle ist bewusst von Projekten die Rede und nicht mehr von Ideen oder Potenzialen. In die Roadmap werden ausschließlich klar definierte Vorhaben aufgenommen. Alle weiteren Punkte verbleiben in der Sammlung für spätere Betrachtung. Die Projekte werden vorgestellt, ihr fachlicher Hintergrund wird erläutert und ihre Position in der priorisierten Reihenfolge wird nachvollziehbar gemacht, orientiert an den zu Beginn des Kapitels beschriebenen Kategorien.
- Sobald Einigkeit über Nutzen, Kosten und Priorisierung der einzelnen Projekte besteht, beginnt die **Planungsphase**. Ziel ist es, die Zustimmung der Stakeholder zur geplanten Vorgehensweise und zur zeitlichen Abfolge zu erhalten, wie sie in der Roadmap dargestellt ist. Abweichende Vorstellungen, etwa hinsichtlich der Terminierung, sollten möglichst direkt in diesem Termin geklärt werden.
  Erfahrungen zeigen, dass nachgelagerte Einzelabstimmungen außerhalb dieses Rahmens häufig zu erheblichen Verzögerungen führen. Solche Gespräche können den Zeitplan um Wochen oder Monate verschieben und eröffnen zusätzlichen Spielraum für Neuverhandlungen einzelner Projektbestandteile, was weitere Anpassungen nach sich zieht.
- Bei erzielter Einigkeit kann das idealerweise anwesende Entscheidungsgremium die Freigabe zur Umsetzung unmittelbar erteilen. Ist dies nicht der Fall, sollte die Abstimmung der Inhalte im Vorfeld erfolgt sein, sodass im Nachgang lediglich noch Abweichungen zu kommunizieren sind und keine weiteren Verzögerungen entstehen.

20

Process-Mining in der Praxis – Zusammenfassung

Damit liegt eine vollständige Darstellung der sechs Schritte erfolgreicher Process-Mining-Projekte vor, erläutert am Beispiel eines fiktiven Medizintechnikunternehmens.

Es wurde deutlich, dass die einzelnen Schritte aufeinander aufbauen und dass Prozessanalysen nicht ausschließlich im Process-Mining-Tool selbst stattfinden können. Gleichwohl stellen diese Werkzeuge einen erheblichen Fortschritt dar und vereinfachen datenbasierte Prozessanalysen deutlich. In diesem Zusammenhang kann man von einer Art „digitalem Gemba" sprechen, das wesentlich einfacher zugänglich ist als die klassische Beobachtung vor Ort (Gemba).

Abschließend lassen sich für diesen Abschnitt einige zentrale Erkenntnisse festhalten:

1. Erstens lag der Schwerpunkt dieses Abschnitts auf der Einrichtung und Anwendung der unterschiedlichen Analysearten. Vergleicht man diese Inhalte mit der Übersicht des Sechs-Schritte-Vorgehens aus Kapitel 4, wird jedoch deutlich, dass einige vorbereitende und begleitende Aktivitäten außerhalb der eigentlichen Analyse weniger stark betont wurden. Um sicherzustellen, dass diese nicht übersehen werden, wurde

eine Checkliste für erfolgreiche Process-Mining-Projekte erstellt, die als ergänzendes Material zu diesem Buch zur Verfügung steht. Hinweise zum Zugriff darauf finden sich im nächsten Kapitel („... Eins noch").

2. Zweitens ist es entscheidend, frühzeitig eine Strategie für den Einsatz von Process-Mining in der Organisation zu entwickeln. Auch wenn der Einstieg häufig über ein einzelnes Projekt erfolgt, sollte von Beginn an eine unternehmensweite Perspektive eingenommen werden. Die frühzeitige Dokumentation zentraler Ziele und Entscheidungen sowie die Entwicklung eines kurz- und langfristigen Plans erleichtern die Kommunikation erheblich, selbst wenn diese Planung im weiteren Verlauf angepasst wird. Ein zentrales Element ist dabei die Definition eines Zielbilds für Prozesse, das allen Beteiligten Orientierung gibt. In der Praxis zeigt sich häufig, wie unterschiedlich die Vorstellungen der Stakeholder sind, sobald diese gemeinsam diskutiert werden.
3. Der zweite Schritt, die Identifikation und Extraktion der Daten aus den Quellsystemen, wurde bewusst übersprungen. Die Vielfalt an Integrationstechnologien sowie die sehr unterschiedlichen IT-Landschaften machen es wenig sinnvoll, an dieser Stelle ins Detail zu gehen.
   Gleichzeitig sollte stets bedacht werden, dass Programmdynamik wichtiger ist als technische Perfektion. Ziel sollten kurze Projektlaufzeiten von vier bis fünf Wochen sein, um Momentum, Erfahrung und Akzeptanz für diese Technologie und Vorgehensweise aufzubauen. Dies ist oft wertvoller als eine technisch ausgefeilte Lösung, die zwar formal korrekt ist, aber nur begrenzten Nutzen stiftet.
   Kurze Projekte lassen sich jederzeit um weitere Iterationen ergänzen, um tiefergehende Analysen durchzuführen oder zusätzliche, präziser definierte Verbesserungspotenziale zu identifizieren. Darüber hinaus können Sie bei der Konzeption neuer Lösungen jederzeit auf das Process-Mining-Projekt zurückgreifen, das die Ist-Analyse geliefert hat, und gezielt in diejenigen Aspekte einsteigen, zu denen weiterer Informationsbedarf besteht.
4. Die Datenmodellierung ist ein zentraler Erfolgsfaktor für Process-Mining. Die sorgfältige Aufbereitung der Daten und ein tiefes Verständ-

nis ihrer Struktur sind für jedes Projekt entscheidend und nehmen erfahrungsgemäß einen erheblichen Teil der Projektzeit in Anspruch. Wenn Stakeholder nicht nachvollziehen können, wie das Datenmodell aufgebaut wurde, werden sie den Analyseergebnissen nicht vertrauen. Um dies zu vermeiden, empfiehlt sich der Einsatz eines visuellen Datenmodellierungswerkzeugs, das auch für Fachkräfte ohne Programmiererfahrung verständlich ist. Im Idealfall übernehmen diese Personen im Anschluss selbst die Erstellung von Datenmodellen für zukünftige Projekte.

5. Prozessmodellierung und Prozesssimulation mögen als Ansätze etabliert und stärker menschenzentriert erscheinen, sie besitzen jedoch weiterhin einen hohen praktischen Nutzen. Wie in Kapitel 16 gezeigt wurde, lassen sich bereits durch die Visualisierung des Prozessmodells und dessen Anreicherung mit Daten aus dem Datensatz erste Verbesser ungspotenziale identifizieren, etwa mögliche Regelverstöße wie im dargestellten Beispiel. Darüber hinaus können die grundlegenden Analysefunktionen des Modellierungswerkzeugs sowie Simulationen direkt auf das Prozessdiagramm angewendet werden, um potenzielle Schwachstellen zu erkennen. Diese Werkzeuge sind zudem in der Lage, Probleme wie Engpässe anschaulich darzustellen, etwa durch Diagramme, die auf den im Rahmen der Simulation erzeugten Daten basieren.
6. Ein zusätzlicher Vorteil besteht darin, dass das Prozessmodell nicht nur dazu dient, darzustellen, wie Arbeit aktuell ausgeführt werden soll, etwa als Grundlage für die Konformitätsanalyse in Schritt fünf. Das Modell sollte ebenso genutzt werden, um eine Zielversion des Prozesses zu entwickeln, also eine Beschreibung, wie die Arbeit künftig erfolgen soll. Dieses Zielmodell kann wiederum simuliert werden. Die Ergebnisse lassen sich für die Erstellung des Business Cases für die vorgeschlagenen Änderungen sowie für die Aktualisierung der Risiko- und Compliance-Dokumentation verwenden.
7. Die Prozessanalyse im Process-Mining-Werkzeug stellt einen weiteren zentralen Bestandteil des Projekts dar. Dabei zeigt sich jedoch, dass

es sich nicht um eine einzelne Analyseform handelt, sondern um eine Kombination unterschiedlicher Analysearten. Welche davon eingesetzt wird, hängt maßgeblich von den Hypothesen ab, die gemeinsam mit den Stakeholdern in Schritt eins entwickelt wurden. In der Praxis empfiehlt sich eine Kombination aus einer übergeordneten Analyse, die organisationsweit vergleichbar ist, einer detaillierten Analyse zur Überprüfung konkreter Hypothesen sowie ergänzenden Auswertungen außerhalb des Process-Mining-Werkzeugs, sofern erforderlich (z. B. mittels einer Zwei-Faktoren-Analyse im Datenmodellierungswerkzeug, wie im Beispiel dargestellt).

8. Auch bewährte Ansätze der Prozessanalyse wie Lean oder Six Sigma behalten ihre Relevanz und lassen sich sinnvoll in Process-Mining-Projekte integrieren. Insbesondere die Konzepte von Wertschöpfung und Verschwendung helfen dabei, die Analyse zu fokussieren, wenn es Stakeholdern schwerfällt, konkrete Hypothesen zur Prozessleistung oder zu deren Defiziten zu formulieren. Mit zunehmender Projekterfahrung fällt es den Beteiligten in späteren Iterationen in der Regel leichter, diese Fragestellungen präzise zu benennen.
9. Dashboards sind ein zentrales Kommunikationsmittel, auch wenn sie in Process-Mining-Werkzeugen derzeit noch nicht immer optimal umgesetzt sind. Entscheidend ist die Geschichte, die Sie Ihren Stakeholdern vermitteln möchten. Diese erfordert häufig andere Dashboards als jene, die für die initiale Analyse verwendet wurden. Ein Thema pro Dashboard hat sich dabei bewährt. Zusätzlich sollten eine klare Informationshier archie definiert und die Widgets so ausgewählt und gestaltet werden, dass sie die jeweilige Aussage unterstützen und visuelle Überfrachtung vermeiden. Ein wesentlicher Vorteil von Dashboards liegt zudem darin, dass sie sich fortlaufend aktualisieren lassen und damit transparent zeigen, wie sich umgesetzte Maßnahmen auf den Prozess auswirken.
10. Bei der Auswahl und Priorisierung von Verbesserungspotenzialen sollten in Schritt sechs keine grundlegenden Überraschungen mehr auftreten. Voraussetzung dafür ist, dass während des gesamten Projekts eine strukturierte Sammlung von Ideen, Annahmen und Beobachtungen

gepflegt wird, etwa in einem Kollaborationswerkzeug. In der Vielzahl der Gespräche und Erkenntnisse gehen solche Punkte andernfalls leicht verloren. Dies würde dazu führen, dass relevante Annahmen nicht anhand der Daten überprüft und im Rahmen der Analyse bestätigt oder verworfen werden.

11. Darüber hinaus ist zu beachten, dass den Stakeholdern zwei Ebenen nachvollziehbar vermittelt werden müssen. Zum einen ist der übergeordnete Nutzen der vorgeschlagenen Maßnahmen darzustellen, der als Grundlage für die Priorisierung dient. Zum anderen sind die zu erwartenden Erträge und der Return-on-Investment zu erläutern, sowohl in quantitativer als auch in qualitativer Hinsicht, ebenso wie der erforderliche Aufwand und die Kosten für die Umsetzung der ausgewählten Verbesserungspotenziale.

IV

… Eins noch

21

… Eins noch

Ich hoffe, es ist mir gelungen, Ihnen Process-Mining und Process-Intelligence näherzubringen. Ebenso hoffe ich, dass Sie das Angebot genutzt haben, mit den Beispieldateien zu arbeiten und die sechs Schritte mit dem Werkzeug Ihrer Wahl selbst nachzuvollziehen.

Dieses Buch sollte Ihnen die notwendigen Argumente und Informationen an die Hand gegeben haben, um Process-Mining als sinnvolle Ergänzung Ihrer Prozessmanagement-Disziplin in der Organisation zu etablieren. Darüber hinaus stehen begleitende Materialien zur Verfügung. Dazu zählen sämtliche Grafiken des Buches als PDF sowie eine Checkliste für jeden der sechs Schritte des „Erfolgreiche Process-Mining-Projekte"-Ansatzes. Diese Materialien können über die Website whatsyourbaseline.com/erfolgreiche-process-mining-projekte/ heruntergeladen werden. Nach Auswahl des Bereichs „Freebies" ist der Code **SUCCESSFULPROCESSMINING** einzugeben. Der QR-Code am Ende dieses Kapitels führt ebenfalls direkt zu dieser Seite.

Wie geht es mit Process-Mining weiter?

Ich verfüge nicht über vollständige Einblicke in die Roadmaps aller Anbieterunternehmen. Dennoch lassen sich einige Entwicklungen erkennen, die absehbar bestehen bleiben und die Arbeit von Organisationen künftig prägen werden.

- **Process-Mining wird nicht verschwinden.** Im Gegenteil: Sobald Organisationen den Nutzen von Echtzeit-Transparenz über ihre Prozessleistung erkannt haben, wächst der Bedarf nach genau diesen Informationen weiter. Es ist vergleichbar mit einem Tachometer im Auto, niemand möchte darauf verzichten. Eine Ausnahme bildet höchstens der Rennsport, wo andere Regeln gelten.
- **Process-Mining-Werkzeuge werden sich weiterentwickeln.** Dabei zeichnen sich zwei Richtungen ab. Zum einen wird Process-Mining zunehmend direkt in operative Laufzeitsysteme integriert, etwa in Plattformen wie ServiceNow. In diesen Fällen verschwindet Process-Mining als eigenständige Disziplin und wird zu einer eingebetteten Monitoring-Funktion. Sie werden es kaum noch als eigenes Werkzeug wahrnehmen, da Datenanbindungen und Analysen vordefiniert sind und mit dem Produkt ausgeliefert werden.
- Zum anderen wird Process-Mining stärker Teil umfassender BPM-Plattformen. Anbieter wie ARIS, Signavio oder iGrafx zeigen diese Entwicklung bereits heute. Selbst beim aktuellen Marktführer ist dieser Trend erkennbar. Dort wurde zwar ein Modellierungswerkzeug übernommen und als „Celonis Process Management" vermarktet, der vollständige Lebenszyklus, wie zuvor beschrieben, wird jedoch noch nicht durchgängig unterstützt.
- **Auch aus Analystensicht verändert sich der Markt.** In Gesprächen mit Analysten großer Beratungshäuser zeigt sich die Einschätzung, dass einzelne Anbieterunternehmen den eigenständigen Process-Mining-Markt durch enorme, kostenintensive Projekte unter Druck setzen. Solche Vorhaben erfüllen nicht immer die Erwartungen und erfordern hohe Umsätze, um wirtschaftlich tragfähig zu bleiben. Der nachhaltigere Ansatz besteht jedoch nicht in einem einzigen Großprojekt, sondern in einer Serie kleiner, schnell umsetzbarer Initiativen. Statt eines zwölfmonatigen Projekts sind zwölf Projekte mit jeweils einem Monat Laufzeit oft wirkungsvoller. Sie liefern schneller sichtbaren Nutzen, reduzieren Komplexität und Projektrisiken und erzeugen zugleich Aufmerksamkeit und Akzeptanz in der Organisation. Weitere Iterationen mit präziseren

Daten und vertieften Analysen können jederzeit folgen. Oder, wie es einer meiner früheren Vorgesetzten einmal treffend formulierte: **Momentum ist selbst ein Ergebnis.**

- **Process-Mining-Technologie wird zur Selbstverständlichkeit.** Sie wird zunehmend als Standard wahrgenommen, und die Kosten werden sinken. Dies hat spürbare Auswirkungen auf spezialisierte Anbieterunternehmen, da sich die bislang notwendigen Margen langfristig nicht mehr erzielen lassen. Neben den bereits beschriebenen Entwicklungen – der Integration in operative Laufzeitsysteme sowie der Einbettung in umfassende BPM-Plattformen – ist davon auszugehen, dass akademisch geprägte und Open-Source-basierte Werkzeuge weiterhin als eigenständige Lösungen bestehen bleiben.
  In meiner Beratungspraxis sind diese Tendenzen bereits sichtbar. Selbst große Organisationen, die über ein kostspieliges Process-Mining-Werkzeug verfügen, suchen gezielt nach günstigeren Alternativen für kleinere, kurzfristige Projekte. Dies eröffnet Spielraum für neue, vereinfachte Abrechnungsmodelle, die transparenter und userfreundlicher sind. Statt komplexer, kleinteiliger Lizenzmodelle nach dem Prinzip einer Mobilfunkrechnung könnten verbrauchsbasierte Modelle mit klarer Kostenlogik an Bedeutung gewinnen.
  Vor diesem Hintergrund ist davon auszugehen, dass ein eigenständiger Markt für Process-Mining beziehungsweise Process-Intelligence, wie er heute etwa von Analystenhäusern wie Forrester beschrieben wird, langfristig an Bedeutung verlieren oder ganz verschwinden wird.
- **Entscheidend bleibt jedoch die Umsetzung.** Ideen und Analysen entfalten keinen Nutzen ohne konkrete Maßnahmen. Datengetriebene Analyse wird dauerhaft ein fester Bestandteil organisatorischer Entscheidungsfindung sein und durch den Einsatz von KI weiter an Bedeutung gewinnen. Wenn identifizierte Verbesserungspotenziale jedoch nicht realisiert werden, bleibt der Analyseaufwand wirkungslos. Der nachhaltige Ansatz besteht darin, Process-Mining fest in Lösungen und Abläufe zu integrieren und es für kontinuierliche Messung, automatisierte Hinweise und die systematische Realisierung von Nutzen einzusetzen.

Doch damit nicht genug...

Process-Mining – ebenso wie Architekturarbeit im Allgemeinen – ist keine Disziplin, die man isoliert betreibt. Gemeint ist damit, dass es sehr sinnvoll ist, den Austausch mit anderen Fachleuten außerhalb der eigenen Organisation zu suchen und aktiv Netzwerke aufzubauen.

Es gibt zahlreiche Ressourcen, die dabei unterstützen können.

- Eine davon ist der **What's Your Baseline? Podcast**. Ziel dieses Podcasts ist es, Enterprise Architecture und Business Process Management – einschließlich Process-Mining – verständlich und zugänglich zu machen. Er wird von mir gemeinsam mit J-M Erlendson moderiert und erscheint im Zweiwochenrhythmus jeweils montags. Die Inhalte reichen von Gesprächen mit Gästen zu fachlichen Themen bis hin zu Fragestellungen, die für den Aufbau oder die Leitung einer entsprechenden Praxis relevant sind. Der Podcast ist auf allen gängigen Plattformen verfügbar, darunter Spotify, Google, Apple, Amazon und YouTube, sowie über die Website whatsyourbaseline.com/podcast.
- Folgen Sie außerdem **What's Your Baseline? auf LinkedIn**. Dieser Kanal ist die zentrale Plattform für Ankündigungen neuer Podcast-Folgen sowie weiterer Inhalte. Viele fachliche Diskussionen und Kontakte zu anderen Praktikerinnen und Praktikern entstehen genau dort. https://www.linkedin.com/company/whatsyourbaseline.
- Eine sehr empfehlenswerte Sammelstelle für **BPM-spezifische Blogs und Podcasts** wurde von **Mirko Kloppenburg** aufgebaut. Sie ist unter https://bpm.today/ zu finden und eignet sich hervorragend, um einen breiten Überblick über aktuelle Themen und Stimmen aus der Community zu erhalten.
- Darüber hinaus können Sie sich gern auch **direkt mit mir auf LinkedIn** https://www. linkedin.com/in/rolandwoldt **vernetzen** oder per E-Mail Kontakt (roland@whatsyourbaseline.com) aufnehmen.

Ich freue mich über den Austausch und auf anregende Gespräche!

whatsyourbaseline.com/erfolgreiche-process-mining-projekte

Beispieldateien

In den vorherigen Kapiteln habe ich die verschiedenen Werkzeuge vorgestellt, mit denen Sie die Analysen selbst durchführen können. Zu Ihrer Orientierung sind hier nochmals die wichtigsten Links zusammengefasst.

Benötigte Werkzeuge und Dateien herunterladen

Um das in **Teil III** verwendete Beispiel vollständig nachzuvollziehen, benötigen Sie einige Werkzeuge und Dateien. Alle genannten Ressourcen sind **kostenfrei** verfügbar:

1. Zunächst laden Sie **KNIME** herunter und installieren es auf Ihrem Rechner. https://www.knime.com/downloads
2. Anschließend registrieren Sie sich für eine kostenlose Instanz von **ARIS Process Mining** https://aris.com/process-mining/. (Klicken Sie dazu auf „Try it for free" und folgen Sie dem Registrierungsprozess.) Sie erhalten damit eine funktional eingeschränkte Version, mit der sich das Beispiel weitgehend umsetzen lässt – mit Ausnahme der Konformitätsprüfung.
3. Abschließend können Sie die **Eventlogs** sowie das **initiale Prozessmodell** von der begleitenden Projektseite herunterladen: https://whatsyourbaseline.com/heartbeat.

Ergänzende Hinweise

Beide genannten Tool-Anbieter stellen strukturierte Schulungsangebote zur Verfügung. Für **ARIS Process Mining** ist die Auswahl vergleichsweise einfach, während bei **KNIME** darauf zu achten ist, den passenden Lernpfad zu wählen.

- Die Schulungen zu **ARIS Process Mining** finden Sie in der ARIS Academy https://academy.aris.com/learn. Achten Sie bei der Auswahl darauf, dass explizit „**ARIS Process Mining**" (gegebenenfalls mit dem Zusatz *SaaS*) genannt ist. Vermeiden Sie Inhalte zur älteren Produktversion, die unter dem Namen Process Performance Manager bekannt war.
- Die Schulungsangebote für **KNIME** sind hier https://www.knime.com/learning/ verfügbar. Zum Zeitpunkt der Erstellung dieses Buches werden dort mehrere Lernpfade angeboten. Für die hier beschriebenen Anwendungsfälle empfiehlt es sich, im Track „**Data Analyst**" die Kurse **L1** und **L2** zu absolvieren.
  Darüber hinaus bietet die KNIME-Webseite im Bereich Resources zahlreiche Einstiegsleitfäden und Spickzettel. Ergänzend dazu finden sich viele hilfreiche Videos auf YouTube. Besonders empfehlenswert sind außerdem die sehr aktiven Community- und Forumskanäle, in denen sich häufig schnell konkrete Hinweise zur Lösung spezifischer Fragestellungen finden lassen.

BUCHMATERIALEN

Buchinformation und kostenlose Extras
whatsyourbaseline.com/epmp

Beispieldateien:
whatsyourbaseline.com/heartbeat

Buchmaterialien auf whatsyourbaseline.com

Quellen

Jedes Buch setzt sich aus Inhalten zusammen, die ihren Ursprung an unterschiedlichen Stellen haben. Im Folgenden sind die Quellen und Urheber der in diesem Buch verwendeten externen Materialien aufgeführt:

- **Titelbild:** Das Hauptmotiv des Covers stammt von Kelly Sikkema auf Unsplash. Die Collage wurde vom Autor selbst erstellt.
- **Screenshots der Werkzeuge:** Sämtliche Abbildungen von Tools wurden mit der ARIS-Plattform von ARIS, KNIME von der KNIME AG sowie Notion von Notion Labs erstellt.
- **Symbole und Grafiken:** Die verwendeten Icons stammen aus dem Angebot von The Noun Project.
- **Weitere Inhalte:** Zusätzliche Quellen, die in Grafiken dieses Buches eingeflossen sind, werden in den jeweiligen Endnoten referenziert.

Lob für „Erfolgreiche Process-Mining-Projekte“

- „Eine Pflichtlektüre für zukunftsorientierte Organisationen. Dieses Buch entmystifiziert die Rolle des Process-Mining – nicht nur als eigenständige Technik, sondern als integrierte Disziplin innerhalb des Business Process Managements. Mit klaren, praxisnahen Einblicken befähigt es Teams, echten Mehrwert zu schaffen und nachhaltige Prozessverbesserungen umzusetzen.“
  Hanneke Loefs-Mos, Inhaberin OLCAMA Consultancy, EA/BPM Consultant[60]

- „Roland besitzt die außergewöhnliche Fähigkeit, komplexe technische Themen klar, präzise und mit der richtigen Portion pragmatischem Humor zu vermitteln. Sein Buch *„Erfolgreiche Process-Mining Projekte”* bietet der Leserschaft einen wirklich wegweisenden Leitfaden – von der Initiierung und Konzeption über die Entwicklung eines belastbaren Business Cases bis hin zur operativen Umsetzung und nachhaltigen Verankerung.
  Das abstrakte Thema Process-Mining wird hier konsequent als strategische Investition mit messbarem Mehrwert positioniert. Dieses Referenzwerk liefert genau die Argumente, die für die Kommunikation mit dem Top-Management ebenso wie mit der operativen Ebene erforderlich sind.
  Rolands Beitrag zur nachhaltigen Einführung von Process-Mining ist ein exzellentes Handbuch und Nachschlagewerk, zu dem man in der Einführungsphase und darüber hinaus immer wieder gerne

zurückkehrt.“
Katrin Wetzel, Head of Business Process Management[61]

- „Herzlichen Glückwunsch zu diesem neuen Buch. Es vermittelt fundiertes Wissen und erleichtert den Einstieg in die Implementierung von Process-Mining anhand eines ersten Prozesses.
  „*Erfolgreiche Process-Mining Projekte*” zeigt klar auf, welche Fehler vermieden werden sollten und welche Schritte keinesfalls übersprungen werden dürfen. Es führt strukturiert durch die Prozessentdeckung des Ist-Zustands und unterstützt bei Projektplanung, Analysetechniken, der Erarbeitung von Business Cases sowie der Ableitung von Prozessverbess erungen. Darüber hinaus macht das Buch deutlich, dass Process-Mining weit mehr ist als ein weiteres Reporting-Werkzeug: Es liefert echten Mehrwert und neue Erkenntnisse für datengetriebene Prozessanalysen im Unternehmen.“
  Per Bandsholm, Implementation Project Manager, Grundfos[62]

- „Rolands Buch ist eine sehr praxisnahe und leicht verständliche Schritt-für-Schritt-Anleitung für den Einstieg in Process-Mining.
  Aus eigener Erfahrung kann ich nicht genug betonen, wie entscheidend der erste Schritt ist: die klare Definition von Ziel und Strategie eines Process-Mining-Projekts. Werden Richtung, Zweck sowie das Warum und Wie von Process-Mining nicht von Beginn an gemeinsam mit allen Stakeholdern verstanden, ist es sehr wahrscheinlich, dass das Projekt später erneut grundlegend überarbeitet werden muss.
  Das ist mir selbst einmal passiert – und ich würde es niemandem empfehlen. Wie bei allen Projekten gilt auch hier: Eine sorgfältige Vorbereitung ist entscheidend für den Erfolg. Andernfalls besteht die Gefahr, zu den 70% der Prozessverbesserungsinitiativen zu gehören, die scheitern, weil es an Klarheit und Orientierung fehlt.“
  Martin Holling, Head of Process Management[63]

- „Rolands neues Buch „Erfolgreiche Process-Mining-Projekte“ liefert

eine hervorragende Erklärung dessen, was Process-Mining ist und welchen Nutzen Unternehmen daraus ziehen können. Es baut sowohl auf seinem vorherigen Buch zum Thema Process-Mining als auch auf den zahlreichen Gesprächen mit Expertinnen und Experten für Geschäftsprozesse im Podcast What's Your Baseline? auf.
Das Buch bietet exzellente, praxisnahe Beispiele dafür, wie Process-Mining-Werkzeuge bewertet, ausgewählt und eingeführt werden können und wie sich ein Process-Mining-Kompetenzzentrum in einem Unternehmen aufbauen lässt. Besonders gefallen haben mir Rolands entspannter, pragmatischer und zugleich sehr fundierter Ansatz sowie seine konkreten Hinweise, wie typische Fallstricke vermieden und Process-Mining-Initiativen erfolgreich umgesetzt werden können."
Tony Phillips, Business Architect[64]

- „Roland hat es wieder geschafft! Nach seinem viel beachteten Buch zur Architekturimplementierung legt er nun einen praxisorientierten Leitfaden für alle vor, die sich für Process-Mining und Process-Intelligence interessieren.
  Dieses kurzweilige Buch steckt voller wertvoller Inhalte und stellt einen klar strukturierten Sechs-Schritte-Ansatz vor, mit dem sich greifbare Ergebnisse aus Process-Mining-Initiativen erzielen lassen. Besonders hilfreich ist das Praxisprojekt im dritten Teil, Process-Mining in der Praxis, das dazu einlädt, das erworbene Wissen direkt anzuwenden. Eine klare Empfehlung!"
  Zbigniew Misiak, Co-Autor von „Practical Business Process Modeling and Analysis", BPMTips.com[65]

- „Process-Mining-Projekte sind anspruchsvoll, aber sie können tiefgreifende Veränderungen bewirken, wenn sie richtig umgesetzt werden.
  „Erfolgreiche Process-Mining-Projekte" bietet einen klaren, praxisnahen Leitfaden für den Einstieg, der fest in realen Projekterfahrungen verankert ist. Roland erklärt nicht nur die Theorie, sondern führt die

Leserschaft durch den gesamten Projektlebenszyklus – von der ersten Zielsetzung und Einordnung über Analyse und Iteration bis hin zu Ergebnissen mit echtem Mehrwert.
Die besondere Stärke des Buches liegt in seinem strukturierten Schritt-für-Schritt-Ansatz, der durch ein realistisches Praxisbeispiel ergänzt wird, das mithilfe der bereitgestellten Materialien nachvollzogen werden kann. Es geht nicht um eine einmalige Analyse, sondern darum, Process-Mining nachhaltig zu verankern – mit den richtigen Fragen, der passenden Aufstellung und einem wiederholbaren Vorgehensmodell.
Ob man neu im Thema Process-Mining ist oder bestehende Initiativen professionalisieren möchte: Dieses Buch hilft dabei, Projekte erfolgreich umzusetzen.“
Nick Blackbourn, Head of Process-Intelligence – UK[66]

- „Bereits mit seinem ersten Buch *Successful Architecture Implementation* hat Roland ein komplexes Thema auf sehr zugängliche Weise vermittelt. Dies gelingt ihm auch in seinem zweiten Buch zum Thema Process-Mining.
  Wer Process-Mining im eigenen Unternehmen einführen möchte und bislang noch keine vertieften Kenntnisse besitzt, sollte sich dieses Grundlagenwissen zunächst aus Rolands Buch aneignen. Es ist leicht zu lesen und behandelt dennoch alle relevanten Themen mit der nötigen Tiefe. Ich freue mich schon auf sein nächstes Buch.“
  Randolph Schütte, Product Manager Master Data[67]

- „Roland gelingt es, Process-Mining (und Process-Intelligence) in diesem leicht verständlichen und gut strukturierten Buch zu entmystifizieren. Er nimmt die Leserschaft mit auf eine ebenso informative wie unterhaltsame Reise zur Verbesserung von Unternehmensprozessen, beschreibt klar definierte Schritte und zeigt praxisnah, wie Process-Mining erfolgreich in ein bestehendes Programm integriert werden kann.“
  Marc Mendelson, Business Strategy, Transformation & Customer Experience;

Big 4 Consulting Director[68]

- „Mit diesem Buch teilt Roland erneut seine Erfahrungen aus über 30 Jahren Berufspraxis und knüpft nahtlos an *Successful Architecture Implementation* an. Das Werk richtet sich gleichermaßen an ein theoretisch-wissenschaftlich interessiertes als auch ein praxisorientiertes Publikum, das Rolands erprobte Implementierungsmethodik in der Praxis anwenden möchte."
  Ulf Hennigsen, Enterprise Architect und Business Transformation Leader[69]

Notes

VORWORT DES AUTORS

1 *Gemba* bezeichnet im Japanischen den Ort des tatsächlichen Geschehens. In der Lean-Praxis steht der Begriff dafür, dorthin zu gehen, wo Wertschöpfung wirklich stattfindet, und Prozesse direkt vor Ort zu beobachten (ein Ansatz, der als *Gemba Walk* bekannt ist). Hingehen, hinschauen, verstehen!

2 Wenn Sie interessiert sind, um welche Projekte es sich dabei handelte, finden Sie eine Übersicht unter https://www.woldt.de/project-portfolio.

3 Und ja, es war nicht Celonis, das diese Technologie erfunden hat, sondern vielmehr das „angesagte Unternehmen im BPM-Umfeld", lange bevor Celonis überhaupt existierte. Wie so oft gilt jedoch: Es braucht den richtigen Zeitpunkt, um eine Idee zu platzieren, und es braucht eine überzeugende Erklärung dafür, warum sie relevant ist.

DANKSAGUNGEN

4 https://www.bpm360podcast.com/

5 https://www.whatsyourbaseline.com/podcast/

WAS IST PROCESS-INTELLIGENCE (WARUM LOHNT ES SICH, JETZT GENAUER HINZUSCHAUEN)?

6 Quelle: https://www.forrester.com/blogs/forresters-process-intelligence-landscape-preview-3-primary-trends-to-watch/

PROCESS-MINING IM LÖSUNGS-/PROZESSLEBENSZYKLUS

7 https://www.whatsyourbaseline.com/2019/09/the-value-of-enterprise-architecture-in-digital-disruption/

8 https://en.wikipedia.org/wiki/ITIL

9 https://www.apqc.org/

10 https://en.wikipedia.org/wiki/Supply_chain_operations_reference

11 Ich bin mir sicher, dass Sie sich zwischendurch gefragt haben: **„Wann kommt er endlich zum Punkt und spricht über Process Mining?"** – und vielleicht sogar, ob Sie gerade ein anderes Buch lesen. Nun, teilweise haben Sie recht: Ein Großteil dieses Kapitels stammt aus meinem ersten Buch *„Successful Architecture Implementation"*. Process Mining ist jedoch ein integraler Bestandteil des gesamten Lebenszyklus und rechtfertigt diesen bewussten Exkurs in den größeren Zusammenhang.

Wenn Sie sich für *„Successful Architecture Implementation“* interessieren und erfahren möchten, wie die Disziplinen Business Process Management (BPM) und Enterprise Architecture (EA) – bei richtiger Umsetzung – einen nachhaltigen Beitrag zum Erfolg Ihrer Organisation leisten können, besuchen Sie bitte: whatsyourbaseline.com/successful-architecture-implementation

SECHS SCHRITTE ZUM PROCESS-MINING ERFOLG

12 BPMN steht für „Business Process Model and Notation“ und ist ein branchenweiter Standard zur Darstellung von Geschäftsprozessen. Ferner verfügt BPMN über ein technisches Dateiformat, das den Datenaustausch sowie die Automatisierung von Prozessen ermöglicht. Weitere Informationen zu BPMN finden Sie unter: https://www.omg.org/bpmn/.

13 https://en.wikipedia.org/wiki/Responsibility_assignment_matrix
https://de.wikipedia.org/wiki/RACI

14 https://www.alteryx.com/

15 https://www.knime.com/

PROCESS-MINING, TASK-MINING, FALL- VS. OBJEKTZENTRIERTES MINING – WILLKOMMEN IM BEGRIFFSDSCHUNGEL

16 Diese Ereignisse entstehen nicht nur in von Menschen genutzten transaktionalen Systemen, sondern auch durch maschinelle Interaktionen, etwa durch KI-Agenten oder Daten aus IoT-Umgebungen.

17 Die Spezifikation von OCEL 2.0 steht hier zum Download bereit: https://ocel-standard.org/2.0/ocel20_specification.pdf

AUSWAHL EINES PROCESS-MINING-TOOLS

18 https://www2.everestgrp.com/reportaction/EGR-2021-38-R-4377/Marketing

19 https://de.wikipedia.org/wiki/Hype-Zyklus
https://en.wikipedia.org/wiki/Gartner_hype_cycle

20 https://www.whatsyourbaseline.com/2021/11/episode-9-task-mining/

21 https://en.wikipedia.org/wiki/System_and_Organization_Controls

ANSCHAFFUNG EINES PROCESS-MINING-TOOLS

22 Weitere Überlegungen betreffen insbesondere eine transparente Preisgestaltung im Vorfeld. Dazu zählt unter anderem, wie viele Lizenzen im Leistungsumfang enthalten sind, welche Kosten für zusätzliche Lizenzen entstehen, ob eine Implementierungsgebühr anfällt und ob eine automatische jährliche Preisanpassung vorgesehen ist. Ebenso empfiehlt es sich, zu klären, wie Software-Updates geregelt sind. Sind sie im Leistungsumfang enthalten oder verursachen sie zusätzliche Kosten?

IMPLEMENTIERUNG VON PROCESS-MINING

23 Kapitel 14 „Ihre Mission beginnt (sobald Sie sie akzeptieren)”

24 Mehr Informationen zu *Successful Architecture Implementation* (inkl. Leseprobe zum Download) finden Sie hier: whatsyourbaseline.com/sai.

25 http://apqc.org/pcf

26 Referenzinhalte werden in Kapitel 4 ausführlicher behandelt und können als Beschleuniger für Ihr Programm dienen.

ERSTE SCHRITTE – ZUSAMMENFASSUNG

27 Ich habe hier die verschiedenen Phasen nur kurz angesprochen, aber diesen Ansatz in einem eigenen Buch ausführlich dargestellt, das sich ebenfalls auf den kleineren Umfang einer Process-Mining-Implementierung übertragen lässt. Weitere Informationen zu meinem Buch **„Successful Architecture Implementation"** finden Sie unter https://www.whatsyourbaseline.com/successful-architecture-implementation/.

BEISPIELSZENARIO

28 Successful Process-Mining Projects — Example Files - What's Your Baseline?

29 https://www.apqc.org/process-frameworks

IHRE MISSION (SOLLTEN SIE DIESE AKZEPTIEREN)

30 Die Notizen, die ich für meine Analyse des Beispielszenarios erstellt habe, finden Sie hier: https://rolandwoldt.notion.site/Heartbeat-Process-Analysis-Questions-and-statistics-226ff6ba40e980deb3b8c1cd706bce91

31 Diese Grafik sowie alle weiteren Folien stehen als kostenloses Begleitmaterial zu diesem Buch unter whatsyourbaseline.com/successful-process-mining-projects zur Verfügung. Das benötigte Passwort für die Downloads finden Sie im Kapitel „Eins noch".

32 Dies ist keine gesponserte Veröffentlichung durch eine der genannten Organisationen.
Sollten Sie jedoch zu einer davon gehören und noch etwas Budget übrig haben, melden Sie sich gern;-)

33 https://www.knime.com/

34 Zu Schulungszwecken werde ich in den hier verwendeten Beispielen bewusst nicht die Komponentenfunktionalität nutzen. Zwar wirkt der Workflow dadurch auf den ersten Blick etwas komplexer, aus didaktischer Sicht halte ich es jedoch für sinnvoll, **einen Blick hinter die Kulissen zu ermöglichen** und transparent zu zeigen, wie die einzelnen Schritte tatsächlich aufgebaut sind.

35 https://aris.com/process-mining/

36 Zum Zeitpunkt der Erstellung dieses Buches (Mitte 2025) sind die E-Learning-Materialien unter folgenden Links verfügbar:
- https://academy.aris.com/learn
- https://www.knime.com/learning

37 whatsyourbaseline.com/heartbeat

DATENMODELLIERUNG

38 Eine gute Übersicht über die verschiedenen Datentypen finden Sie hier: https://amplitude.com/blog/data-types

39 https://de.wikipedia.org/wiki/ISO_8601
https://en.wikipedia.org/wiki/ISO_8601

40 Die Beispiel-Quelldateien und Ergebnisdateien sowie der KNIME-Workflow stehen unter whatsyourbaseline.com/heartbeat zum Download bereit

41 Sein Buch finden Sie online und kostenfrei unter: https://b-greve.gitbook.io/beginners-guide-to-clean-data

42 Siehe Kapitel Process-Mining, Task-Mining, Fall- vs. objektzentriertes Mining – Willkommen im Begriffsdschungel

43 Die kleinen Ampelsymbole in KNIME sind sehr hilfreich, um schnell zu erkennen, an welcher Stelle der Workflow unterbrochen wird. Leider stehen vergleichbare Funktionen in ARIS Process Mining nicht zur Verfügung.

44 Die KNIME AG bietet zu diesem Zweck einen proprietären Server mit dem Namen KNIME Business Hub an: knime.com/knime-business-hub.

ERSTELLUNG EINES REFERENZPROZESSES

45 Ich fasse alle Modellierungsaktivitäten, die im Repository des verwendeten Tool-Stacks stattfinden (in meinem Fall ARIS Connect), in einem Kapitel zusammen, auch wenn diese Aktivitäten im sechsstufigen Vorgehensmodell überwiegend in den Schritten 5 und 6 stattfinden.

46 In meinem ersten Buch *„Successful Architecture Implementation“* habe ich ein vollständiges Kapitel über den Import bestehender Daten in ein Architekturwerkzeug verfasst. Für weitere Details lohnt es sich, einen Blick darauf zu werfen.

47 In meinem Buch „Successful Architecture Implementation“ gibt es zudem ein eigenes Kapitel zur grundlegenden Prozessanalyse, falls Sie sich näher mit dieser Methode befassen möchten.

48 https://www.leansixsigmadefinition.com/glossary/waste/

49 Wie Sie inzwischen vermutlich erwarten, habe ich in meinem Buch „Successful Architecture Implementation“ ebenfalls ein eigenes Kapitel zum Thema Simulation verfasst :-)

50 Technisch gesehen lässt sich eine Simulation auch ohne diese Angaben durchführen (mit Ausnahme der Häufigkeit), allerdings wären die Ergebnisse in diesem Fall vermutlich wenig aussagekräftig.

PROZESSANALYSE

51 Wenn Sie meine Notizen einsehen möchten, finden Sie diese unter folgendem Link: https://rolandwoldt.notion.site/Heartbeat-Process-Analysis-Questions-and-statistics-226ff6ba40e980deb3b8c1cd706bce91

52 https://de.wikipedia.org/wiki/Ursache-Wirkungs-Diagramm https://en.wikipedia.org/wiki/Ishikawa_diagram

53 Ein weiteres Beispiel für die gezielte Überprüfung einer Hypothese besteht darin, individuelle Dashboards zu erstellen, die durch zusätzliche Visualisierungen im jeweiligen Datenanalyse-Tool unterstützt werden.

Die PDF-Datei mit allen Grafiken (eines der kostenlos verfügbaren Downloads) enthält deutlich mehr Beispiele, als in diesem Buch verwendet wurden. Diese sind in der oberen rechten Ecke jeweils mit „Extras“ gekennzeichnet.

54 Und ja, das klingt ein wenig nach dem Film Minority Report.

55 Die Berechnung erfolgt wie folgt: Der betrachtete Zeitraum umfasst 242 Tage bzw. 35 Wochen. Daraus ergeben sich 172 Arbeitstage (82.560 Minuten). Julie arbeitete 3.425 Minuten im Prozess, was einer Auslastung von 4,15% entspricht. Paul arbeitete 4.093 Minuten im Prozess, entsprechend einer Auslastung von 4,96%. Die durchschnittliche Auslastung betrug somit 4,55%.

EXKURS: DASHBOARDS & STORYTELLING

56 Für eine vertiefende Auseinandersetzung mit diesem problematischen Verhalten und möglichen Gegenmaßnahmen empfehle ich die Lektüre von Edward Tuftes Buch „The Cognitive Style of PowerPoint“ sowie von Cliff Atkinsons „Beyond Bullet Points“ (ironischerweise erschienen im Microsoft Press Verlag).

57 Entweder in Form eines (Word-)Dokuments oder in der kürzeren Variante eines Slidedocs, also einer Mischform aus Dokument und Präsentation, die in unserer von Aufmerksamkeitsdefiziten geprägten Zeit möglicherweise eine geeignetere Kommunikationsform darstellt. Weitere Informationen zu Slidedocs finden Sie hier: https://www.duarte.com/resources/books/slidedocs/

58 Ein weiterer Begriff aus der Welt des Druckwesens, der heute keine praktische Bedeutung mehr hat, da Zeitungen inzwischen vollständig digital gedruckt werden. Und selbst diese werden in den kommenden Jahren verschwinden – ein weiterer kultureller Verlust, meiner Meinung nach.

59 Quelle: https://www.powerusersoftwares.com/post/infographics-how-to-choose-the-best-chart-type-to-visualize-your-data.

LOB FÜR „ERFOLGREICHE PROCESS-MINING-PROJEKTE“

60 https://www.linkedin.com/in/hanneke-loefs-mos-rc-22a860/

61 https://www.linkedin.com/in/katrin-wetzel-5a597513b/

62 https://www.linkedin.com/in/per-bandsholm-6322a66/

63 https://www.linkedin.com/in/martinhollingde/

64 https://www.linkedin.com/in/anthonynphillips/

65 https://bpmtips.com/ and https://www.linkedin.com/in/zbyszekmisiak/

66 https://www.linkedin.com/in/nickblackbourn/

67 https://www.linkedin.com/in/randolph-sch%C3%BCtte-9b16221b0/

68 https://www.linkedin.com/in/marcmendelson1/

69 https://www.linkedin.com/in/ulfhenningsen/